高等院校"十三五"规划教材——Python系列

PYTHON
PROGRAMMING
FROM BEGINNER TO MASTER

微课版

Python编程
从入门到精通

吴卿 ◎ 主编

骆诚　韩建平 ◎ 编著

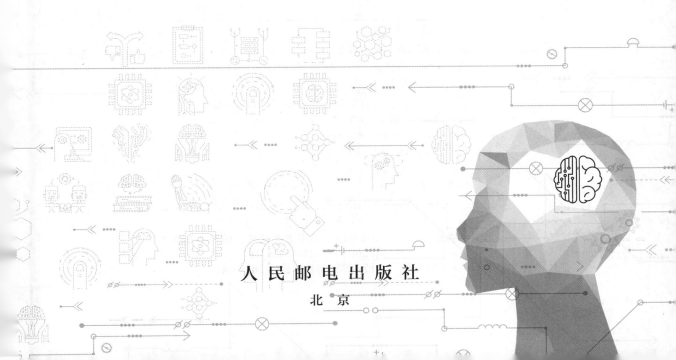

人民邮电出版社

北京

图书在版编目（CIP）数据

Python编程：从入门到精通：微课版 / 吴卿主编；骆诚，韩建平编著. -- 北京：人民邮电出版社，2020.9（2021.1重印）
高等院校"十三五"规划教材. Python系列
ISBN 978-7-115-53798-0

Ⅰ．①P… Ⅱ．①吴… ②骆… ③韩… Ⅲ．①软件工具－程序设计－高等学校－教材 Ⅳ．①TP311.561

中国版本图书馆CIP数据核字(2020)第061146号

内 容 提 要

本书注重培养读者通过计算思维的方式解决实际问题的能力。全书基于Python语言对计算机程序设计的相关知识进行了系统而全面的介绍，精心提供了大量实用且有趣的程序实例，非常适合新手入门。

本书共16章，第1~9章为基础知识部分，详细介绍了Python语言的基本语法，旨在让读者充分掌握Python语言的运行方式，以及能够独立编写程序解决实际问题；第10~13章为进阶知识部分，介绍了更多的Python高级概念，旨在让读者全面熟悉Python语言的进阶技巧，并能够更灵活地使用Python语言；第14~16章为综合实践部分，涵盖了Python语言的4大主要应用领域，旨在让读者深入了解整个Python软件生态，为其职业发展做好准备。

本书可作为高等院校本科、高职高专学生Python程序设计相关课程的教材，也可供从事相关工作的工程师和爱好者阅读使用。

◆ 主　　编　吴　卿
　　编　　著　骆　诚　韩建平
　　责任编辑　武恩玉
　　责任印制　周昇亮

◆ 人民邮电出版社出版发行　北京市丰台区成寿寺路11号
　　邮编　100164　电子邮件　315@ptpress.com.cn
　　网址　https://www.ptpress.com.cn
　　涿州市京南印刷厂印刷

◆ 开本：787×1092　1/16
　　印张：17.25　　　　　　　　　2020年9月第1版
　　字数：473千字　　　　　　　　2021年1月河北第2次印刷

定价：52.00元

读者服务热线：(010)81055256　印装质量热线：(010)81055316
反盗版热线：(010)81055315
广告经营许可证：京东市监广登字 20170147 号

前言

  Python 语言是当今最受欢迎的通用编程语言之一，在科学计算、数据处理和人工智能等许多领域都发挥着重要作用，在全球编程语言热度排行榜中保持着快速上升的趋势。相比其他常见的编程语言，Python 语言更为简洁，具有易于学习、使用、移植和资源丰富等优点，非常适合作为编程初学者的入门语言。

  使用 Python 语言讲授程序设计课程可以避免静态类型语言所带来的额外复杂性，使读者专注于掌握更重要的程序设计思想和方法。在计算机科学相关专业的教学中，以 Python 语言作为入门编程语言已成为近年来国内外高校的普遍趋势；在非计算机专业领域，Python 语言也成为学习需求增长较快的编程语言之一，可以认为，Python 语言开启了一个"编程大众化"的新时代。

  本书作者为适应不同层次读者的学习需求，对章节结构进行了精心编排，从而确保知识体系构建的完整性、实用性和趣味性，能够充分体现 Python 语言的特有风格与专属功能，引导读者少走弯路；同时，便于读者全面掌握 Python 语言的关键理念和深层机制，并能在实践中加以灵活运用。

  本书分为三大部分。基础知识部分（第 1～9 章）从编程语言共有的基本概念出发，说明 Python 的"模块与库"代码组织方式，详细阐述 Python 软件包管理机制，引导读者尽早体验充满活力的 Python 软件生态；之后，即采用 Python 开源项目的优秀代表——Spyder 作为编程环境，利用 IPython 增强交互模式更便捷地展现各种示例代码；在初期根据大量有趣、直观的图形界面程序，以及贴近生活的实例来讲解语言要素。进阶知识部分（第 10～13 章）深入剖析了面向对象编程和多任务调度机制，并补充介绍了多环境管理和生产环境配置等概念，以完成对 Python 语言核心知识体系的总结与归纳。综合实践部分（第 14～16 章）通过特定应用领域的专题案例进行拓展训练，帮助从零基础起步的读者全面、深入、透彻地理解 Python 编程体系和方法，从而使其成为具有专业开发水准和项目实战能力的程序员。

目录

第1章　Python 简介 ·································· 1
  1.1　Python 概述 ································· 1
    1.1.1　Python 的诞生与发展历程 ········ 1
    1.1.2　Python 的特点与应用领域 ········ 2
    1.1.3　Python 的版本与平台选择 ········ 3
  1.2　Python 软件的安装 ······················· 3
    1.2.1　安装 Python 官方发行版 ··········· 3
    1.2.2　编程环境的检查 ························ 6
    1.2.3　解决安装与运行问题 ················ 7
  1.3　Python 程序运行 ··························· 7
    1.3.1　集成开发环境 ···························· 7
    1.3.2　第一个 Python 程序文件 ··········· 8
    1.3.3　程序运行模式 ···························· 9
  思考与练习 ·· 11

第2章　对象与类型 ································ 12
  2.1　表达式与对象 ······························ 12
    2.1.1　表达式的使用 ·························· 12
    2.1.2　对象与变量 ····························· 14
  2.2　函数基本概念 ······························ 16
    2.2.1　函数的使用 ····························· 16
    2.2.2　常用内置函数 ·························· 18
  实例 2-1　简单的计算器 ···················· 22

  2.3　基本数据类型 ······························ 23
    2.3.1　数字类型 ································ 23
    2.3.2　字符串类型 ···························· 27
  实例 2-2　整数反转 ··························· 31
  思考与练习 ·· 32

第3章　模块与库 ···································· 33
  3.1　Python 的模块 ····························· 33
    3.1.1　模块的概念 ···························· 33
    3.1.2　导入更多模块 ························ 34
  实例 3-1　自定义模块 ······················· 36
  3.2　Python 标准库 ····························· 37
    3.2.1　常用标准库模块 ···················· 38
    3.2.2　Python 之禅 ·························· 41
  实例 3-2　阴阳图案 ·························· 42
  3.3　第三方包 ····································· 44
    3.3.1　安装第三方包 ························ 44
    3.3.2　IPython 的使用 ···················· 46
    3.3.3　Spyder 的使用 ···················· 47
  思考与练习 ·· 49

第4章　流程控制 ···································· 50
  4.1　程序结构与逻辑判断 ···················· 50

4.1.1 程序结构的分类 …… 50
4.1.2 布尔表达式 …… 51
4.1.3 布尔类型的本质 …… 53
4.2 分支结构 …… 54
4.2.1 单分支结构 …… 54
4.2.2 多分支结构 …… 55
实例 4-1 猜数游戏 …… 56
4.3 循环结构 …… 57
4.3.1 while 语句 …… 57
实例 4-2 绘制多芒星图案 …… 58
实例 4-3 猜数游戏第二版 …… 59
4.3.2 for 语句 …… 60
实例 4-4 彩色螺旋图案 …… 61
实例 4-5 猜数游戏第三版 …… 62
思考与练习 …… 63

第 5 章 自定义函数 …… 65

5.1 基本函数定义 …… 65
5.1.1 def 语句 …… 65
5.1.2 lambda 表达式 …… 66
5.1.3 作用域 …… 67
实例 5-1 绘制五角星 …… 69
5.2 函数进阶概念 …… 71
5.2.1 类型标注 …… 71
5.2.2 参数打包 …… 72
5.2.3 递归调用 …… 73
实例 5-2 快速排序 …… 73
5.3 函数高级特性 …… 75
5.3.1 高阶函数 …… 75
5.3.2 装饰器 …… 76
5.3.3 系统命令 …… 77
实例 5-3 文本加密 …… 77
思考与练习 …… 79

第 6 章 序列类型 …… 80

6.1 列表类型 …… 80
6.1.1 列表作为一般序列 …… 80
6.1.2 列表作为可变序列 …… 82
6.1.3 列表的其他操作 …… 84
实例 6-1 数字列表排序 …… 85
6.2 元组类型 …… 86
6.2.1 元组的构建 …… 86
6.2.2 元组的使用 …… 87
实例 6-2 银行列表排序 …… 88
实例 6-3 颜色名称展示 …… 90
思考与练习 …… 92

第 7 章 映射与集合 …… 94

7.1 字典类型 …… 94
7.1.1 字典的构建 …… 94
7.1.2 字典专属操作 …… 96
7.1.3 字典推导式 …… 98
实例 7-1 字符统计 …… 98
7.2 集合类型 …… 99
7.2.1 普通集合 set …… 99
7.2.2 冻结集合 frozenset …… 101
实例 7-2 数字组合 …… 102
实例 7-3 绘制分形植物 …… 103
思考与练习 …… 105

第 8 章 文件与目录 …… 106

8.1 文件的使用 …… 106
8.1.1 文件的读写操作 …… 106
8.1.2 字节与数据编码 …… 108
8.1.3 对象的序列化 …… 111
实例 8-1 绘制勾股树并保存文件 …… 112

8.2 目录操作 114
  8.2.1 管理目录与文件 114
  8.2.2 遍历目录树 115
  实例 8-2 关键字统计 116
8.3 模式匹配 118
  8.3.1 正则表达式 118
  8.3.2 使用 re 模块 119
  实例 8-3 单词统计 121
思考与练习 122

第 9 章 图形用户界面 123

9.1 GUI 工具包 tkinter 123
  9.1.1 GUI 与 tkinter 123
  9.1.2 窗口布局 124
  9.1.3 事件处理 127
  实例 9-1 简易记事本 128
9.2 图形与图像 130
  9.2.1 画布绘图 130
  9.2.2 创建动画 134
  实例 9-2 方块螺旋图案 135
  实例 9-3 图片查看器 137
9.3 多窗口管理 139
  9.3.1 Toplevel 部件 139
  9.3.2 多窗口的切换 141
  实例 9-4 实用工具集 142
思考与练习 143

第 10 章 面向对象编程 145

10.1 自定义类 145
  10.1.1 类的定义语句 145
  10.1.2 类的层级结构 147
  10.1.3 特征属性 151
  实例 10-1 桌面计算器 153

10.2 类的高级特性 155
  10.2.1 类方法与静态方法 155
  实例 10-2 绘制不对称勾股树 157
  10.2.2 迭代器与生成器 159
  实例 10-3 曼德布罗分形图 162
思考与练习 164

第 11 章 可靠性设计 165

11.1 错误与异常 165
  11.1.1 错误的类型 165
  11.1.2 异常处理语句 167
  11.1.3 可靠性设计风格的选择 168
  实例 11-1 随机获取图片 169
11.2 代码测试 170
  11.2.1 文档测试模块 doctest 171
  11.2.2 单元测试模块 unittest 172
  11.2.3 性能分析模块 cProfile/profile 173
  实例 11-2 批量下载图片 174
思考与练习 177

第 12 章 任务调度 178

12.1 时间操作 178
  12.1.1 时间模块 time 178
  12.1.2 日期时间模块 datetime 181
  实例 12-1 定时批量下载图片 182
  实例 12-2 整点提醒 183
12.2 多任务处理 184
  12.2.1 进程的使用 184
  12.2.2 线程的使用 187
  12.2.3 协程的使用 187
  实例 12-3 并发版定时批量下载图片 189

思考与练习 ································ 190

第13章 环境管理 ···························· 191

13.1 多环境配置 ························ 191
13.1.1 安装版环境 ····················· 191
13.1.2 虚拟环境 ························ 193
实例 13-1 贪吃蛇小游戏 ············· 195
13.2 生产环境 ···························· 198
13.2.1 配置生产环境 ·················· 198
13.2.2 使用生产环境 ·················· 201
实例 13-2 项目进度通知 ············· 204
13.3 底层环境 ···························· 206
13.3.1 Python 与 C 语言 ············· 206
13.3.2 Python 与 C++语言 ·········· 209
13.3.3 使用 C/C++编写 Python 模块 ································ 210

思考与练习 ································ 212

第14章 综合实例：新版图片查看器 ···························· 213

14.1 实现主要功能 ···················· 213
14.1.1 PyQt5 应用程序框架 ········ 213
14.1.2 Git 源代码管理 ··············· 217
14.1.3 原有代码的改进 ·············· 218
14.2 添加新的组件 ···················· 221
14.2.1 多图片显示模块 ·············· 221
14.2.2 窗体切换与消息传递 ········ 223
14.2.3 自定义可视化部件 ··········· 225

思考与练习 ································ 226

第15章 综合实例：文章采集与展示 ································ 227

15.1 在线文章采集 ···················· 227
15.1.1 PySpider 框架 ················· 227
15.1.2 编写爬虫代码 ·················· 228
15.1.3 爬虫定制技巧 ·················· 235
15.2 文章信息展示 ···················· 237
15.2.1 Flask 框架 ······················ 237
15.2.2 后端和前端代码 ·············· 238
15.2.3 分页功能的实现 ·············· 241

思考与练习 ································ 243

第16章 综合实例：数据分析与可视化 ································ 244

16.1 数据处理与分析 ················ 244
16.1.1 在线开发环境 ·················· 244
16.1.2 数据科学工具集 ·············· 247
16.1.3 使用数据分析库 ·············· 251
16.2 数据可视化 ························ 254
16.2.1 二维绘图 ························ 254
16.2.2 词云图 ···························· 257
16.2.3 时间序列可视化 ·············· 258

思考与练习 ································ 260

附录 A Python 关键字索引 ········· 261

附录 B Python 内置函数索引 ······ 263

附录 C Python 标准库常用模块索引 ·· 266

第 1 章 Python 简介

Python 是一种广受欢迎的高级编程语言。本章将介绍 Python 的发展历程、语言特色和应用领域，详细讲解如何安装和使用 Python 软件，并通过一个具体实例来说明 Python 程序的不同运行模式。

本章主要涉及以下几个知识点。
- 计算机程序和编程语言的基本概念。
- Python 的历史和现状，读者在开始学习时应选择的版本。
- 安装 Python 软件需要注意的各种问题。
- Python 程序的编写和运行模式。

1.1 Python 概述

对于刚入门的新手而言，在起步阶段需要先从整体上理解编程的概念，然后再具体地关注所要学习的编程语言有哪些特点。

1.1.1 Python 的诞生与发展历程

"程序"（Program）是指控制计算机运行的指令序列，"编程"（Programming）是针对特定的任务而编写特定程序的过程。在信息化社会中，编程已成为一项基本技能。一个人不论从事何种工作，只要使用计算机，掌握编程都能给其工作带来很大的帮助。

要实现编程，需要使用某种编程语言。自计算机在 20 世纪中叶诞生以来，已经有数以百计的编程语言为了特定目的被创造出来。目前最常见的编程语言有 C、C++、C#、Java、JavaScript、PHP、Python 等，它们具有各自的优缺点，适合不同的应用领域。Python 是一种被广泛使用的编程语言，在科学计算、数据处理和人工智能等许多领域都发挥着重要的作用，并且其语法简洁、自然，非常适合作为编程初学者的入门语言。官方的 Python 标志如图 1-1 所示。

Python 的创造者是荷兰软件工程师吉多·范罗苏姆（Guido van Rossum）——因为对当时已有编程语言的缺点感到不满，他在 1989 年 12 月利用圣诞节假期开始构思这种新的编程语言，且最初版本的内部试用反馈良好。经过持续的改进与完善，Python 于 1991 年 2 月正式公开发布。

图 1-1　Python 标志

> **小提示**　英文"python"的原意为"蟒蛇",因此Python以两条相互盘绕的蟒蛇作为标志。不过Python名称的真正出处其实与蟒蛇无关,而是来自Guido van Rossum所喜爱的英国喜剧六人组Monty Python。

2000年10月推出Python 2,增加了循环检测内存垃圾收集与Unicode支持等大量新特性,Python 1.x系列很快被完全取代。

2008年12月推出Python 3,这是一次重大改版,不再完全向下兼容Python 2。而此时Python已被广泛应用,原有的软件生态难以迅速迁移到新版本,因而形成了Python 2和Python 3长期共存的局面。到2018年,各大关键第三方软件都已支持Python 3,官方宣布Python 2将于2020年1月停止维护,不会再继续更新。

Python软件的版权属于一个非盈利组织——Python软件基金会(Python Software Foundation, PSF),它的使命是促进Python相关开源技术的发展,并推广Python在各领域的应用。

1.1.2 Python的特点与应用领域

Python作为一种被广泛使用的编程语言,具有以下一些关键特点。

1. 易于学习

Python的语法简洁而流畅,每行语句意义完整。以强制空格缩进而不是以花括号嵌套的方式来确定程序的结构,使得Python程序代码看起来很接近英语这样的自然语言,有利于初学者快速地入门。Python程序代码十分清晰易读,有时甚至被称为"可运行的伪代码",实现同样功能所用代码的行数常常明显少于其他语言。

2. 易于使用

Python支持以交互模式运行程序,包含便捷的高级数据类型,并且可以用C语言或C++来进行扩展,能够快速编写程序并即时满足实际需求。Python还经常被称为"胶水语言",能把不同语言编写的代码"粘合"在一起。因此它的使用者不仅包括程序员,还包括学术研究、数据统计、金融分析等不同领域的从业者。

3. 易于移植

Python属于脚本语言,无需编译即可在任何支持Python解释器的系统中运行,因此,用Python语言编写的程序可以不经修改地实现跨平台移植。通过配置"虚拟环境",不同的Python程序还可以使用各自独立的解释器与模块版本,确保软硬件的兼容性。

4. 资源丰富

Python的源代码是完全开放的,使用者只要保留版权信息即可任意使用和修改源代码,并将其用于商业领域。结合Python易于学习和分享的特点,现已积累起无数的共享模块,形成了良好的软件生态——不论是何种需求,开发者都能找到大量现有代码,并实现想要的功能。

当然没有哪种语言是万能的,Python也有自己的缺点。作为一种脚本语言,Python相比于C/C++等原生编译型语言,在资源消耗和运行速度上都有明显差距,因此不适用于开发需要控制底层硬件以及需要极高执行效率的程序;另一个常被提及的问题是Python的"动态类型"特性,即变量的类型可以任意改变,这样虽然提高了程序的灵活性,但在开发大规模项目时,可能造成难以追踪的错误。

基于以上特点,Python已发展成为一种出色的通用编程语言,应用领域相当广泛,如科学计算、数据处理、机器学习和人工智能等。许多大型公司和机构也都在使用Python,例如,Google用它采集网页信息,Spotify用它生成推荐歌单,Pixar用它制作动画电影,NASA用它分析天文数据,CIA用它编写黑客工具……

1.1.3 Python 的版本与平台选择

Python 官方发行版的正式版本号采用"A.B.C"这样的形式——A 称为大版本，意味着相当重大的改变；B 称为小版本或主要版本，意味着增加了新的语言特性；C 称为微版本，意味着对上一版本进行了微小的改变。人们习惯将相同版本的多个 Python 发布版称为一个"系列"，这样分出了 Python 2.x 系列和 3.x 系列。

目前（2019 年 4 月）最新的 Python 正式主要版本是 3.x 系列的 3.7 版本，它最初发布的版本号是 3.7.0，之后发布的 3.7.1、3.7.2 等是 3.7 版本的"维护版本"。维护版本没有任何语法上的改变，只是进行了性能优化和修正已发现的问题等。Python 的下一个主要版本 3.8 版本正在开发中，预计将于 2019 年 10 月正式发布。

Python 的版本升级相当频繁，大约每隔 6 到 18 个月就会发布一个新的主要版本，不断有更多的语言特性被加入其中。Python 的新版本通常都是"向下兼容"的，如一个能在 3.6 版本上运行的程序应当能在 3.7 版本中正常运行。但是，如果一个程序使用了 3.7 版本新增的语言特性，则不能在 3.6 版本中运行。

需要特别注意的是，由于存在许多语法上的重要变化，Python 3 并不向下兼容 Python 2，用 Python 2 编写的程序往往需要进行修改才能支持 Python 3。

除了官方发行版，还存在其他一些 Python 发行版，它们适用于特定系统架构或是特定应用领域。例如，Anaconda 这个发行版主要是在 Python 官方版上集成了许多第三方软件包以方便使用，在数据科学领域很受欢迎。

Python 程序可以运行于各大主流操作系统平台，包括不同版本的 Windows、Linux 和 UNIX 等。使用 Windows 桌面系统的读者需要安装 Python 软件来搭建 Python 运行环境；多数 Linux 以及 UNIX 发行版（包括 Mac OS）系统本身已带有特定版本的 Python，读者可以直接使用。

> 小提示　在同一系统平台上也可以安装多个不同版本的 Python，有关详情将在本书第 13 章"环境管理"中进行介绍。

本书大部分内容是针对 Python 3.7 版本编写的，在第 15 章的综合实例中也使用了 Python 3.6 版本来兼容特定的第三方包，此外在 13.1.1 节中还对尚处于测试阶段的 Python 3.8 版本的新增语言特性做了简要的介绍，相信当读者看到本书时，3.8 版本已经正式发布，读者完全可以选择安装更新的版本进行学习。1.2 节将会以 3.7 版本为例介绍 Python 软件的具体安装与配置。

1.2 Python 软件的安装

对于编程新手来说，所使用的桌面操作系统通常是 Windows。本节将演示最新官方 Python 发行版在 Windows 系统下的安装过程，并列出软件安装及使用中的一些常见问题及解决办法。

1.2.1 安装 Python 官方发行版

使用 Python 前首先需要安装 Python 软件。Python 解释器是最基本的 Python 软件，它能把 Python 翻译为底层的机器语言。接下来，将对 Python 软件的下载、安装与启动过程进行详细说明。

微视频：安装 Python 官方发行版

1. 下载安装程序

读者可以访问 Python 官方网站，在下载页面中单击最新正式版，如 Python 3.7.3 的发布链接，相应的发布页面中将列出适用于不同操作系统的安装程序文件，如图 1-2 所示。

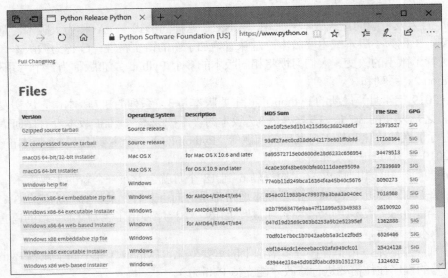

图 1-2　Python 官方版下载页

图 1-2 列表中的第一、二项是不同压缩格式的源代码发布包（Source Release），需要用户自行编译安装；第三、四项是针对 Mac OS 的安装程序；其余几项都是适用于 Windows 系统的文件，包括帮助文档、绿色版压缩包、可执行安装程序和基于 Web 的安装程序（即一个小体积的引导器，在安装过程中还需要连接网络获取组件），推荐读者下载完整的可执行安装程序（Executable Installer）。

请注意安装程序分为 32 位（x86）和 64 位（x86-64）两种，推荐 64 位的 Windows 系统安装 64 位的 Python，也可以安装 32 位的 Python；32 位的 Windows 系统则只能安装 32 位的 Python。目前的个人计算机基本都是 64 位操作系统，右键单击 Windows 系统桌面上的计算机图标，选择"属性"，可以查看计算机的系统类型，如图 1-3 所示。

图 1-3　查看计算机的系统类型

2. 运行安装程序

在 Windows 10 系统中运行 64 位 Python 3.7.3 安装程序的启动界面，如图 1-4 所示。请注意，要选择添加环境变量（Add Python 3.7 to PATH）后再开始安装（Install Now）。这个选项并没有默认勾选，如果不添加环境变量，用户将来在 Windows 系统命令提示符窗口输入 python、pip 等命令时，系统会提示找不到这些命令，除非切换路径到这些命令文件所在的目录（或是在命令前面加上路径）。

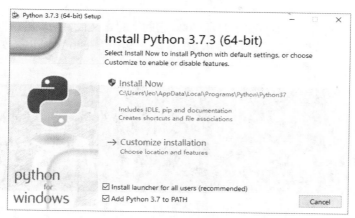

图 1-4　Python 3.7.3 安装程序的启动界面

用户如果需要进一步的定制，也可以选择自定义安装（Customize installation），在可选功能对话框中勾选可选装组件，并在图 1-5 所示的高级选项对话框中增加勾选默认未启用的 3 个选项：为所有用户安装（Install for all users）、添加环境变量（Add Python to environment variables）以及预编译标准库（Precompile standard library），如有必要还可以自定义安装位置（Customize install location），然后再开始安装（Install）。

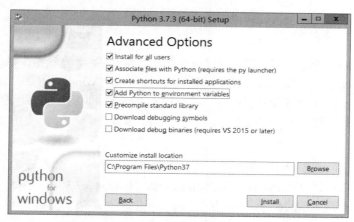

图 1-5　Python 自定义安装的高级选项对话框

安装过程开始后将会显示实时进度条，读者耐心等待数分钟后即可完成安装。

3. 启动 Python 解释器

安装完成后，用户就可以在"开始"菜单找到并单击"Python 3.7"程序组的"Python 3.7"菜单项（Windows 10 系统在"开始"菜单输入"python"即可筛选出此菜单项）打开 Python 解释器窗口（Python 解释器对应的可执行文件是 python.exe）。

> **小提示** 用户也可以按Win+R组合键打开运行对话框,输入python命令来打开Python解释器窗口。

Python解释器窗口首先显示当前Python版本号与所在系统平台的相关信息,然后显示Python交互模式提示符">>>"等待用户的输入。

按照惯例,请输入下面的语句并按回车键运行。

```
print("Hello World!")
```

这行Python语句使用了名为print的打印函数,它的字面含义很容易理解:打印"Hello World!"。可以看到计算机立即准确地执行了这行语句,在屏幕上输出"Hello World!",如图1-6所示。

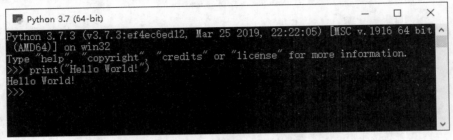

图1-6 Python解释器窗口输入"Hello World!"

> **小提示** "Hello World"程序
> "Hello World"程序是指在计算机屏幕上输出"Hello World"这行字符串的计算机程序。这通常是每一种计算机语言中最基本、最简单的程序,亦通常是初学者尝试编写的第一个程序。
> "The Hello World Collection"是一个专门收集"Hello World"程序的互联网页面,目前已包含591种编程语言和78种自然语言。

1.2.2 编程环境的检查

完成安装Python解释器之后,读者可以再检查一下编程环境,确认操作系统的命令行终端模式能够正确找到Python解释器。在"开始"菜单找到并单击"Windows系统"程序组的"命令提示符"菜单项(Windows 10系统在"开始"菜单输入"cmd"即可筛选出此菜单项)打开命令提示符窗口,尝试在其中输入下面的命令。

```
python -V
```

这是在操作系统的命令行模式下附带额外的参数来运行Python解释器,"-V"(--version)表示查看版本号,计算机将返回Python的版本信息,如"Python 3.7.3"。

如果输入以下不带参数的命令。

```
python
```

命令提示符窗口中将出现Python交互模式提示符">>>",如同之前在"开始"菜单中单击相应菜单项一样(实际上两种操作都是执行同样的命令来启动Python解释器)。输入以下语句。

```
exit()
```

窗口会退出Python交互模式,再次出现操作系统命令提示符。

> **小提示** 命令提示符是 Windows 操作系统的命令行终端控制台程序，对应的可执行文件是 cmd.exe。不同于桌面系统日常使用的图形界面，它通过字符界面与用户交互，进行输入和输出。

1.2.3 解决安装与运行问题

读者按照前面介绍的步骤运行 Python 安装包，应该能成功搭建好 Python 编程环境。如果在安装或运行时发生了错误，读者应当仔细阅读系统显示的错误信息，找出具体原因并设法解决。以下列出一些常见的安装与运行问题以及相应的解决办法，供读者参考。

1. 安装时提示 "Setup failed: Windows Vista or later is required..."

安装窗口中的这个提示说明安装失败的原因是 Windows 系统的版本太低，需要 Windows Vista 以上版本才能安装最新 Python 软件。建议读者将系统升级到 Windows 7 版本以上。对于 Windows XP 系统，只能安装 Python 3.4.4。

2. 运行时提示 "无法启动此程序，因为计算机丢失 "api-ms-win-crt-process-|1-1-0.dll""

弹出窗口中的这个提示说明读者所用的 Windows 系统没有更新关键的系统补丁，因而缺少一些必要的运行时库（Runtime Library）。读者可以到微软官方网站下载 "Windows 10 通用 C 运行时（CRT）" 补丁程序，这个补丁程序允许较低版本的 Windows 系统运行最新的 Windows 桌面应用程序。

3. 运行时提示 "'python'不是内部或外部命令，也不是可运行的程序或批处理文件"

终端窗口中的这个提示是说系统找不到 python 命令所对应的可执行文件，表明在 PATH 环境变量中没有加上 Python 安装目录。用户需要再次运行安装包，选择 "修改"（Modify），在安装界面中勾选 "添加到环境变量"（Add Python 3.7 to PATH），然后重新安装即可。

> **小提示** 此问题的另一种解决办法是手动修改环境变量，具体操作将在第 13 章环境管理中详细讲解。

1.3 Python 程序运行

关于 Python 程序，读者需要了解的一个重要概念是程序的不同运行模式。本节将通过一个结构完整的 Python 程序文件实例，详细说明 Python 程序的运行机制。

1.3.1 集成开发环境

1.2 节中读者已尝试过使用 Python 解释器，这是一个命令行程序，必须通过键盘输入完成所有操作。人们通常会通过命令行来测试简单的语句或是运行写好的程序，在其他情况下则会使用某种 "集成开发环境"（Integrated Development Environment，IDE），在更方便的图形用户界面中进行程序的开发，完成程序的编写、修改、调试和运行等操作。

Python 官方发行版带有一个简单的 IDE，即 "集成开发与学习环境"（Integrated Development and Learning Environment，IDLE）。其打开方法是单击 "开始" 菜单 Python 3.7 程序组的 IDLE 菜单项，程序界面如图 1-7 所示。IDLE 窗体带有标准的菜单栏，在基本的命令行操作之外还提供编辑器等增强功能，它会调用下层的 Python 解释器来具体执行 Python 程序指令。

实际上，IDLE 就是一个用 Python 编写的程序，读者可以在 Python 安装目录的 Lib\idlelib 文件夹下找到 idle.pyw 文件，直接尝试双击就能证明这一点。.pyw 文件是指窗口模式 Python 文件，系统执行此类文件时将不会打开黑色的命令行窗口。

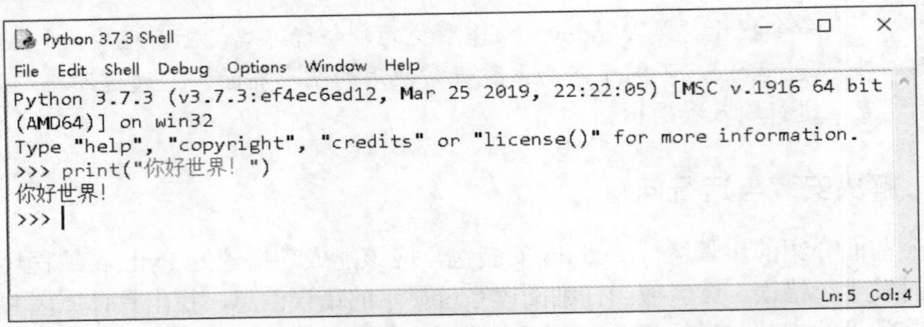

图 1-7 Python 官方发行版自带的 IDLE 程序界面

对于初学者，建议先使用 IDLE 上手，过段时间后再接触其他更专业的 IDE 以提高开发效率，例如，同样用 Python 编写的 Spyder——"科学 Python 开发环境"（Scientific python development environment）。Spyder 为免费的开源软件，数据科学专用发行版 Anaconda 中就集成了 Spyder。

另一种颇受好评的 Python IDE 是用 Java 语言编写的 PyCharm，它的功能更为全面和完善，同时界面也更为复杂。PyCharm 提供付费的专业版和免费的社区版。

此外读者还可以选择 Visual Studio，这也是一个非常强大的专业 IDE，对于新手又相当友好，从 2017 版开始正式加入了 Python 支持。Visual Studio 提供付费的企业版、专业版和免费的社区版——但是它只支持 Windows 系统和 Mac OS，不能在 Linux 系统上使用。

1.3.2 第一个 Python 程序文件

下面将使用 IDLE 来编写第一个完整的 Python 程序文件，所实现的功能为计算 1 累加至 n 的结果，它由 7 行语句组成，如代码 1-1 所示。

代码 1-1 累加程序 C01\accum.py

```
01  n = int(input("计算1累加至n，请输入n: "))  # 将输入内容转为整数，赋值给变量n
02  x = 1              # 变量x赋值1
03  result = 0         # 变量result赋值0
04  while x <= n:      # 当x小于等于n时循环执行子语句
05      result += x    # result原值加x
06      x += 1         # x原值加1
07  print(f"1累加至{n}的结果是{result}。")  # 输出包含n和result值的字符串
```

微视频：第一个 Python 程序文件

> **小提示** 上面的程序中在"#"后的文本是注释，用来对语句进行说明，可以不输入。另外请注意在本书中所有保存为文件的实例程序都将采用这种标注形式，代码之前的数字是行号。

这个程序首先接收用户的"输入"，然后进行特定的"处理"，最终将处理结果"输出"。无论多么复杂的程序，无论其输入输出方式是使用文本、语音还是图像，都具有同样的"输入—处理—输出"结构。

在此详细说明一下这个程序中每行语句的作用。

- 第 1 行提示用户输入一个整数，并用名称 n 代表。
- 第 2 行用名称 x 代表整数 1。
- 第 3 行用名称 result 代表整数 0。
- 第 4 行指示当 x 小于等于 n 时就执行之后缩进的两行子语句，然后回来再次执行这一行。
- 第 5 行将 result 的原值加 x。

- 第 6 行将 x 的原值加 1，这样如果用户输入的 n 大于等于 1，则第 4 至 6 行将会重复 n 次，将 1 累加至 n 的结果保存为 result 再结束循环；否则第 5 至 6 行将不会被执行而直接跳到第 7 行，result 的值保持为 0。
- 第 7 行会输出一段文字告知用户 1 累加至 n 的结果值——请注意这行语句中使用了 Python 3.6 新增的语言特性"格式字符串"，因此必须要在 3.6 或更高版本的 Python 解释器上才能运行。

这个程序包含了用来输入信息的 input()函数、输出信息的 print()函数、转换对象类型为整数的 int()函数、绑定对象到变量的赋值语句，还有循环执行子语句的 while 语句等。

读者暂时不必关注其中的语法细节，只需了解所谓编程就是：将解决特定问题的完整步骤通过明确的代码表示出来，向计算机发出指令，对用户的输入进行处理并输出结果——只要读者能掌握一些简单的英语单词，就能很自然地理解 Python 程序的语句。

在接下来的章节中，读者将尝试使用不同的模式来运行这个 Python 程序。

1.3.3 程序运行模式

用户在 Python 解释器或 IDLE 初始窗口的">>>"提示符后输入语句，系统会即时反馈结果，这叫"交互模式"。在标准交互模式下必须执行完一条语句再输入下一条语句，如果读者以复制、粘贴的方式输入了多条语句，解释器执行时就会提示语法错误"存在多条语句"（SyntaxError: multiple statements found while compiling a single statement）。

交互模式下输入的语句会被临时保存，开发者可以按 Alt+P 组合键和 Alt+N 组合键前后切换已输入的语句，在回车键执行之前可以修改当前语句。交互模式可以用于查看信息，如输入 help() 打开帮助界面，输入 dir()列出当前所有对象的"名称"。交互模式也适合用来进行测试，如果输入的语句有"返回值"，会自动将其输出。例如，想知道 2 的 20 次方是多少，在交互模式下不必使用打印函数 print(2**20)来查看结果，只要输入"2**20"就可以了。

首行末尾带冒号，后面跟多行缩进子句的算一条"复合语句"。在交互模式下，复合语句要按两次回车键才会执行。例如，累加程序中从 while 开始的 3 行语句就是一条复合语句，如果不按两次回车结束复合语句而继续输入后面的语句，解释器执行时也会提示语法错误。当用户输入冒号并按回车键进入下一行时，系统会自动缩进 4 个空格，Python 编程规范要求每级缩进都统一使用 4 个空格。

请读者在 Python 交互模式下逐条输入累加运算的语句，运行结果如图 1-8 所示。

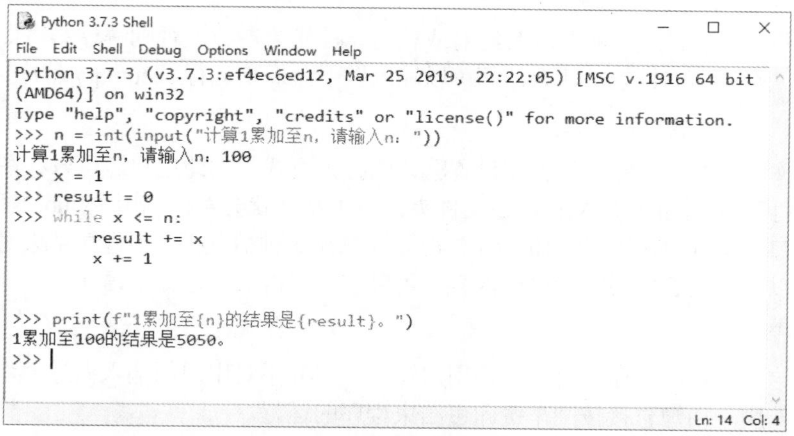

图 1-8 交互模式下运行累加程序

如果一段程序需要保留并重复使用，则应该在 IDLE 初始窗口中按 Ctrl+N 组合键（或单击菜单栏"File" > "New File"）新建一个文件，在其中编写程序代码，然后保存这个程序文件。请读者先创建一个练习文件夹，例如，在 D:\pyAbc 中新建 C01 子目录，将程序保存为 accum.py 文件，然后按 F5 键（或单击菜单栏"Run" > "Run Module"）运行这个程序文件，运行结果如图 1-9 所示。

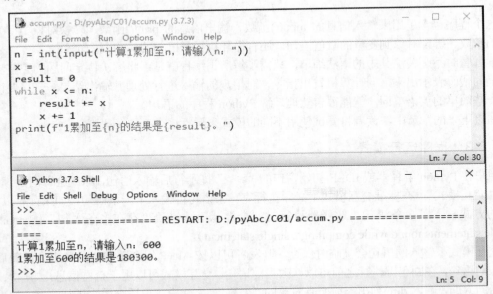

图 1-9　累加程序保存为文件并作为模块的运行结果

以上就是运行 Python 程序的正常模式，或称"非交互模式"。在非交互模式下，程序是作为一个整体来运行的，复合语句也不必再用两次回车来结束。

用户也可以在操作系统的命令行中运行已保存的程序文件 accum.py：首先打开系统命令提示符窗口，输入盘符切换到文件所在磁盘分区，再输入 cd 命令进入文件所在目录，最后输入 python 命令并以文件名作为参数来运行 accum.py 程序。示例代码如下。

```
D:
cd \pyAbc\C01
python accum.py
```

如果文件不在当前目录，就要以其绝对或相对路径作为参数，否则解释器将提示找不到指定的文件。例如，不论当前目录是什么，都可以输入以下命令来运行 accum.py 程序。

```
python D:\pyAbc\C01\accum.py
```

此外，操作系统会为特定文件类型设置默认的打开方式，因此用户还可以在图形界面的资源管理器窗口中打开 Python 程序文件所在文件夹，双击文件就会直接调用 Python 解释器打开一个新的命令行窗口来运行它，如图 1-10 所示。但要注意在这种情况下，当程序结束时会自动关闭命令行窗口，所以如果读者想要看清输出内容，可以在末尾再加一行如下语句。

```
input("按回车键退出程序")
```

当运行到这行语句时程序会再次等待用户输入，但并不对用户的输入做进一步的处理，这就起到了暂停的作用。用户直接按回车键即可结束程序的运行。

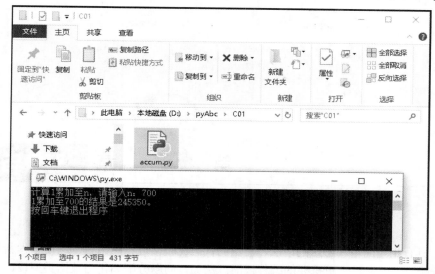

图 1-10 在 Windows 资源管理器中选择并运行程序文件

有关 Python 基础概念和程序运行的入门知识就介绍到此，接下来读者将使用搭建完成的 Python 开发环境正式开始探索广阔的计算机编程世界……

思考与练习

1. 什么是程序，什么是编程语言？
2. 什么是 Python，Python 有什么特点？
3. 如何安装和配置 Python 编程环境？
4. Python 程序有哪些运行模式？
5. 在 1.2 节完成 Python 安装后以交互模式运行了 "Hello World" 程序，请再编写一个 "Hello World" 程序文件 hello.py，并在命令行窗口中运行该程序。
6. 请仿照 1.3 节中的累加运算，编写一个交谈程序文件 talk.py，运行时先输出 "请问您贵姓？"，并在用户输入某姓氏之后输出 "您好，某同学！"。

第 2 章 对象与类型

Python 具有相当简单和一致的语法，写出的代码比较接近自然语言，这使编程新手在入门时能够更为顺畅，能够专注于更重要的编程技能。例如，问题分解细化与数据类型设计等。本章将介绍 Python 的基础语法，包括表达式、对象和基本数据类型，以及变量与函数调用的概念。

本章主要涉及以下几个知识点。
- 表达式与对象的基本概念。
- 变量赋值与函数调用、常用的内置函数。
- 数字、字符串等基本数据类型。

2.1 表达式与对象

本节从编程语言中表达式与对象、值与类型等最基本的几个概念开始，逐步探索 Python 的语法。

2.1.1 表达式的使用

任何程序都是由"语句"（Statement）构成的。简单的语句只有一行指令，而复杂的语句可以包含许多行指令。读者会接触到的第一种 Python 语句是"表达式语句"。一条表达式语句就是一个"表达式"（Expression），每个表达式都具有特定的"值"（Value）。例如，1 就是一个最简单的表达式，而它的值也是 1，当在交互模式下输入 1 时，计算机会返回这个表达式的值 1。

```
>>> 1
1
```

请注意在非交互模式下，解释器并不会自动输出表达式的返回值，开发者必须使用 print() 函数来输出信息。

> **小提示**：从本章起，所有交互模式下的演示都会附上提示符，以方便读者区分交互模式下与非交互模式下的输入、输出内容。例如，上面的交互中，开头的 ">>>" 是提示符，"1" 是实际输入的语句，第 2 行的 "1" 是按回车键执行语句后输出的信息。

使用"运算符"（Operator）可以将多个单一表达式组成复合表达式，如"1+1"。

```
>>> 1+1
2
```

Python 中的基本算术运算除了加（+）、减（-）、乘（*）、除（/），还有整除（//）、取余（%）和乘方（**）。基本算术运算顺序遵循算术法则，即先做乘方，再做乘除和取余，最后做加减，且括号可以改变运算顺序，但注意一律使用圆括号。通过这样的层层组合，读者就可以输入任意算式所对应的表达式，如图 2-1 所示。

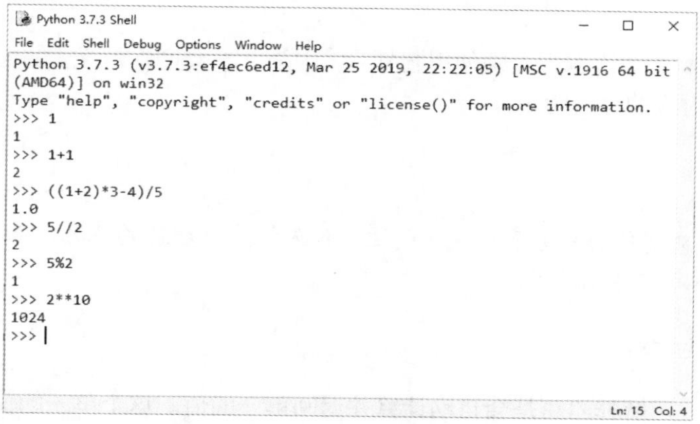

图 2-1　在交互模式下输入表达式

例如，以下表达式对应的算式为 $\frac{(1+2)\times 3-4}{5}$。

```
>>> ((1+2)*3-4)/5
1.0
```

以下表达式分别为整除运算和取余数运算。

```
>>> 5//2
2
>>> 5%2
1
```

以下表达式对应的算式为 2^{10}。

```
>>> 2**10
1024
```

以下表达式对应的算式为 $2^{\frac{1}{2}}$ 即 $\sqrt{2}$。由于乘方运算的优先级高于除法运算，因此表达式必须使用圆括号强制先做除法运算，再将运算结果作为幂次进行乘方运算。

```
>>> 2**(1/2)
1.4142135623730951
```

以下表达式是对 2 取负值。与之前左右两边都有运算数的"双目运算符"（Binary Operator）不同，"-"两边只有右边的一个运算数参与运算，这称为"单目运算符"（Unary Operator）。表达式-2 的返回值也是-2。

```
>>> -2
-2
```

正负运算的优先级比乘除运算要高，例如，以下表达式为-2 乘以-2，结果为 4，即先取负值再相乘。

```
>>> -2*-2
4
```

正负运算的优先级比乘方运算要低，因此要计算-2 的 2 次方，必须使用圆括号强制先做正负运算再做乘方运算，否则就会被解读为先计算 2 的 2 次方再取负值，在数学中算式同样要写为 $(-2)^2$ 以避免歧义。

```
>>> (-2)**2
4
```

但如果要计算 2 的-2 次方则无须使用圆括号，因为并不会产生歧义，解释器会自然地使用负幂次做乘方运算，对应的算式为 2^{-2}。

```
>>> 2**-2
0.25
```

> **小提示**　对于编程语言表达式中的运算优先级难于理解的情况，推荐使用圆括号来明确指定运算优先级。

2.1.2　对象与变量

对于一个表达式，解释器总是会自动计算并返回单一的值。这个单一的值被称为"物件"或"对象"（Object）。对象是一个非常关键的概念，甚至可以说在 Python 中"一切皆对象"。

每个对象都存在于计算机的内存空间中，拥有唯一的标识号（ID）和确定的类型（Type），在对象的生存期内将始终保持不变。用户可以输入"id(对象)"来检查对象的 ID（即其在内存中的地址编号），用"type(对象)"来检查对象的类型（即对象所属的"类"名称）。示例代码如下。

```
>>> id(1)    # 查看对象的 ID
140706640913040
>>> id(5%2)
140706640913040
```

1 和 5%2 的返回值都是 1，可以看到它们具有相同的 ID，因此是同一个对象。

如果检查一下 2 的 ID。

```
>>> id(2)
140706640913072
```

可以看到 1 和 2 的 ID 不同，是两个不同的对象。

如果检查一下 1 和 2 的类型。

```
>>> type(1)    # 查看对象的类型
<class 'int'>
>>> type(2)
<class 'int'>
```

可以看到 1 和 2 的类型相同，它们都属于 int（整数）类型。

如果检查一下 1.0 的 ID 和类型。

```
>>> id(1.0)
2711035559080
>>> type(1.0)
```

```
<class 'float'>
```

可以看到，尽管实际上它们的值相等，但 1.0 与 1 的类型是不同的。1.0 的类型为 float（浮点数）。

实际上读者之前还接触过一种对象类型 str（字符串）。在任意长度的一串字符前后加上成对的单引号（'）或双引号（"）就定义了一个字符串。另外，还有一种"三重引号字符串"，将在 2.3.2 节中介绍。字符串支持加法（通过拼接生成新的字符串）和乘法（通过重复生成新的字符串）。示例代码如下。

```
>>> "你好"
'你好'
>>> "你好"+"世界！"   # 字符串相加
'你好世界！'
>>> "你好世界！"*3   # 字符串与整数相乘
'你好世界！你好世界！你好世界！'
>>> type("你好世界！"*3)
<class 'str'>
```

和在数学中一样，编程中可以用"变量"（Variable）来代表某个数值，这称为变量"赋值"（Assignment）。每个变量都是由一个或多个字符组成的名称，变量名可以使用字母（区分大小写）、数字（但不能以数字开头）和下画线，也可以使用包括所有汉字在内的任何全角字符（但实际编程时建议不要用全角字符）。变量不能和 Python 的保留关键字重名，否则执行时解释器会报语法错误。

> **小提示** 在 Python 3.7 中共有 35 个保留关键字，读者在交互模式中输入 help("keywords") 即可查看 Python 的保留关键字列表。

给变量赋值的语句称为"赋值语句"，赋值语句的基本写法是"变量=表达式"，如"x=1"。

```
>>> x=1
```

注意"="应该称为"赋值号"（在 Python 中要使用"=="来表示等于），赋值号并不属于运算符。上面的语句将变量 x 赋值为 1，或者也可以说是将整数对象 1 与变量 x 进行了名称"绑定"（Binding）。

一个变量就是一个单一表达式，现在输入变量 x，解释器将返回表达式的值。示例代码如下。

```
>>> x
1
```

而复合表达式 x+2 的值将是 3。

```
>>> x+2
3
```

读者可以用逗号分隔的方式，同时将多个对象赋值给多个变量。示例代码如下。

```
>>> x,y=1,100   # 用一条语句为多个变量赋值
>>> x
1
>>> y
100
```

下面"x=x+1"语句的含义为：x 的原值加 1 再赋值给 x。这里读者可以看出"赋值"与"相等"这两个概念的关键区别。

```
>>> x=x+1
```

```
>>> x
2
```

x 的原值加减乘除另一个数，再赋值给 x——这样的操作在编程中很常用，因此还有如下所示的简洁写法，称为"增强赋值"（Augmented Assignment）。

```
>>> x+=1   # 变量值自增 1
>>> x
3
```

下面的写法可以对调两个变量所指向的对象，请注意这在许多编程语言中仅用一条语句是无法实现的。

```
>>> x,y=y,x   # 对调两个变量所指向的对象
>>> x
100
>>> y
3
```

将一个变量赋值给另一个变量，则这两个变量会指向同一个对象。示例代码如下。

```
>>> y=x   # 将一个变量赋值给另一个变量
>>> id(x)
2565766974768
>>> id(y)
2565766974768
```

已有的变量也可以使用 del 语句来删除，基本写法为"del 变量"，例如，要删除变量 y 可以输入以下语句。

```
>>> del y   # 删除变量
```

现在如果再次输入 y，解释器将会报告"名称错误"。

```
>>> y
Traceback (most recent call last):
  File "<pyshell#29>", line 1, in <module>
    y
NameError: name 'y' is not defined
```

这是因为变量 y 已经被删除了，所以 y 变成了一个未定义的名称。

2.2 函数基本概念

之前读者已经接触过一些 Python 函数，函数是许多编程语言的关键组成部分，本节将正式对函数的基本概念进行讲解。

2.2.1 函数的使用

在 2.1 节中介绍过可以使用"type(对象)"这样的写法来查看对象的类型，接下来请读者尝试运行以下的赋值语句。

```
>>> 类型=type
>>> 类型(id)
<class 'builtin_function_or_method'>
>>> 类型(类型)
<class 'type'>
```

上面的练习可以说明一个事实：之前所使用的 id(1)、type(1)、print("Hello World!")等同样属于复合表达式，而 id、type、print 也都是指向某个对象的变量，这种对象是可以作"调用"（Call）运算的，因此称为"可调用对象"（Callable）。Python 中的可调用对象分为"函数"（Function）、"方法"（Method）和"类型"（Type）等几种，有时会不加区别地统称为函数。Python 官方版提供给用户可以直接使用的所有函数则被称为"内置函数"。

函数名加上之后的括号就相当于是一个运算符，参加调用运算的表达式要放在这个括号里，称为传给函数的"参数"（Argument）。如果传入多个参数则用逗号分隔，有的函数也可以不传入参数，这会输出一个默认结果。函数调用所输出的结果就是函数的返回值。例如，abs()函数可以返回传入的数值参数的绝对值。示例代码如下。

```
>>> abs   # abs()函数
<built-in function abs>
>>> abs(-1)   # 调用 abs()函数求绝对值
1
```

max()函数可以从传入的所有参数中找出最大值作为返回值，min()函数可以返回所有参数中的最小值。示例代码如下。

```
>>> max(1, 3, 9, 2)   # 调用 max()函数求最大值
9
>>> min(2, 6, 7, 3)   # 调用 min()函数求最小值
2
>>> type(max)
<class 'builtin_function_or_method'>
>>> type(max(1, 3, 9, 2))
<class 'int'>
```

如上所述，虽然人们通常会使用 abs()、min()、max()这样的形式来指代函数，但是读者需要注意真正指向函数对象的其实是 abs、min、max，加上括号的形式只是为了表明它们的"可调用"特性。

除了可以像数学中的函数那样传入参数并返回结果，编程语言中的函数还能完成各种复杂的附加功能。例如，之前使用的 input()函数可以接受一个字符串参数，执行时会显示此字符串作为提示，然后将用户在按回车键之前输入的全部内容作为字符串返回；input()函数也可以不带参数，执行时就不显示任何提示，只返回用户所输入的字符串，示例代码如下。

```
>>> input()   # 不带参数调用 input()函数
你好！
'你好！'
```

print()函数在调用时同样可以不带参数，这将输出一个空行；也可以带任意多个参数，这将输出以空格分隔的多个值。示例代码如下。

```
>>> print()   # 不带参数调用 print()函数

>>> print(1, 2, 3)   # 带多个参数调用 print()函数
1 2 3
```

请注意 print()函数输出的内容并不是它的返回值——print()函数无返回值，或者可以说 print()函数返回值为"空"。Python 专门定义了一个关键字 None 来代表空值（类型为 NoneType），在交互模式下当返回值为空时将不会输出任何东西。请读者输入"None"测试一下。

```
>>> None
```

如果想要强制输出空值，可以用 print(None)。

```
>>> print(None)
None
```

函数还可以嵌套调用，例如，以下 print()函数调用的参数是另一个 print()函数。

```
>>> print(print(1, 2, 3))    # print()函数嵌套调用另一个print()函数
1 2 3
None
```

在上面的语句中，内层 print()函数调用输出 3 个参数的值，而它的返回值 None 将作为参数传给外层 print()函数，并被外层 print()函数所输出。

总而言之，Python 中的变量就相当于贴在对象上的标签，所以它还有一个笼统的叫法——"标识符"（Identifier）。变量没有确定的类型，而它所指向的对象有确定的类型。在 Python 关键字以外的任何名称（如 print），也就是一个指向具体对象的变量而已，完全可以把它指向别的对象。例如，输入以下语句，将 print 赋值给变量 p。

```
>>> p=print
```

这时 p 和 print 所指向的就是同一个函数对象了，p(x)和 print(x)完全等价，都会打印出变量 x 的值。

```
>>> p(x)
100   #变量x在上节被赋值为100
```

下面再将另一种类型的对象赋值给变量 print。

```
>>> print=10
```

这时 print 所指向的对象就变成了 10 这个整数。如果此时尝试做调用运算，解释器将会提示类型错误"int 对象是不可调用的"。

```
>>> print(x)
Traceback (most recent call last):
  File "<pyshell#54>", line 1, in <module>
    print(x)
TypeError: 'int' object is not callable
```

上面这样的做法会造成不必要的混乱，在实际编程时必须避免。用户创建变量时命名应该清晰明了，不能与已有变量重名；变量含义也应该保持稳定，不要在中途随意更改。

2.2.2 常用内置函数

Python 解释器提供了几十个可直接使用的内置函数，以下列出最常用的一些，其中多数在之前章节中已有出现，在此将进行更详细的说明。

1. print()

print()函数将参数值打印到标准输出（无参数则打印空行），无返回值。

print()函数可接受任意多个不同类型的参数。示例代码如下。

```
>>> print("2 的 10 次方是", 2**10)
2 的 10 次方是 1024
```

打印出的值之间会有一个空格，如果想去掉这个空格则可以输入如下代码。

```
>>> print("2 的 10 次方是", 2**10, sep="")
2 的 10 次方是1024
```

某些函数除了包含普通的"位置参数",还包含上面这样的"关键字参数"。print()函数的关键字参数 sep 用来指定打印值之间的分隔符。如果分隔符是一个空字符串,则所有输出值将会紧密地连在一起。

print()函数还有一个常用关键字参数 end 用来指定打印结束符。例如,正常调用 print()函数两次会打印出两行内容。示例代码如下。

```
>>> print("你好,");print("世界!")
你好,
世界!
```

> **小提示** 上面的代码使用分号将两条语句写在同一行中,通过这个技巧可以在标准交互模式中一次执行多条语句。

而如果使用 end 参数指定第一个 print()函数的打印结束符为空字符串,打印出的内容就会连在一起。示例代码如下。

```
>>> print("你好,", end="");print("世界!")
你好,世界!
```

关键字参数都有预设的默认值,例如,在 print()函数中,sep 参数的默认值是一个空格,end 参数的默认值是一个换行符。如果调用函数时没有传入关键字参数,系统就会直接使用预设的默认值。

2. input()

input()函数将参数指定的字符串作为提示信息打印到标准输出(无参数则不打印信息),再从标准输入读取一行数据并将其转成一个字符串作为返回值。

请注意 input()函数的返回值的类型是字符串,即使用户输入的是数字,返回的也是与数字对应的字符串。示例代码如下。

```
>>> age = input("请输入你的年龄: ")
请输入你的年龄: 17
>>> type(age)   # input()函数返回的是字符串
<class 'str'>
>>> print("你明年的年龄: ", age+1)
Traceback (most recent call last):
  File "<stdin>", line 1, in <module>
TypeError: can only concatenate str (not "int") to str
```

以上代码使用 input()函数接收用户输入的数字 17 并赋值给变量 age,可以看到对象的类型是字符串,这样"age+1"就会被解读为字符串拼接,因此执行时解释器报告发生"类型错误":字符串只能拼接字符串,而不能拼接数字。

3. int()

int()函数将参数值转成一个整数作为返回值(无参数则返回 0)。

正如前文所述,int 虽然也被统称为函数,但严格地说它是一个数据类型,当执行调用形式 int()时就将构造一个 int 类型的值——返回不同类型参数值所对应的整数值,或者返回默认值 0。示例代码如下。

```
>>> type(int)
<class 'type'>
>>> int(3.14)
3
>>> int()
0
```

因此之前年龄计算的问题就可以用 int()函数将输入的字符串转为整数来解决。示例代码如下。

```
>>> age = int(input("请输入你的年龄："))  # 将 input()函数的返回值转为整数
请输入你的年龄：17
>>> type(age)
<class 'int'>
>>> print("你明年的年龄：", age+1)
你明年的年龄： 18
```

类型的调用形式有多种不同的称谓："构造函数""构造方法""构造器"（Constructor）等，这几个术语指的都是同一个概念，特定类型的对象都可以通过调用特定类型的构造器来生成。

4．float()

float()函数将参数值转成一个浮点数作为返回值（无参数则返回 0.0）。

float 也属于数据类型，调用 float()构造器就是构造一个 float 类型的值。示例代码如下。

```
>>> float(1)
1.0
```

5．str()

str()函数将参数值转成一个字符串作为返回值（无参数则返回空字符串）。

显然，str 同样属于数据类型，调用 str()构造器就是构造一个 str 类型的值。示例代码如下。

```
>>> str(1)
'1'
```

6．eval()

eval()函数将参数指定的字符串解析为一个 Python 表达式，返回表达式的值。

eval()函数的参数必须为字符串，只要能解析为合法的表达式就会被求值（否则将报错）。

```
>>> eval("1+1")
2
>>> eval("age+1")
18
```

7．exec()

exec()函数将参数指定的字符串解析为一段 Python 代码并执行，无返回值。

exec()函数比 eval()函数更灵活，传入的参数只要能解析为合法的语句就会被执行，如下列代码用 exec()函数执行了一条赋值语句。

```
>>> exec("var=2")
>>> var
2
```

8．id()

id()函数将参数值的 ID 作为返回值。

如前文所述，id()函数的返回值是一个表示对象 ID 的整数，在对象存在期间保证唯一且恒定。不再需要的对象会被解释器销毁以释放资源，这时原来的 ID 有可能会分配给一个新的对象。

9．type()

type()函数将参数值所属的类型作为返回值。

实际上 type 本身也是一个特殊的类型，调用 type()构造器就是构造一个 type 类型的值，例如，type 的类型为 type，int 的类型也为 type，1 的类型则为 int。

```
>>> type(type)
```

```
<class 'type'>
>>> type(int)
<class 'type'>
>>> type(1)
<class 'int'>
```

上面程序的最后一条语句 type(1)的返回值就是一个 int 类型，它完全可以做调用运算，将传入的参数转成一个整数值。示例代码如下。

```
>>> type(1)(2.0)
2
```

10. dir()

dir()函数将参数指定对象的命名空间中所有变量组成的字符串列表作为返回值（无参数则默认为当前命名空间）。

"命名空间"（Namespace）限制了变量的作用范围，任何变量都是特定命名空间的"成员"，每个模块都拥有一个命名空间，模块中的每个对象也拥有自己的命名空间。例如，下列代码中，当以 type 对象作为 dir()函数的参数时，返回的就是 type 对象中的"成员变量"。

```
>>> dir(type)   # 列出对象的成员
['__abstractmethods__', '__base__', '__bases__', '__basicsize__', '__call__',
 '__class__', '__delattr__', '__dict__', '__dictoffset__', '__dir__', '__doc__',
 '__eq__', '__flags__', '__format__', '__ge__', '__getattribute__', '__gt__',
 '__hash__', '__init__', '__init_subclass__', '__instancecheck__', '__itemsize__',
 '__le__', '__lt__', '__module__', '__mro__', '__name__', '__ne__', '__new__',
 '__prepare__', '__qualname__', '__reduce__', '__reduce_ex__', '__repr__',
 '__setattr__', '__sizeof__', '__str__', '__subclasscheck__', '__subclasses__',
 '__subclasshook__', '__text_signature__', '__weakrefoffset__', 'mro']
```

可以看到 type 对象中存在许多"成员变量"或称 type 对象的"属性"（Attribute），有关机制将在本书第 10 章专门介绍，读者在这里只需关注最后那个前后不带双下画线的"mro"，它属于函数和类型之外的又一种可调用对象——"方法属性"或者称"方法"。方法是在类型中定义的"成员函数"，任何特定的值都可以调用所属类型的方法。

方法调用的具体格式是："对象.方法()"。这里的点号"."表示属性引用（Reference），可以读作"的"。int 的类型为 type，因此可以调用 type 类型的 mro 方法。示例代码如下。

```
>>> int.mro()
[<class 'int'>, <class 'object'>]
```

这个方法的返回值就是类型的"继承顺序"。可以看到 int 类型是从 object 类型继承而来的。读者可以再尝试查看函数类型的继承顺序。示例代码如下。

```
>>> type(print).mro()
[<class 'builtin_function_or_method'>, <class 'object'>]
```

函数类型同样是从 object 类型继承而来的——实际上 Python 中所有类型最终的源头都是 object。知道了这一点，读者就能更深刻地理解"Python 中一切皆对象"这句话。

> **小提示**　dir()函数返回值的类型是"列表"，列表以方括号表示，其中可以包含由逗号分隔的多个值，在 6.1 节中将会详细介绍这种数据类型。

11. help()

help()函数显示参数指定的对象的帮助信息，无返回值（无参数则启动交互式帮助系统）。

在交互模式下可以使用 help()函数来获取简明帮助信息，例如，以 type.mro 作为参数就会显示该方法的帮助。

```
>>> help(type.mro)
Help on method_descriptor:

mro(self, /)
    Return a type's method resolution order.
```

可以看到 type.mro 的作用是返回类型的"方法解析顺序"（当调用对象的某个方法时，先在本类型的命名空间中查找，找不到则按类型的继承顺序上溯查找）。

不带参数调用 help()函数则会启动交互式帮助系统，读者可以根据系统的提示信息输入单词来查看相应的帮助信息，如图 2-2 所示。输入 quit 将退出交互式帮助系统，返回 Python 交互模式提示符。

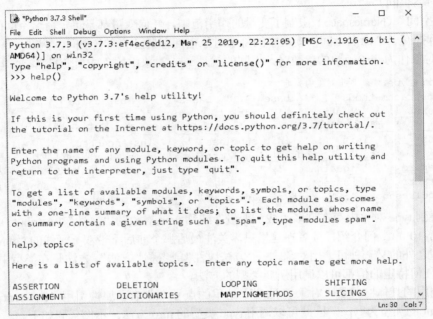

图 2-2　启动交互式帮助系统

读者在练习编程时，可以配合使用 dir()函数和 help()函数，这是获取帮助最为快速、准确的方式。

实例 2-1　简单的计算器

在本小节中，读者将编写第一个正式的实例程序——"简单的计算器"。该程序运行后，读者可以通过命令行输入任意表达式，程序将输出对应的结果值。程序的语句如代码 2-1 所示。

微视频：简单的计算器

代码 2-1　简单的计算器 C02\calc.py

```
01    exp = input("请输入算式: ")
02    val = eval(exp)
03    print(val)
```

虽然这个程序比较简单，但同样具有完整的"输入—处理—输出"结构，每行语句所执行的操作如下。

- 第 1 行提示用户输入算式并将输入的字符串对象赋值给 exp 变量。
- 第 2 行使用内置的 eval()函数将 exp 当作表达式来求值并将结果赋值给 val 变量。
- 第 3 行输出 val 变量的值。

在程序运行时，用户可以输入任意字符串，但只有输入能被解读为一个合法表达式时程序才会输出正确的结果。

> **小提示**　实际开发中应避免直接将用户输入的内容作为 eval()函数的参数，因为这样可能会有安全风险。例如，用户可以输入调用内置函数的表达式来执行某个危险的系统命令。

在 IDLE 中编写程序并保存为文件 calc.py，按 F5 键运行，按提示输入表达式即输出结果，例如输入"2+3"，输出结果为 5。

```
请输入算式：2+3
5
```

再次运行程序并尝试输入"2+++3"，可以得到相同的结果，因为只有第一个"+"会被解读为做加法，另外两个"+"则会被解读为对后面的表达式取正值。

```
请输入算式：2+++3
5
```

再次运行程序并尝试输入"2***3"，这时解释器就会报语法错误了，因为不能将其解读为一个合法的表达式。

```
请输入算式：2***3
Traceback (most recent call last):
  File "D:\pyAbc\C02\calc.py", line 2, in <module>
    val = eval(exp)
  File "<string>", line 1
    2***3
      ^
SyntaxError: invalid syntax
```

> **小提示**　如果程序在运行时发生某种错误，解释器会立即中止程序的运行，并输出一段"回溯"（Traceback）信息，列明出错的语句以及错误的类型，以帮助开发者找到出错原因并进行相应处理。

2.3　基本数据类型

本节将对 Python 中几种最基本的内置数据类型做进一步的介绍，包括 3 种数字类型：int、float、complex，以及字符串类型（str）。

2.3.1　数字类型

读者之前已接触过两种内置数字类型 int 和 float，它们在存放时占用的存储空间大小不同，在运算时使用的处理方式也不同，这样区分的目的是让计算机更好地调配资源以提高性能。需注意的是，任何数字在计算机内部都是以二进制来表示的，这会导致计算机在进行数字类型处理时会有许多特殊之处，这将在下文中进行详细说明。

为改善 Python 中数字类型字面值的可读性，开发者可以使用下画线来任意分隔数位。示例代码如下。

```
>>> 1_000_000    # 在数字中使用下画线
1000000
>>> 2_0000_0000_0000
2000000000000
```

> **小提示**：在数字中使用下画线分隔符是自 Python 3.6 起新增的语言特性。

1. int（整数）类型

用来表示整数的 int 类型允许使用十进制以外的计数制，包括二进制（Binary）、八进制（Octal）和十六进制（Hexadecimal），具体写法是在数值前分别加上前缀 0b、0o、0x，以便与默认的十进制数相区分。例如，下列代码中，二进制数 0b100_0000_0000 表示 2^{10}，八进制数 0o2000 表示 $2×8^3$，十六进制数 0x400 表示 $4×16^2$，它们对应的十进制数都是 1024，即 $10^3+2×10^1+4×10^0$。

```
>>> 0b100_0000_0000
1024
>>> 0o2000
1024
>>> 0x400
1024
```

> **小提示**：不论 int 类型的数字以何种计数制表示，在计算机内部都保存为二进制整数，解释器输出时默认转换为十进制整数。

int 类型的数字取值范围在理论上没有限制，但在现实中会受限于计算机存储空间的大小。

使用内置的 bin()、oct()、hex() 函数，可以将一个整数转换为以相应计数制表示的字符串。示例代码如下。

```
>>> bin(8)    # 将整数转换为二进制表示形式
'0b1000'
>>> oct(24)   # 将整数转换为八进制表示形式
'0o30'
>>> hex(56)   # 将整数转换为十六进制表示形式
'0x38'
```

如果想要不带计数制前缀的字符串，可以使用内置的 format() 函数。示例代码如下。

```
>>> format(255, "x")  # 将对象输出为指定格式的字符串
'ff'
>>> format(255, "X")
'FF'
```

以上 format() 函数调用的第 2 个参数"x"是格式说明符，表示将数值输出为相应十六进制数的字符串且 9 以上数码的字母为小写，"X"表示字母为大写。类似地，还有输出二进制数的"b"和输出八进制数的"o"（这两种进位制都不使用字母数码，因此没有大写形式）。示例代码如下。

```
>>> format(255, "b")
'11111111'
>>> format(255, "o")
'377'
```

在 Python 中可以通过多种方式将对象转换为特定格式的字符串，并支持更多的格式说明符，后文还将结合具体例子进行讲解。

int 类型有一些附加方法，其中 int.bit_length() 方法会返回整数值对应的二进制位数，以下交互显示，1024 需要 11 个二进制位来表示（注意，数值调用方法时需要加圆括号）。

```
>>> (1024).bit_length()
11
```

请注意此方法只考虑数字位而不考虑符号位，-1024 的二进制位长度同样是 11。

```
>>> (-1024).bit_length()
11
```

除了算术运算，int 类型还可以进行"按位运算"，即针对以二进制表示的整数的每一位执行特定的操作。第一种按位运算是按位取反（~），将 x 按位取反被定义为-（x+1）。如下面的代码所示。

```
>>> ~0
-1
>>> ~3
-4
```

在以上交互中，3 对应二进制数 0b11，加 1 并取负值得到的二进制数为-0b100，即十进制数-4。按位表示的效果就是把原来的 1 翻转为 0，原来的 0 翻转为 1，因此称为按位取反。

第二种按位运算是按位左移（<<），即将整数的每个二进制位左移指定的位数，原位置以 0 填充。示例代码如下。

```
>>> 1<<1
2
>>> 1<<5
32
```

可以看到左移 n 位就相当于原数值乘以 2 的 n 次方。

与按位左移对应的还有按位右移（>>），即将整数的每个二进制位右移指定的位数，移出个位的数位将被直接丢弃，因此右移 n 位就相当于原数值整除 2 的 n 次方。示例代码如下。

```
>>> 5>>2
1
```

最后，还有按位与（&）、按位或（|）和按位异或（^）3 种按位运算，它们都是通过逐个比较两个数值对应的位值来确定结果的位值。按位与的规则是对应位值都是 1 时，结果位值为 1，否则为 0；按位或的规则是对应位值有一个是 1 时，结果位值为 1，否则为 0；按位异或的规则是对应位值相异时结果位置为 1，否则为 0。读者可以参看以下示例理解这 3 种运算的不同之处。

```
>>> a, b = 0b1000, 0b1010
>>> bin(a&b)  # 按位与
'0b1000'
>>> bin(a|b)  # 按位或
'0b1010'
>>> bin(a^b)  # 按位异或
'0b10'
```

> **小提示**　按位运算属于偏底层的操作，在日常开发中较少用到，但在适宜的场合下使用按位运算可以提高程序的运行效率。

2. float（浮点）类型

用于表示实数的 float 类型值必须使用十进制，除了带小数点的一般形式，还可以用指数（Exponent）形式即科学计数法，具体格式是"系数 e 指数"。例如，光速的数值 3×10^8 可以写为如下代码。

```
>>> 3e8
```

300000000.0

float 类型的数值有规定的取值范围，如果超出允许的最大范围将被解释器当作无穷大（Infinity）。示例代码如下。

```
>>> 1e308
1e+308
>>> 1e309    # 取值超出正数的取值范围则为无穷大
inf
>>> -1e308
-1e+308
>>> -1e309   # 取值超出负数的取值范围则为负无穷大
-inf
```

float 类型的数值有规定的精度限制，如果小于允许的最小精度将被解释器当作零（0.0）。示例代码如下。

```
>>> 1e-323
1e-323
>>> 1e-324   # 取值小于最小精度则为 0
0.0
```

float 类型的数值在运算时可能出现微小的误差，因为这种数据类型在计算机内部保存为二进制小数，然而二进制小数不一定能完全精确地表示每个十进制小数。例如，对于十进制小数 0.1，使用 5 个二进制小数位只能将其近似表示为 0.00011，也就是 $2^{-4}+2^{-5}$。

```
>>> 2**-4 + 2**-5
0.09375
```

使用 9 个二进制小数位只能将其近似表示为 0.000110011，也就是 $2^{-4}+2^{-5}+2^{-8}+2^{-9}$。

```
>>> 2**-4 + 2**-5 + 2**-8 + 2**-9
0.099609375
```

而使用 13 个二进制小数位只能将其近似表示为 0.0001100110011，也就是 $2^{-4}+2^{-5}+2^{-8}+2^{-9}+2^{-12}+2^{-13}$。

```
>>> 2**-4 + 2**-5 + 2**-8 + 2**-9 + 2**-12 + 2**-13
0.0999755859375
```

依此类推，无论使用多少个二进制小数位，都不可能精确地表示十进制小数 0.1，而只能不断接近，因此只能将其保存为一个误差小于规定精度限制的近似值（这个值实际上略大于 0.1）。Python 解释器在显示浮点数时会通过自动舍入操作使其看起来是一个精确值，但在运算时值的误差可能会累积并最终显示出来，示例代码如下。

```
>>> 0.1+0.1
0.2
>>> 0.1+0.1+0.1
0.30000000000000004
```

float 类型的数值会保证 15 位有效数字，在输出结果时保留位数不应超过有效位数。内置的 round() 函数可以实现舍入操作，用第二个参数指定舍入到小数点后的位数即可（该参数默认值为 0，即舍入到个位），示例代码如下。

```
>>> round(0.1+0.1+0.1, 2)
0.3
```

同样，由于 float 类型的特性，使用 round() 函数对浮点数进行舍入时并不采用通常的"四舍五入",而是根据二进制原值与两个方向上舍入值的接近程度来决定是向上舍入还是向下舍入,例如,round(2.675,2)的返回值是 2.67 而不是 2.68。

```
>>> round(2.675,2)
2.67
```

> **小提示**　如果需要绝对精确的小数运算,Python 也有提供专门的解决办法,这会在 3.2.1 节中进行介绍。

3. complex(复数)类型

Python 还提供第 3 种内置数字类型即用来表示复数的 complex 类型,此类型在科学与工程计算中很有用处。complex 类型值实际上是由两个 float 类型值组合而成的,分别代表复数的实部和虚部(虚数字面值以浮点数加字母 j 来表示)。示例代码如下。

```
>>> 3+4j
(3+4j)
```

Python 内置的取绝对值函数 abs() 同样适用于复数(即求复数的"模")。示例代码如下。

```
>>> abs(3+4j)
5.0
```

调用 complex 类型构造器的基本方式是传入表示实部和虚部的 2 个参数,不带参数则返回虚数 0j。示例代码如下。

```
>>> complex(3, 4)
(3+4j)
>>> complex()
0j
```

可以使用 complex 类型值的 real 和 imag 属性来提取其中的实部和虚部。示例代码如下。

```
>>> (3+4j).real   # 复数的 real 属性返回实部
3.0
>>> (3+4j).imag   # 复数的 imag 属性返回虚部
4.0
```

Python 不同数字类型之间进行算术运算时,会先将"较窄"类型的运算数转换为与另一运算数相同的类型,如将 int 类型转换为 float 类型,float 类型转换为 complex 类型等。示例代码如下。

```
>>> 1+1.0
2.0
>>> 3+4j+1
(4+4j)
```

2.3.2　字符串类型

字符串是另一种常用的基本数据类型。在 Python 中标记字符串字面值可以用双引号,也可以用单引号(注意中文引号不能用来标记字符串)。双引号标记的字符串中可以直接使用单引号,反之亦然。示例代码如下。

```
>>> "I'm a student."   # 在字符串中直接使用单引号
"I'm a student."
>>> '"I am a student," he said.'   # 在字符串中直接使用双引号
'"I am a student," he said.'
```

另一种字符串标记方式是使用"三重引号",这样的字符串中可以任意地换行,也可以同时包

含双引号和单引号,常常被用来书写程序的注释。示例代码如下。

```
>>> """三重引号字符串
这是字符串的第二行
"""
'三重引号字符串\n这是字符串的第二行\n'
```

此外,由空白符(空格、制表、换行)分隔的多个字符串字面值会被自动拼接为一个字符串。示例代码如下。

```
>>> "好好学习" "天天向上"
'好好学习天天向上'
```

需要注意的是,这个技巧只适用于字符串字面值,如果拼接对象包含变量,则还是要使用加法运算符"+"。

1. 字符集

字符串中可以包含任何字符,而每个字符在计算机内部都是以二进制数码来表示的,"字符集"规定了字符与数码值的对应关系。Python 使用 Unicode 字符集统一处理字符。Unicode 字符集是一个旨在支持全世界所有语言文字的国际标准字符集。用内置的 ord()函数可以返回一个字符对应的 Unicode "码位",用 chr()函数可以返回 Unicode 码位对应的字符。例如,英文字母"A"所对应的码位是 65,码位 19968 则对应汉字"一"。

```
>>> ord("A")   # ord()函数返回字符对应的码位
65
>>> chr(65)    # chr()函数返回码位对应的字符
'A'
>>> ord("一")
19968
>>> chr(19968)
'一'
```

Unicode 码位的取值范围是 0x0~0x10ffff。这是十六进制数,等于十进制数 0~1114111。这些码位目前只使用了十分之一,Unicode 标准规范的版本还在不断更新以收录新的字符。除了 Unicode 字符集,还有许多其他字符集,例如,只包含 128 个西文字符的基本 ASCII 码字符集。基本 ASCII 码位的取值范围是 0~127,其中的字符排列顺序与 Unicode 码位完全一致。

2. 转义符号的使用

读者可能注意到在包含多行的字符串字面值中,换行符显示为"\n",这种以反斜杠打头的多个字符代表一个特殊字符(或特殊功能)的符号称为"转义"(Escape)符号。例如,要在单行字符串中同时使用单引号和双引号,就需要写成转义符号。示例代码如下。

```
>>> '"I\'m a student," he said.'   # 在字符串中使用单引号的转义符号
'"I\'m a student," he said. '
>>> '"I\'m a student,"\n he said.'   # 在字符串中使用单引号和换行符的转义符号
'"I\'m a student,"\n he said. '
```

使用 print()函数可以输出原本的字符:

```
>>> print('"I\'m a student," he said. ')
"I'm a student," he said.
>>> print('"I\'m a student,"\n he said. ')
"I'm a student,"
 he said.
```

常用的转义符号如表 2-1 所示。

表 2-1　　　　　　　　　　　　常用转义符号

转义符号	说明
\<换行>	消除换行
\\	反斜杠（\）
\'	单引号（'）
\"	双引号（"）
\a	响铃（BEL）
\n	换行（LF）
\r	回车（CR）
\t	水平制表符（TAB）
\xhh	十六进制数 hh 码位的字符，即扩展西文字符（ASCII）
\uhhhh	十六进制数 hhhh 码位的字符，即基本多语言平面（Basic Multilingual Plane，BMP）
\Uhhhhhhhh	十六进制数 hhhhhhhh 码位的字符，即任何字符

另外，反斜杠加手动换行也允许在字符串之外使用，当某条语句长度超过 80 字符时，可以用此方式来分行，以使代码格式符合 Python 的标准代码规范。

以下字符串包含以转义符号表示的两个货币符号（日元和欧元）。

```
>>> "\xa5\u20ac"
'¥€'
```

> **小提示**　由于程序具体实现方面的问题，Python 3.7 版的 IDLE 中无法使用\Uhhhhhhhh 形式的转义符号（Python 3.8 已确定会解决这个问题）。

Python 提供了一个内置函数 ascii()用来生成任意对象的只包含 ASCII 码字符的字符串表示形式，在这种表示形式中，所有的非 ASCII 码字符都将被显示为转义符号。对这样的字符串再使用 eval()函数求值，则可还原为包含非 ASCII 码字符的字符串。示例代码如下。

```
>>> ascii("ab12¥€中文")
"'ab12\\xa5\\u20ac\\u4e2d\\u6587'"
>>> eval("'ab12\\xa5\\u20ac\\u4e2d\\u6587'")
'ab12¥€中文'
```

3．字符串作为序列

一个字符串顾名思义就是由任意数量的字符通过串联构成的，每个字符称为整个字符串对象的"元素"（Element）。字符串属于一种"序列"（Sequence），即其中的元素有先后顺序。序列是编程语言中的一个抽象概念，序列又从属于另一个更宽泛的抽象概念"容器"（Container），容器中的元素并不一定有先后顺序。

任何序列都有"长度"，即所包含元素的个数。内置的 len()函数可以返回任意序列的长度。示例代码如下。

```
>>> s = "天地玄黄宇宙洪荒"
>>> len(s)    # 调用 len()函数查看对象的长度
8
```

序列中的每个元素都有"索引"（Index）或叫"序号"——第 1 个元素序号为 0，第 2 个元素序号为 1；或者也可以倒着数——倒数第 1 个元素序号为-1，倒数第 2 个元素序号为-2，依次类推。在序列之后再加上方括号括起来的序号数值，可以进行返回其中一个元素的抽取操作。示例代码如下。

```
>>> s[0]    # 抽取：返回指定序号的元素
'天'
>>> s[1]
'地'
>>> s[-1]
'荒'
```

使用一个冒号分隔的两个序号数值，可以返回指定选取区间内的字符串，这称为"切片"。注意选取区间是"左闭右开"的，[0:2]表示选取 0 号和 1 号元素。

```
>>> s[0:2]  # 切片：返回指定区间的子序列
'天地'
```

如果是从头或尾开始选取，则对应序号可以省略，如[:2]同样是表示选取 0 号和 1 号元素。

```
>>> s[:2]
'天地'
```

倒数的选取区间同样是"左闭右开"，正数和倒数可以混用。示例代码如下。

```
>>> s[-3:-1]
'宙洪'
>>> s[1:-1]
'地玄黄宇宙洪'
```

另外还可以加上第 3 个数值来指定"步长"，步长若大于默认值 1 则表示间隔选取。示例代码如下。

```
>>> s[::2]
'天玄宇洪'
```

步长为负值表示反序选取，这是一个很有用的编程技巧。示例代码如下。

```
>>> s[::-1]
'荒洪宙宇黄玄地天'
```

> **小提示**　以上冒号分隔数字的写法所创建的对象实际上属于专门的"切片"（slice）类型，表示以何种规则从序列中提取子序列。下面的交互调用了 slice 类型的构造器，传入起点、终点、步长参数构造一个 slice 对象，然后以使用该对象作为规则从字符串中提取子字符串。

```
>>> x = slice(None, None, -1)
>>> x
slice(None, None, -1)
>>> s[x]
'荒洪宙宇黄玄地天'
```

4．字符串的方法

字符串类型有许多附加方法，读者可以配合使用 dir()函数和 help()函数，了解并练习字符串类型的各种方法。例如，str.upper()和 str.lower()方法将分别返回原字符串字符转换为大写或小写的版本。示例代码如下。

```
>>> s = "Good Good Study, Day Day Up."
>>> s.upper()   # upper()方法将小写字母转换为大写
'GOOD GOOD STUDY, DAY DAY UP.'
```

```
>>> s.lower()  # lower()方法将大写字母转换为小写
'good good study, day day up.'
```

str.split()方法将返回原字符串以指定分隔字符串拆分成的小字符串组成的列表——参数默认值为空白符，其效果相当于把句子拆分为单词。示例代码如下。

```
>>> s.split(",")  # 使用逗号拆分字符串
['Good Good Study', ' Day Day Up.']
>>> s.split()  # 使用空白符拆分字符串
['Good', 'Good', 'Study,', 'Day', 'Day', 'Up.']
```

str.join()方法则可以将这样的列表合并为字符串，调用该方法的字符串将用作小字符串之间的分隔字符串。示例代码如下。

```
>>> "-".join(s.split())
'Good-Good-Study,-Day-Day-Up.'
>>> "".join(s.split())
'GoodGoodStudy,DayDayUp.'
```

str.format()方法用来执行字符串格式化操作，调用此方法的字符串中可以包含以花括号括起来的占位符，它们在返回的字符串中会被替换为对应参数的值。示例代码如下。

```
>>> name, year = "Python", 1989
>>> "{}语言诞生于{}年。".format(name, year)
'Python 诞生于 1989 年。'
```

Python 3.6 新增了一种"格式字符串"（f-strings），在带 f 前缀的字符串内加花括号，其中可以放任意表达式。这种新形式更为简洁自然，可以在大部分场合中代替 str.format()方法。示例代码如下。

```
>>> f"{name}语言诞生于{year}年。"
'Python 诞生于 1989 年。'
```

实际上还有一种在字符串内使用百分号占位符（如%s 表示将值输出为字符串），字符串后带百分号加替换值列表的字符串格式化形式。它是从 C 语言继承而来的，因为不够方便直观，通常已不再推荐，但在其适用范围内运行效率很高。示例代码如下。

```
>>> "%s 语言诞生于%s 年。" % (name, year)
'Python 诞生于 1989 年。'
```

有关字符串类型就暂时讲解到这里，在后续章节中将会结合实例介绍更多的字符串使用技巧以及字符串格式化控制技巧。

实例 2-2　整数反转

本节的实例是"整数反转"：输入任意一个整数，输出各位反转后的整数。原数字如果末尾是 0 则结果应去除开头的 0，原数字如果是负数则结果应保留负号。

微视频：整数反转

这个编程题如果是针对 C 和 C++等偏底层的语言，其解法一般是通过取余运算得到原整数每一位的值，再通过乘法和加法运算得出结果。下面的程序则是使用 Python 提供的内置函数和方法，简单地通过类型转换和字符串处理来得到同样的结果，如代码 2-2 所示。

代码 2-2　整数反转 C02\int_rev.py

```
01  s = input("请输入一个整数：")
02  i = int(s)
03  sign = 1                              # 此变量值为 1 或-1，用来控制结果的正负
```

```
04    if i < 0: sign = -1            # 如果i为负数,则sign赋值为-1
05    s = s.lstrip("-+").rstrip("0")  # 去掉原字符串左侧的正负号和右侧的0
06    r = s[::-1]                     # 反转字符串
07    result = sign*int(r)            # 令结果的正负性与输入值一致
08    print(result)
```

实例程序的详细执行步骤说明如下。
- 第1行将输入的表示整数的字符串赋值给变量s。
- 第2行根据s生成整数并赋值给变量i。
- 第3行将变量sign赋值为1。
- 第4行用if语句进行判断,如果i为负数,则将sign赋值为-1。
- 第5行用str.lstrip()方法生成去掉s左侧负号或正号的字符串用str.rstrip()方法去掉右侧的0,将结果赋值给s。
- 第6行生成s的反序字符串并赋值给变量r。
- 第7行根据r生成整数并与sign相乘,结果赋值给变量result。
- 第8行打印输出result。

请读者在IDLE中编写并运行该程序,每次输入不同的整数,检查能否输出正确的结果。

> **小提示**: if语句是通过逻辑判断来决定是否执行子语句的复合语句,将在4.2节中详细介绍。

本章讲解了Python的基础语法,可以看到Python是一种对初学者相当友好的编程语言。在第3章中读者将接触模块与库的概念,并利用Python标准库模块开发更有趣、更实用的程序。

思考与练习

1. 什么是表达式、对象与变量?
2. 什么是函数?Python有哪些常用内置函数?
3. Python有哪些内置数字类型?
4. Python的字符串类型支持哪些操作?
5. 编写一个程序,运行时输入以英文逗号分隔的两个数值,输出两数之和、差、积、商。

> **小提示**: 使用eval()函数来解析输入内容。

6. 编写一个程序,将用户输入的英文短句中每个单词在句子中的位置进行反转后输出(单词间均以空格分隔,不必考虑标点符号问题)。

示例输入如下。

```
nothing gold can stay
```

示例输出如下。

```
stay can gold nothing
```

第 3 章 模块与库

"模块"（Module）是 Python 程序的基本组织单位，多个相关的模块构成"包"，它们作为一个有机整体又被称为"库"。本章将依次介绍以上概念，让读者了解 Python 软件生态系统是如何通过一个个不起眼的小模块层层构建起来的。

本章主要涉及以下几个知识点。
- 模块的概念以及模块与文件的关系。
- 模块的层级结构、不同类型模块的特点以及众多模块如何组织为一个有机的整体。
- Python 标准库中的常用模块。
- Python 软件生态系统以及第三方包的使用。

> **小提示** 虽然"模块""包"与"库"都有明确的定义，但开发者在日常交流中往往容易混用这些名词，并不会严格地区分它们。

3.1 Python 的模块

本节将介绍 Python 中模块的基本概念，了解模块的使用方法。通过导入模块的机制，读者可以避免重复编写同样的代码，并能与其他人分享各种通用功能。

3.1.1 模块的概念

在之前的章节中，已经使用过 id()、input()、print()等多个函数，这些都是默认可用的对象。Python 官方还提供了更多的可重用对象，它们分门别类地放在不同的"模块"之中，开发者可以在需要的时候"导入"（Import）特定的模块。导入模块之后，默认的主命名空间中就会增加指向模块对象的变量，可以使用"模块变量.成员变量"的格式对模块中的对象进行引用。

现在就尝试一下 Python 内置模块的导入操作。首先在 Python 交互模式下输入 dir()函数，查看主命名空间中的变量列表。示例代码如下。

```
>>> dir()
['__annotations__', '__builtins__', '__doc__', '__loader__', '__name__',
'__package__', '__spec__']
```

读者可以看到，交互模式启动后主命名空间中已默认存在 7 个变量。下面使用 import 语句导入数学模块 math，以使用其中的数学工具。

```
>>> import math
```

"import 模块名"是 import 语句最基本的格式，开发者也可以同时导入用逗号分隔的多个模块。

> **小提示**　导入模块的功能在 Python 解释器内部是通过发起调用特殊的 __import__() 内置函数来实现的，因此上述 import 语句等价于以下语句。
> ```
> math = __import__("math")
> ```

当再次使用 dir() 函数时，会看到主命名空间中增加了一个名为 math 的新变量，它所指向的就是 math 模块对象；如果输入 math 查看它的值，可以发现它是一个"内置模块"。示例代码如下。

```
>>> dir()
['__annotations__', '__builtins__', '__doc__', '__loader__', '__name__',
'__package__', '__spec__', 'math']
>>> math
<module 'math' (built-in)>
```

通过 math 变量就可以访问模块中的成员。例如，math.sqrt() 是平方根函数，math.exp() 是自然常数幂函数，math.pi 是圆周率常数，math.e 是自然常数。示例代码如下。

```
>>> math.sqrt(4)
2.0
>>> math.exp(2)
7.38905609893065
>>> math.pi
3.141592653589793
>>> math.e
2.718281828459045
```

也可以使用 dir() 函数查看 math 模块中的成员列表。示例代码如下。

```
>>> dir(math)
['__doc__', '__loader__', '__name__', '__package__', '__spec__', 'acos', 'acosh',
'asin', 'asinh', 'atan', 'atan2', 'atanh', 'ceil', 'copysign', 'cos', 'cosh', 'degrees',
'e', 'erf', 'erfc', 'exp', 'expm1', 'fabs', 'factorial', 'floor', 'fmod', 'frexp',
'fsum', 'gamma', 'gcd', 'hypot', 'inf', 'isclose', 'isfinite', 'isinf', 'isnan',
'ldexp', 'lgamma', 'log', 'log10', 'log1p', 'log2', 'modf', 'nan', 'pi', 'pow',
'radians', 'remainder', 'sin', 'sinh', 'sqrt', 'tan', 'tanh', 'tau', 'trunc']
```

每个模块都拥有自己的命名空间，这样变量的命名只需在本命名空间中不重复即可。用模块名作为 dir() 函数的参数，可以查看模块命名空间中的变量列表；再以列表中的某个变量作为 help() 函数的参数，则可以获得相应对象的帮助信息，如查看 math.exp() 函数的说明。

```
>>> help(math.exp)
Help on built-in function exp in module math:

exp(...)
    exp(x)
    
    Return e raised to the power of x.
```

3.1.2　导入更多模块

导入模块的 import 语句除了 3.1.1 节中使用的基本形式之外还有更多的写法，在本节中将练习使用其他形式导入更多的模块。首先尝试导入用于子进程管理的模块 subprocess，这次增加了 as 关键字，可以指定一个别名而不使用默认名称（模块名称太长引用起来不太方便）。示例代码如下。

```
>>> import subprocess as sp
```

现在读者可以通过变量 sp 来引用 subprocess 模块中的对象，例如，使用 call()函数调用命令提示符程序 cmd.exe。该函数可以调用任何可执行程序，待该程序运行结束后方可执行下一条 Python 语句。

```
>>> sp.call("cmd")
```

上述语句的执行结果如图 3-1 所示，此时 IDLE 终端将停止响应，直到退出命令提示符窗口之后（按窗口右上角的关闭按钮或输入 exit 命令），才会再次显示交互模式提示符。

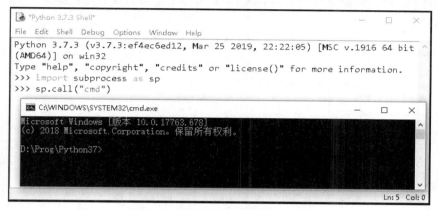

图 3-1　在交互模式下调用命令提示符程序

下面再尝试一下用于生成伪随机数的模块 random，这次又换一种写法，即使用 from 关键字，直接将其中的一个变量 randint 导入主命名空间（也可以同时导入用逗号分隔的多个变量）。示例代码如下。

```
>>> from random import randint
```

这样导入的变量就能像 input、print 那样可直接使用了，例如，调用 help()函数查看 randint 的说明，可以获知这是一个函数（严格地说是一个方法），它的功能是随机返回一个指定闭区间范围内的整数。

```
>>> help(randint)
Help on method randint in module random:

randint(a, b) method of random.Random instance
    Return random integer in range [a, b], including both end points.
```

如果带上 1 和 6 两个参数调用 randint()函数，将随机返回[1～6]的整数，即模拟掷骰子。示例代码如下。

```
>>> randint(1,6)
5
>>> randint(1,6)
2
```

如果在上述程序中使用通配符"*"（如"from random import *"），则会将模块中的所有成员导入主命名空间，不过这有可能在无意中覆盖已有的变量，实际编程时并不推荐。

在 3.1.1 节里调用 dir()函数时，读者可能会注意到主命名空间默认存在的 7 个变量中有一个"__builtins__"，它指向一个名为 builtins 的模块，只要再输入 dir(__builtins__)，就会找到 input、print 等熟悉的名字。这些函数之所以默认可用，就是因为 Python 解释器自动导入了这个 builtins 模块，并通过特殊的内部机制将其成员加入主命名空间。

接下来，请再尝试输入如下语句。

```
>>> import idlelib.idle
```

语句执行的结果是又打开了一个 IDLE 的终端窗口，如图 3-2 所示。原来 IDLE 同样是一个模块。"idlelib.idle" 这种形式表示 idle 模块是 idlelib 模块的下级子模块，idlelib 模块是 idle 模块的外层容器，这样的特殊模块被称为"包"（Package）。包可以把互相关联的模块分层次地进行组织，更有条理地管理命名空间。

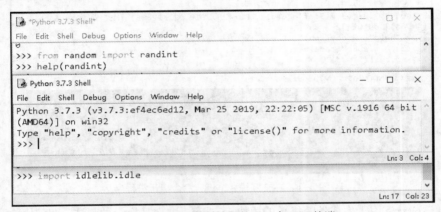

图 3-2　在 IDLE 终端中再打开一个 IDLE 终端

实例 3-1　自定义模块

前面已经介绍了导入模块的方法，本节将通过实例深入介绍模块的工作原理。Python 中的模块就是一个单独的程序，通过将一些对象存储在程序文件中，可以提供给其他程序使用。实际上，任何 Python 程序文件都是一个模块，在 IDLE 中运行程序菜单项的名称是"运行模块"（Run Module）也表明了这一点，只不过在之前的实例中编写程序文件后都是直接运行，而没有使用导入的方式。

> 小提示　运行 Python 模块实际就是在运行 Python 解释器时以 -m 选项指定一个模块名称，例如，在 Windows 系统中以窗口模式运行 IDLE 模块的命令是"pythonw -m idlelib.idle"。

本节的实例是尝试编写并导入自己的模块。首先在 IDLE 中新建一个程序文件，在其中写入一些模拟的个人信息，命名为 mymod.py 并保存到练习文件夹（D:\pyAbc）的 C03 目录，文件的内容如代码 3-1 所示。

代码 3-1　自定义模块 C03\mymod.py

```
01   myname = "leo"              # 用户名
02   myemail = "leo@123.com"     # 电子邮箱
```

接下来再新建一个文件，保存并命名为 usemymod.py（注意应该放到与 mymod.py 相同的文件夹中，即 D:\pyAbc\C03），其中导入并使用了 mymod 模块，如代码 3-2 所示。

代码 3-2　使用自定义模块 C03\usemymod.py

```
01  import mymod   # 导入自定义的mymod模块
02  print("我的用户名是", mymod.myname)
03  print("我的电子邮箱是", mymod.myemail)
```

最后在 usermymod.py 文件窗口中按 F5 键运行程序，结果如下。

```
我的用户名是 leo
我的电子邮箱是 leo@123.com
```

这个例子确实非常简单，但是无论多么复杂的 Python 模块，实际上都是基于同样的原理实现的。

> **小提示**　请注意导入自定义模块的操作将会在当前文件夹下生成一个"__pycache__"子目录，其中有模块源代码经编译生成的字节码文件（.pyc），后续执行模块时会直接使用这个字节码文件以加快载入速度。

前文已介绍过还存在一种特殊模块——包，实际上它就对应于文件系统中的文件夹（目录）。接下来尝试创建一个自定义的包，请在练习文件夹的 C03 目录下新建子目录 mypkg。在 IDLE 中新建一个文件，其中不必输入任何代码，直接命名为 mysubmod.py 并保存在 mypkg 子目录下。最后再新建一个文件，命名为 usemypkg.py 并保存在练习文件夹 C03 目录下，其中导入了以上所有模块并逐个打印其信息，如代码 3-3 所示。

代码 3-3　使用自定义模块和包 C03\usemypkg.py

```
01  import mymod
02  import mypkg
03  import mypkg.mysubmod
04  print(mymod)
05  print(mypkg)
06  print(mypkg.mysubmod)
```

运行 usemypkg.py，结果如下。

```
<module 'mymod' from 'D:\\pyAbc\\C03\\mymod.py'>
<module 'mypkg' (namespace)>
<module 'mypkg.mysubmod' from 'D:\\pyAbc\\C03\\mypkg\\mysubmod.py'>
```

可以看到程序输出的 mypkg 信息不同于另两个模块，它是一个"命名空间模块"，没有对应的 .py 文件，而是用作 .py 文件的容器。

> **小提示**　在 Python 中实际上有两种类型的包：第一种称为"常规包"，定义方式是在目录中创建一个 __init__.py 文件（可以为空文件）；第二种即本实例所介绍的"命名空间包"，这是 Python 3.3 新增的语言特性。

本实例对 Python 模块的内部机制进行了说明，在后续的章节中，读者将会继续编写更复杂也更实用的模块。

3.2　Python 标准库

在 3.1 节中，读者已尝试用 import 语句导入了 math、subprocess 等多个模块，这些模块之所以可以直接导入，是因为它们已包含在 Python 官方发行版中——模块的集合，即"库"（Library），而由 Python 官方提供的所有模块共同组成了庞大的"Python 标准库"，这一节将介绍其中有哪些内容。

3.2.1 常用标准库模块

Python 标准库中的模块涉及范围十分广泛，可以通过不同的方式加以分类，例如，是用 Python 还是用 C 语言开发；是针对本机资源还是针对互联网访问等。Python 标准库提供了对于编程中许多常见问题的标准解决方案。在 IDLE 主菜单中，单击 Help > Python Docs > The Python Standard Library，可以查看 Python 标准库文档的目录页。读者也可以在官方网站找到在线版本，如图 3-3 所示。

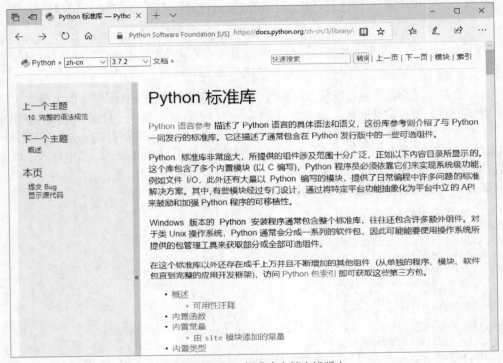

图 3-3 Python 标准库文档在线版本

模块列表是按"从内到外"的顺序组织的：首先是可直接使用的内置对象——内置函数、内置常量、内置类型和内置异常；其次是按相关性进行分类的模块集——文本处理、二进制数据操作、高级数据类型、数值和数学运算、函数式编程、文件和目录访问……读者可以先通读目录页，以建立对 Python 标准库的大致印象，当有需要时就能知道应该导入什么模块，从而单击相应的详情页链接，查看每个模块具体应该如何使用。

下面带领读者导入几个常用的标准库模块，并通过简单的练习了解它们的基本用法。

1. 字符串模块 string

string 模块属于文本处理服务类别，其中主要是一些特定种类的字符串，在进行文本处理时可以方便地引用它们。示例代码如下。

```
>>> import string
>>> string.digits  # 十进制数码
'0123456789'
>>> string.hexdigits  # 十六进制数码
'0123456789abcdefABCDEF'
>>> string.octdigits  # 八进制数码
```

```
'01234567'
>>> string.ascii_letters    # 英文字母
'ABCDEFGHIJKLMNOPQRSTUVWXYZabcdefghijklmnopqrstuvwxyz'
>>> string.ascii_lowercase  # 小写英文字母
'abcdefghijklmnopqrstuvwxyz'
>>> string.ascii_uppercase  # 大写英文字母
'ABCDEFGHIJKLMNOPQRSTUVWXYZ'
>>> string.punctuation      # 标点符号
'!"#$%&\'()*+,-./:;<=>?@[\\]^_`{|}~'
>>> string.printable        # 可打印字符
'0123456789abcdefghijklmnopqrstuvwxyzABCDEFGHIJKLMNOPQRSTUVWXYZ!"#$%&\'()*+,-./:;<=>?@[\\]^_`{|}~ \t\n\r\x0b\x0c'
>>> string.whitespace       # 空白字符
' \t\n\x0b\x0c\r'
```

此外，string 模块还能对字符串的格式化操作进行自定义，读者可以在需要时再深入了解相关功能。

2. 十进制小数模块 decimal

2.3.1 节中已介绍过，float 类型的数值在运算时可能出现微小的误差，输出令人感到奇怪的结果。示例代码如下。

```
>>> 0.1+0.2
0.30000000000000004
>>> round(2.675,2)
2.67
```

数字和数学类别中的 decimal 模块可以解决这些问题。decimal 模块主要提供了一种 Decimal 数字类型，能实现完全无误差的小数运算，适用于财务数据处理等要求绝对精确的场合（当然这会损失一些运行效率）。

创建 Decimal 对象的方式是调用该类型构造器传入一个表示数值的字符串。注意不要传入 float 类型的数值，因为 float 类型不能精确表示十进制小数。

```
>>> import decimal as dec
>>> dec.Decimal("0.1")+dec.Decimal("0.2")
Decimal('0.3')
```

使用 round() 函数时传入 Decimal 对象，会保证做到符合国际规范的"四舍六入五成双"舍入规则（即舍入到与原值在两个方向上的舍入值更为接近的一方，当同样接近时则舍入到偶数值）。示例代码如下。

```
>>> round(dec.Decimal("2.675"),2)
Decimal('2.68')
```

使用 print() 函数即可输出 Decimal 对象的字面值。示例代码如下。

```
>>> print(_)
2.68
```

> **小提示**：交互模式下，上一次交互的返回值会保存在变量"_"中，以方便再次引用。

3. 系统平台模块 platform

导入通用操作系统服务类别中的 platform 模块，就可以获取当前系统平台类型、版本以及 Python 解释器版本等信息。示例代码如下。

```
>>> import platform as pf
```

```
>>> pf.machine()
'AMD64'
>>> pf.platform()
'Windows-10-10.0.17134-SP0'
>>> pf.python_version()
'3.7.3'
```

4. 操作系统模块 os

通用操作系统服务类别中还有一个 os 模块，通过它可以方便地使用操作系统的相关功能。调用 getcwd()函数，用来获取当前工作目录。示例代码如下。

```
>>> import os
>>> os.getcwd()
'C:\\Users\\leo'
```

> **小提示**：字符串字面值中的反斜杠 "\" 会显示为转义符号 "\\"。

可以看到 IDLE 交互模式下的当前工作目录就是用户的主目录。下面尝试使用 chdir()函数改变工作目录为练习文件夹下的 C03。示例代码如下。

```
>>> os.chdir(r"D:\pyAbc\C03")
```

> **小提示**：带有 r 前缀的字符串称为"原始字符串"，其中的反斜杠被作为反斜杠字符本身而不是转义符号。

此时可使用 listdir()函数列出当前目录内容，确认目录更改成功。示例代码如下。

```
>>> os.listdir()
['mymod.py', 'mypkg', 'usemymod.py', 'usemypkg.py', '__pycache__']
```

现在读者就可以在 IDLE 交互模式下导入保存在练习文件夹中的自定义模块了。Python 解释器遇到导入语句时，会先在当前工作目录下搜索指定名称的模块，然后再到 Python 安装文件夹的 Lib 目录中继续搜索。理解了这个机制，当读者在运行程序时遇到"模块未找到错误"（ModuleNotFoundError）时，就不会茫然无措。

```
>>> import mymod
>>> mymod.myname
leo
```

5. 海龟绘图模块 turtle

程序框架类别中的 turtle 模块能够生成标准的应用程序窗口来进行快速的图形绘制。turtle 的绘图方式非常简单直观。想象有一只尾巴上蘸着颜料的小海龟在计算机屏幕上爬行，随着它的移动就能画出线条来。turtle 程序窗口的绘图区域使用直角坐标系，海龟初始位置在窗口绘图区正中的(0,0)点，头朝 x 轴的正方向。读者可以先在交互模式中引入模块，然后调用其中的 setup()函数，这将立即显示绘图窗口。示例代码如下。

```
>>> import turtle as tt
>>> tt.setup()
```

调用 forward()函数让海龟前进 100 像素，这将画出一条横向线段。示例代码如下。

```
>>> tt.forward(100)
```

调用 right()函数让海龟右转 90 度，海龟会原地转向，再次前进 100 像素时将画出一条纵向线段。示例代码如下。

```
>>> tt.right(90)
```

```
>>> tt.forward(100)
```

下面调用 goto() 函数让海龟前往原点,这将完成一个等腰直角三角形,如图 3-4 所示。

```
>>> tt.goto(0,0)
```

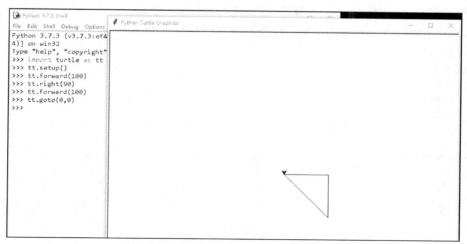

图 3-4　在交互模式下使用 turtle 模块绘图

最后调用 bye() 函数结束绘图并关闭绘图窗口。示例代码如下。

```
>>> tt.bye()
```

海龟绘图模块很有趣,可以通过生动直观的方式帮助读者更好地理解编程知识,在后续章节的练习中将会经常使用这个模块进行演示。

有关 Python 标准库的常用模块就暂且介绍到此,读者可以继续探索已导入的模块,或是再挑几个感兴趣的模块进行研究,通过 dir() 函数配合 help() 函数了解各个对象的功能。

3.2.2　Python 之禅

Python 标准库中有一个小"彩蛋":只要在交互模式下导入 this 这个模块,就能看到一段"Python 之禅"——这是一位 Python 核心开发者对于程序设计的心得感悟,文笔饶有趣味,值得仔细研读。下面为内容原文。

```
>>> import this
The Zen of Python, by Tim Peters

Beautiful is better than ugly.
Explicit is better than implicit.
Simple is better than complex.
Complex is better than complicated.
Flat is better than nested.
Sparse is better than dense.
Readability counts.
Special cases aren't special enough to break the rules.
Although practicality beats purity.
Errors should never pass silently.
Unless explicitly silenced.
In the face of ambiguity, refuse the temptation to guess.
There should be one-- and preferably only one --obvious way to do it.
Although that way may not be obvious at first unless you're Dutch.
```

```
Now is better than never.
Although never is often better than *right* now.
If the implementation is hard to explain, it's a bad idea.
If the implementation is easy to explain, it may be a good idea.
Namespaces are one honking great idea -- let's do more of those!
```

读者可以参看以下中文翻译版本（笔者参考了几种网上的译文）。

优美胜于丑陋。
明白胜于隐晦。
简洁胜于繁复。
繁复胜于艰深。
扁平胜于嵌套。
松散胜于聚集。
代码确保易读。
规则拒绝特例。
实用不求纯净。
错误不可放过。
除非明确理由。
模棱两可之间，不要随意猜测。
必有唯一选择，明显胜过其余。
起初无法分辨，只因你非大神。
尝试好过放弃。
但须谋定而动。
实现难以解释，定是糟糕方案。
实现易于解释，或为良好方案。
命名空间极好，诸君多加使用！

Python 的设计原则与理念都在这 19 行金句中得到了阐述，让我们在学习过程中慢慢体会其中所蕴含的丰富哲理吧……

实例 3-2　阴阳图案

本节的实例是使用标准库的 turtle 模块来绘制中国传统的阴阳图案。程序有 36 行，主要就是调用了 turtle 模块的 circle() 函数来画圆或圆弧。

微视频：阴阳图案

circle() 函数的第一个参数指定半径，半径为正值时圆心在海龟左手边即朝逆时针方向画圆，半径为负值时圆心在海龟右手边即朝顺时针方向画圆；第二个可选参数指定圆弧的角度。例如，参数为 180 度，即画一个半圆；参数默认为 360 度，即画一个整圆。灵活使用 circle() 函数就可以完成这个图案的绘制。程序文件 yinyang.pyw 的内容如代码 3-4 所示。

> 💡 小提示　对于带有图形界面的 Python 程序文件，推荐使用 .pyw 文件后缀，这样在 Windows 资源管理器中双击启动程序时就不会出现黑色的命令行窗口（相应的可执行程序是 pythonw.exe，而不是 python.exe）。

代码 3-4　绘制阴阳图案 C03\yinyang.pyw

```
01   import turtle as tt
02   r = 200                        # 大圆半径 200 个像素
03   tt.width(3)                    # 线宽 3 个像素
04   tt.color("black", "black")     # 黑色线条黑色填充
05   tt.begin_fill()                # 开始填充
06   tt.circle(r/2, 180)            # 从中心开始逆时针画黑色区头部的半圆
07   tt.circle(r, 180)              # 画黑色区左边的大半圆
08   tt.left(180)                   # 在黑色区尾部调头朝右
```

```
09    tt.circle(-r/2, 180)            # 顺时针画半圆完成黑色区绘制
10    tt.end_fill()                   # 结束填充黑色区
11    tt.left(90)                     # 在中心左转朝上
12    tt.up()                         # 抬起画笔
13    tt.forward(r*0.35)              # 跳到黑色区内部
14    tt.right(90)                    # 右转朝右
15    tt.down()                       # 放下画笔
16    tt.color("black", "white")      # 黑色线条白色填充
17    tt.begin_fill()
18    tt.circle(r*0.15)               # 画出黑色区内部的白色小圆
19    tt.end_fill()
20    tt.left(90)                     # 左转朝上
21    tt.up()
22    tt.forward(r*0.65)              # 跳到大圆的上边缘
23    tt.down()
24    tt.right(90)                    # 右转朝右
25    tt.circle(-r, 180)              # 顺时针画白色区右边的大半圆
26    tt.right(90)                    # 右转朝上
27    tt.up()
28    tt.forward(r*0.35)              # 跳到白色区内部
29    tt.right(90)
30    tt.down()
31    tt.color("white", "black")
32    tt.begin_fill()
33    tt.circle(r*0.15)               # 画出白色区内部的黑色小圆
34    tt.end_fill()
35    tt.hideturtle()                 # 隐藏海龟图标
36    tt.done()                       # 完成绘图
```

对实例程序中关键语句的说明如下。

- 第 2 行将变量 r 赋值为 200 作为大圆的半径。
- 第 3 行用 width()函数设置线条宽度为 3 个像素。
- 第 4 行用 color()函数设置线条颜色和填充颜色。此函数通常传入两个颜色名称字符串，也可以只传入一个字符串设置线条和填充为相同颜色。
- 第 5 行 begin_fill()函数表示开始填充区域，在此之后绘制的封闭区域将会填充之前所设置的颜色。
- 第 10 行 end_fill()函数结束填充区域。
- 第 12 行调用 up()函数抬起画笔，移动海龟将不再画线。
- 第 15 行调用 down()函数放下画笔继续画线。
- 第 35 行调用 hideturtle()函数隐藏海龟图标，以更好地显示图形。
- 第 36 行调用 done()函数结束绘图。

> **小提示**　与 3.2.1 节中在交互模式下练习 turtle 模块时用过的 bye()函数不同，done()函数表示完成绘图并进入窗口的"主事件循环"，程序将等待用户手动关闭窗口来结束运行。

绘制阴阳图案程序运行的结果如图 3-5 所示。

读者也可以在交互模式下逐行输入程序，仔细查看每条语句是如何控制海龟进行绘图的，以更好地了解每个函数的作用。

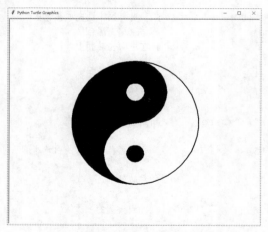

图 3-5　使用 turtle 绘制的阴阳图案

3.3　第三方包

本节将讲解 Python 第三方软件包的概念，并演示使用 pip 命令来安装和管理第三方包的具体操作步骤。

3.3.1　安装第三方包

前文已介绍过作为模块容器的包，除这种含义以外，世界各地开发者基于 Python 编写的各种软件也是以一种标准的包形式进行分享的，统称为"第三方包"。

官方专门建立了"Python 包索引"（PyPI）用来统一发布第三方包，相当于是 Python 软件的免费应用市场。于是在 Python 标准库之上又积累起浩如烟海的"第三方库"，形成了充满活力的开源软件生态系统。读者如果想以 Python 进行真正的编程工作，就应当根据不同的任务选择安装适合的第三方包。PyPI 的主页如图 3-6 所示，读者可以输入关键词来搜索并查看特定第三方包的发布信息。

图 3-6　PyPI 网站主页

官方推荐使用 pip 命令来管理 Python 包，pip 其实也是一个软件包，Python 3.4 以上版本已经附带，不必再单独安装。

有些 Python 包容量较大，从位于境外的官方源下载需要较长时间。读者可以设置从中国大陆的镜像源（如阿里云）下载，这样速度会快许多。如果所用操作系统是 Windows 7-10，读者可以在资源管理器地址栏输入"C:\ProgramData"打开这个隐藏目录，在其中创建 pip 文件夹，再在其中创建 pip.ini 文件并复制粘贴以下内容，即可配置完成镜像源。

```
[global]
index-url = https://mirrors.aliyun.com/pypi/simple/

[list]
format = columns
```

> **小提示**　上面的配置还指定了包列表的显示格式，有关如何配置 pip 选项的详细说明，可以在官方文档的用户指南部分查看。

下面请读者打开命令提示符窗口，输入以下 pip 命令查看已安装的包名称及版本。

```
pip list
```

> **小提示**　如果之前安装 Python 时选择了为所有用户安装，则应右键单击命令提示符图标，选择以管理员身份运行，否则安装第三方包时可能会被系统提示没有足够权限。

可以看到默认已有两个包：pip 和 setuptools，如图 3-7 所示，它们是用来安装和管理其他第三方包的。

图 3-7　使用 pip 命令查看第三方包

接下来再尝试输入以下 pip 命令安装之前提到过的 Spyder，如图 3-8 所示。

```
pip install spyder
```

图 3-8　使用 pip 命令安装第三方包

包的下载和安装需要花费一段时间,当系统提示完成后如果再次查看已安装包,会发现实际上增加了几十个包。这是因为 Spyder 运行需要其他几十个第三方包的支持,pip 命令会自动下载并安装所有需要的包。

现在读者就可以输入 spyder3 命令启动 Spyder 了,启动时请选择允许访问网络(Spyder 会联网检查版本更新),这个命令对应的可执行文件是 Python 安装目录下 Scripts\spyder3.exe,可以将其发送到桌面快捷方式,单击桌面图标即可启动。Spyder 的主界面如图 3-9 所示,本书此后的章节中将抛弃简陋的 IDLE,改用 Spyder 这个强大、易用的开源 IDE 继续学习。

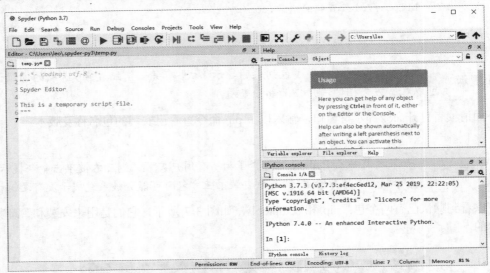

图 3-9 Spyder 主界面

如果 Spyder 发布了新版本,用户只须使用加-U(--upgrade)参数的 pip install 命令即可安装新版。不过,镜像源同步新版本需要一些时间,用户如果想在第一时间安装新版,可以再用-i 参数临时指定从官方源下载。示例代码如下。

```
pip install -U spyder -i https://pypi.org/simple
```

> **小提示** pip 本身的版本同样可以在线更新,但是根据官方建议,在 Windows 系统下更新 pip 本身时应该使用命令 "python -m pip install -U pip"。也就是说,要运行模块 pip,而不是运行可执行文件 pip.exe,否则会出现 pip.exe 这个文件无法更新的情况。

以上代码演示了 pip 命令的基本操作,读者可以随时使用这个工具来获取 Python 生态圈中数以万计的第三方包,使编程像搭积木一样方便快捷。

> **小提示** 读者也可以选择一次性安装之前介绍的 Anaconda 发行版,其中直接集成了大量常用的科学计算和数据处理类第三方包,包括桌面版开发环境 Spyder 和网页版开发环境 Jupyter Notebook,这种方式也更适合进行统一教学的需要。

微视频:安装 Anaconda 发行版

3.3.2 IPython 的使用

在安装并启动 Spyder 之后,读者可能会注意到窗口右下方的交互模式面板(使用主工具栏的面板最大化按钮可以让某个面板占满整个工作区，如图 3-10 所示），其中的提示符和官方版的并不一样，因为 Spyder 集成了一个提供增强版交互模式的第三方包——IPython。

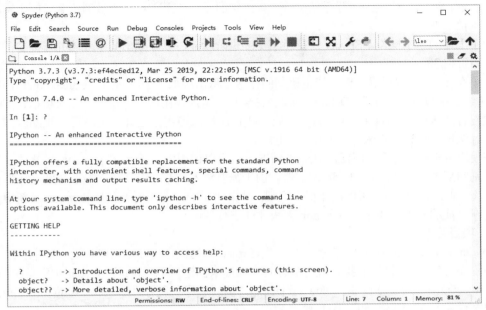

图 3-10　Spyder 中的 IPython 终端

IPython 的一个重要技巧是使用问号"?"来查看帮助。"?"可以加在任何对象的前面或后面，与内置 help() 函数效果类似但更方便快捷。单独使用"?"则会显示 IPython 的基本帮助信息。

IPython 还提供了一些好用的"魔法"命令，如切换目录的 cd、清除屏幕内容的 clear、重置命名空间的 reset 等。在 IPython 交互模式下先输入一个"%"则表示本行是魔法命令（在不会发生名称冲突的情况下也可以省略"%"），如使用 run 魔法命令可以运行 pip 命令来查看已安装的第三方包，而不必再打开操作系统的命令提示符窗口。示例代码如下。

```
%run -m pip list
```

读者可以使用如下 lsmagic 魔法命令查看全部魔法命令列表，再配合"?"了解每个命令的详细功能。

```
%lsmagic
```

此外在 IPython 交互模式下只要先输入一个"!"，就可以直接运行任何可执行程序，如执行 pip 命令查看已安装的第三方包。示例代码如下。

```
!pip list
```

> 💡 小提示：想要详细了解 IPython 所包含的增强功能，可以查看 IPython 的官方在线文档。

3.3.3　Spyder 的使用

Spyder 作为一个集成开发环境，各种基本操作与 IDLE 相通但更为方便易用：IPython 终端（IPython console）和编辑器（Editor）在一个窗口界面中同时显示；允许打开多个交互式终端和程序文件，通过选项卡进行切换；在窗口右上区域还包含了多个其他面板如"帮助"（Help）、"变量浏览器"（Variable explorer）、"文件浏览器"（File explorer）来提供各种直观而便利的辅助工具。

Spyder 启动时会默认创建一个临时程序文件 temp.py，可以在其中输入代码并直接运行。运行程序文件的快捷键与 IDLE 一样为 F5 键（也可按工具栏上相应的按钮），开发者也可以按 F9 键执行当前行或当前选定的多行，测试每一条语句的运行效果，并在变量浏览器面板中实时观察各个变量值的变化情况。

除了上述的基本操作，Spyder 还提供了更多进阶功能，以下列出其中几项并作简要的介绍。

1. 程序调试

如果在 Spyder 编辑器面板中特定语句的行号上双击添加一个"断点"（Breakpoint），然后按 Ctrl+F5 组合键执行"调试"（Debug），程序将会开始运行并在这一行暂停，此时可以按 Ctrl+F10 组合键逐行"步进"（Step），详细查看代码的执行流程。当程序运行结果不符合预期时，开发者就会进行这样的调试操作来寻找其中的原因。

在使用 IDLE 或是不使用任何 IDE 的情况下，可以调用内置的 breakpoint()函数来添加断点。程序遇到断点时将进入默认的 pdb 调试器，由于需要输入交互命令（"?"显示帮助，"p"查看变量值，"c"退出调试等），所以操作很不直观。实际上，breakpoint()函数是 Python 3.7 新增的语言特性，在之前的版本中还必须导入 pdb 模块才能进行调试。

2. 项目管理

Spyder 以及其他专业 IDE 都有"项目"（Project）的概念，实际上就是设置一个目录来组织相关的程序文件。下面请读者指定现有的练习文件夹来创建一个项目：在 Spyder 主菜单中单击"项目"（Projects）>"新建项目..."（New Project...），然后选择"现有目录"（Existing directory）并设置目录路径为 D:/pyAbc，如图 3-11 所示。

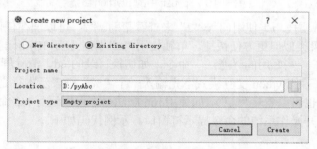

图 3-11　在 Spyder 中新建项目

设置目录后单击"创建"（Create）按钮就会生成并打开一个名为 pyAbc 的项目，项目中的文件和文件夹将显示在"项目浏览器"（Project explorer）面板中。今后 Spyder 启动时将会自动打开最近的项目并将工作目录设为项目所在的文件夹，而不再使用默认的用户文件夹，并且之前在编辑的文件也会保持打开状态。通过项目菜单中的其他菜单项，还可以关闭、删除或选择打开近期项目等。

3. 代码规范检查

"Python 增强提议"（PEP）是面向开发者的一系列官方指导文档，其中的 PEP8 描述了 Python 程序代码的推荐格式规范。每级缩进应为四个空格，逗号之后应加空格，变量的命名应使用小写字母等，遵循这个规范可以使写出的代码更专业、更美观、可读性也更强。

PEP8 规范其实并不需要强记，可以让 Spyder 自动检查代码格式：在主菜单中单击 Tools（工具）>Preferences（首选项）>Editor（编辑器）>Code Introspection/Analysis（代码检查/分析），勾选其中的 Real-time code style analysis（实时代码风格分析）并单击确定即可。

在此之后使用 Spyder 打开的程序文件如果存在不规范的格式，语句左侧就会出现黄色感叹号图标。只需移动鼠标到图标上查看浮动提示，遵照提示修改就可以得到完全符合 PEP8 规范的程序代码了——本书后续章节中的所有实例代码都会确保遵循 PEP8 规范。

有关 Python 模块与库的概念就介绍到这里,本书的主体部分将只使用官方的标准库模块来解决问题,在末尾的环境管理和综合实例章节将会介绍更多实用的第三方包。

思考与练习

1. 什么是模块?模块有哪些类型?
2. 什么是 Python 标准库?标准库有哪些常用模块?
3. 什么是第三方包?如何安装第三方包?
4. 相比 IDLE,Spyder 有哪些更强的功能?
5. 编写简单的抽签程序,运行时输入一个整数 n,随机输出一个 1~n 范围内的整数。

示例输入如下。

7

示例输出如下。

3

6. 编写 turtle 绘图程序,通过简单的几何形状组合出一张笑脸,如图 3-12 所示。

图 3-12　turtle 绘图程序绘制笑脸

第 4 章 流程控制

使用逐行执行语句的简单程序只能实现最基本的功能，开发者在实际工作中需要引入不同的程序结构，来控制特定语句块的执行顺序和执行次数，以实现更多样的功能，解决更复杂的问题。对复杂程序结构实现流程控制的关键则是通过"布尔运算"来判断特定条件是否成立。

本章主要涉及以下几个知识点。
- 程序结构的概念与分类。
- 使用布尔运算进行条件判断。
- 分支结构和循环结构的实现，if、while 和 for 语句的使用方法。

4.1 程序结构与逻辑判断

本节将介绍基本程序结构的分类以及逻辑判断功能的实现。读者需要知道，通过布尔运算来进行逻辑判断是实现包含分支、循环等复杂程序结构的基础。

4.1.1 程序结构的分类

编程时使用的程序结构可以分为 3 种。
（1）顺序结构：按照先后顺序执行全部指令。
（2）分支结构：根据特定条件选择执行部分指令。
（3）循环结构：根据特定条件循环执行部分指令。

"流程图"（Flowchart）可以直观地描述程序结构，它使用不同的形状来表示特定类型的动作，例如：圆角矩形表示开始/结束、矩形表示普通环节、菱形表示判断，箭头表示流程执行方向等。

顺序结构的一个示例如图 4-1 所示，在这段程序开始之后、结束之前，其中的<语句块>必定会被执行且只执行一次。

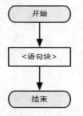

图 4-1 顺序结构的流程图

分支结构的例子如图 4-2 所示，程序中的<语句块>只有在条件成立时才会被执行；当条件不成立时，程序将直接结束。

循环结构的例子如图 4-3 所示，当条件成立时程序中的<语句块>将被执行，然后返回前一环节，再次进行条件判断。只要条件成立就会重复以上步骤，直到条件不成立时程序才会结束。

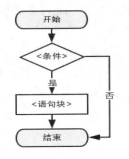

图 4-2　分支结构的流程图　　　　图 4-3　循环结构的流程图

流程控制语句就是用于判断条件并实现分支或循环等复杂程序结构的语句。Python 的流程控制语句有 if 语句、while 语句和 for 语句等，这些语句将在后文中进行详细讲解。

4.1.2　布尔表达式

在程序运行中进行条件判断，需要通过逻辑运算或者叫"布尔运算"（得名于乔治·布尔，是 19 世纪英国数学家，数理逻辑学的创立者）。布尔运算的实质就是对逻辑推演过程的符号化，这种运算的结果值只有两种："真"和"假"。

Python 定义了专门的保留关键字用来表示布尔运算的两种结果值：True 和 False，它们属于布尔类型（bool）。返回值为布尔类型的表达式称为"布尔表达式"。布尔表达式中可以使用比较运算符：等于（==）、不等于（!=）、大于（>）、小于（<）、大于等于（>=）和小于等于（<=）。

> **小提示**　从本章开始请读者使用 Spyder 编写程序代码，下列演示都是在 IPython 增强交互模式中进行的。在输入和输出内容之前都带有 IPython 交互提示符。

```
In [1]: 1+1==2    # 左边是否等于右边
Out[1]: True

In [2]: 1+1>2     # 左边是否大于右边
Out[2]: False

In [3]: 1+1>=2    # 左边是否大于等于右边
Out[3]: True
```

字符串之间也可以使用比较运算符。字符串的比较是基于每个字符的 Unicode 码位序号的大小。即从第一个位置开始比较，码位序号相等则比较下一个位置，直到在某个位置分出大小即结束比较，并返回相应的布尔值。如果读者想查看字符的码位序号，可以使用内置的 ord()函数。示例代码如下。

```
In [4]: "hello"=="Hello"    # 字符串的比较
Out[4]: False

In [5]: "hello">"Hello"
Out[5]: True
```

```
In [6]: "h">"Hello"
Out[6]: True

In [7]: ord("h"),ord("H")   # 查看字符的码位序号
Out[7]: (104, 72)
```

> **小提示**　基本西文字符在 Unicode 字符集中是按数字、大写字母和小写字母的顺序排列的，也就是说小写字母的码位序号比大写字母的要大。

布尔表达式中还可以使用布尔运算符：and（与）、or（或）和 not（非），以及相同对象检测运算符 is（是……）和包含对象检测运算符 in（在……之内）。这些运算符都非常简单直观，按照自然语言的习惯来理解即可，注意它们的优先级都低于比较运算符。示例代码如下。

```
In [7]: 1==1 and 2==2   # 与运算：表达式是否全部为真
Out[7]: True

In [8]: 1==1 and 2<1
Out[8]: False

In [9]: 1==1 or 2<1   # 或运算：表达式是否有一个为真
Out[9]: True

In [10]: not 1==1   # 非运算：将表达式的值取反
Out[10]: False

In [11]: "o" in "Hello"   # 包含对象检测运算：前一个对象是否包含在后一对象之内
Out[11]: True

In [12]: "h" in "Hello"
Out[12]: False

In [13]: "h" not in "Hello"
Out[13]: True

In [14]: 1+1 is 2   # 相同对象检测运算：是否为同一对象
Out[14]: True

In [15]: 1+1 is not 3
Out[15]: True
```

在了解布尔表达式之后，可以再总结一下 Python 中各主要运算符的优先级，如表 4-1 所示。表格中的运算符按优先级从低到高逐行列出，同一行的运算符具有相同的优先级。

表 4-1　　　　　　　　　　　　　　运算符优先级

运算符	说明
or	逻辑或
and	逻辑与
not	逻辑非（单目运算符）
in, not in, is, is not, <, <=, >, >=, !=, ==	成员检测、ID 号检测、比较运算
|	按位或
^	按位异或
&	按位与

续表

运算符	说明
<<, >>	移位
+, -	加，减
*, /, //, %	乘，除，整除，取余
+, -, ~	正，负，按位取反（单目运算符）
**	乘方
[], (), .	抽取或切片，调用，属性引用

4.1.3 布尔类型的本质

True 和 False 在计算机内部分别以一个二进制位即 1 和 0 表示。尝试将布尔值传给 int()函数或是做加减运算就可以验证这一点。示例代码如下。

```
In [1]: int(True)    # 将布尔值转为整数
Out[1]: 1

In [2]: int(False)
Out[2]: 0

In [3]: True+True    # 布尔值进行算术运算
Out[3]: 2

In [4]: True-True
Out[4]: 0
```

进一步地说，其实任何对象都能被当作是逻辑值，都可以用来判断真假——被视为假值的对象有 False、None、任何数值类型的零（如浮点数 0.0 和虚数 0j）、任何空的多项集（如空字符串""和空列表[]），除此之外的其他对象均会默认被视为真值。

布尔运算的返回值可以为 True 或 False，也可以为 1 或 0，但还存在一种特殊情况就是 and 和 or 运算。虽然它们在之前的练习中的确返回了 True 或 False，但是其真正的作用机理是这样的：对于 x and y，如果 x 为假值则返回 x，否则返回 y；对于 x or y，如果 x 为假值则返回 y，否则返回 x。这项特殊规则在某些情况下使用会很方便，如根据变量逻辑值的真假来返回另一个预设的常量。示例代码如下。

```
In [5]: x,y=100,0

In [6]: x and "有"    # 与运算，左边为真值则返回右边的操作数
Out[6]: '有'

In [7]: y or "无"     # 或运算，左边为假值则返回右边的操作数
Out[7]: '无'
```

基于上述的判断规则，可以向 bool 类型的构造器传入任意类型的参数来构造相应的布尔值，如无参数则返回 False。示例代码如下。

```
In [8]: bool("all")   # 将其他对象转成布尔值
Out[8]: True

In [9]: bool()
Out[9]: False
```

Python 中还有多个内置函数会返回布尔值，可以用作条件判断。例如，callable()函数能够检测一个对象是否为可调用对象。示例代码如下。

```
In [10]: callable(print)   # 是否为可调用对象
Out[10]: True

In [11]: callable(int)
Out[11]: True

In [12]: callable(1)
Out[12]: False
```

4.2 分支结构

本节将介绍如何编写分支结构的程序。Python 中实现分支结构的是 if 语句，该语句会用到的保留关键字除了 if，还有 else 和 elif。根据分支的条件数量不同，可将分支结构分为单分支结构、多分支结构。

4.2.1 单分支结构

Python 的 if 语句能够通过条件判断，选择是否要进入特定的执行分支。只有一个执行分支的程序结构称为单分支结构，即"如果"条件成立就执行分支，条件不成立就不执行。以下是用 if 语句实现单分支结构的一个例子，请注意 IPython 交互模式允许一次输入多行，在首行之后的行左边将会显示"…"提示符——按 Ctrl+Enter 组合键强制换行，按 Shift+Enter 组合键执行全部语句。

```
In [1]: age=int(input("请输入你的年龄: "))
   ...: if age>=18:
   ...:     print("你已经成年了！")

请输入你的年龄: 20
你已经成年了！
```

以上程序先将用户输入的年龄赋值给 age，再使用 if 语句来判断 age 是否大于等于 18。请注意，这行语句要以冒号结尾，这样当按回车键时下一行会自动缩进，表示之后的语句为子语句，只在条件成立时才会执行。由于程序运行时用户输入的数字为 20，因此会执行 if 语句的子语句，打印出文本"你已经成年了！"。

> **小提示**　复合语句必须有子语句，如果还未确定某个分支要执行的操作，可以写一条 pass 语句，这表示什么都不做。

请读者按上方向键，这样在 2 号交互提示符中将会显示上次交互所输入的程序，此时按 Shift+Enter 组合键即可再次执行这段程序。程序再次运行时用户输入了一个不同的数字，如 16，if 语句的条件不成立，因此未执行子语句，不打印任何文本。

```
In [2]: age=int(input("请输入你的年龄: "))
   ...: if age>=18:
   ...:     print("你已经成年了！")

请输入你的年龄: 16
```

如果 if 语句只有一行子语句，可以直接将其写在冒号后面。示例代码如下。

```
In [3]: age=int(input("请输入你的年龄: "))
   ...: if age>=18: print("你已经成年了!")
```

请输入你的年龄: 22
你已经成年了!

对于子语句包括多行的情况，则必须要统一缩进，否则会导致错误的结果。例如，下面这段程序的第 4 行代码没有缩进，因此该语句不算是前面 if 语句的子语句，无论条件是否成立都必定会被执行。

```
In [4]: age=int(input("请输入你的年龄: "))
   ...: if age>=18:
   ...:     print("你已经成年了!")
   ...: print("请交费!")
```

请输入你的年龄: 14
请交费!

> **小提示**　　用户在交互提示符中按方向键切换到之前输入的程序代码之后，还可以对原语句进行编辑修改，然后再执行。

4.2.2 多分支结构

一条 if 语句可以包含两个或多个执行分支。二分支结构的格式为"if...else..."，if "如果"条件成立就执行第一个分支，else "否则"执行第二个分支。以下是二分支结构的一个例子，它的功能是基于输入的数字进行条件判断，根据判断结果输出不同的文本。

```
In [1]: age=int(input("请输入你的年龄: "))
   ...: if age>=18:
   ...:     print("你已经成年了!")
   ...: else:
   ...:     print("你还是个孩子!")
```

请输入你的年龄: 12
你还是个孩子!

以上程序中以 else 加冒号标明第二个分支。else 关键字不会单独出现，必定与之前的一个 if 成对出现。

二分支结构也有一种以单行表示的紧凑形式称为"条件表达式"，不需要冒号和缩进，适用于每个分支都只有一个表达式的情况，如以下这段程序就使用了条件表达式。

```
In [2]: age=int(input("请输入你的年龄: "))
   ...: print("你已经成年了!") if age>=18 else print("你还是个孩子!")
```

请输入你的年龄: 24
你已经成年了!

实际上这段程序还可以写得更简洁一些，只需要使用一次 print()函数。示例代码如下。

```
In [3]: age=int(input("请输入你的年龄: "))
   ...: print("你已经成年了!" if age>=18 else "你还是个孩子!")
```

请输入你的年龄: 10
你还是个孩子!

通过"if..elif...else"这样的格式，可以实现 3 个及以上的执行分支的判断：if "如果"条件 1

成立就执行分支 1，elif "否则如果"条件 2 成立就执行分支 2，elif "否则如果"条件 3 成立就执行分支 3,……,else "否则"就执行最后一个分支。以下是三分支结构的一个例子。

```
In [5]: age=int(input("请输入你的年龄: "))
   ...: if age>=18:
   ...:     print("你已经成年了！")
   ...: elif age>=13:
   ...:     print("加油，少年！")
   ...: else:
   ...:     print("童年多美好！")
```

请输入你的年龄: 13
加油，少年！

程序运行时将逐一判断每个条件，当有一个条件成立时就执行相应的语句块，然后跳过整个分支结构执行后面的语句；如果没有任何条件成立则执行最后的 else 分支。elif 可以出现多次，else 可以不出现。例如，下面的四分支结构只使用了 if 和 elif，最后一个 elif 分支其实无须指明条件，用 else 更为适宜。

```
In [1]: age=int(input("请输入你的年龄: "))
   ...: if age>=18:
   ...:     print("你已经成年了！")
   ...: elif age>=13:
   ...:     print("加油，少年！")
   ...: elif age>=3:
   ...:     print("童年多美好！")
   ...: elif age<3:
   ...:     print("真的吗？")
```

请输入你的年龄: 0
真的吗？

> 小提示：分支结构在其他编程语言中还有另外的写法，例如，C 语言可以使用 switch...case 语句，Python 并没有提供这样的语句，但在本书后续章节中会介绍如何使用其他方式来实现类似的效果。

实例 4-1 猜数游戏

本节的实例是一个猜数游戏，即电脑随机生成一个 1~100 之间的整数，然后根据用户的猜测输出反馈信息。程序文件 guess_num.py 的内容如代码 4-1 所示。

微视频：猜数游戏

代码 4-1 猜数游戏 C04\guess_num.py

```
01  from random import randint
02  target = randint(1, 100)   # 生成1~100之间的一个随机整数
03  answer = ""
04  guess = int(input("我想了一个1~100之间的整数，请你猜猜看吧: "))
05  if guess == target:
06      answer = "你猜对了！"
07  elif guess > target:
08      answer = "你猜大了。"
09  else:
10      answer = "你猜小了。"
11  print(answer)
```

以上程序使用 random 模块的 randint()函数随机生成 1～100 之间的目标整数 target，然后对用户猜测的整数 guess 与 target 进行比较：如果 guess 的值等于 target，即猜对了，则将 answer 赋值为"猜对了"；如果 guess 的值大于 target，即猜大了，则将 answer 赋值为"猜大了"；否则将 answer 赋值为"猜小了"，最后打印出 answer。

实例程序某次运行的结果如下所示。

```
我想了一个 1～100 之间的整数，请你猜猜看吧：52
你猜大了。
```

这个猜数游戏只有一次猜测机会，玩家输入一个数字得到相应回答，程序就会立即结束。在本书后续章节的实例中将对其加以改进，编写得更完善。

4.3 循环结构

本节将介绍如何编写循环结构的程序，在 Python 中可以使用 while 语句和 for 语句来实现循环结构。

4.3.1 while 语句

Python 的 while 语句可以在条件为真的情况下重复地执行循环体语句块，这称为"条件循环"。循环体是否被执行是由条件表达式决定的，满足条件会执行循环体，不满足条件会跳过循环体。循环体可能一次都不执行，也可能一直循环并永远不再执行之后的语句，这完全取决于开发者对循环条件的设置。

以下程序使用 turtle 模块来绘制图形，以便更直观地演示循环程序结构。

```
In [1]: import turtle as tt   # 导入 turtle 模块
```

首先输入以下代码。

```
In [2]: cnt=0   # 绘制等边三角形
   ...: while cnt<3:
   ...:     tt.forward(200)
   ...:     tt.right(120)
   ...:     cnt+=1
```

这段代码先定义了一个初值为 0 的变量 cnt 用来计数，然后在 while 语句中设置循环条件为 cnt 小于 3，循环体包含 3 条子语句。当 while 语句首次判断时，条件成立，执行循环体：海龟前进 200 像素，右转 120 度，cnt 值自增 1 变为 1；返回判断时，条件成立，执行循环体再次画线，cnt 值自增 1 变为 2；返回判断时，条件成立，执行循环体画第三条线，cnt 值变为 3。这次返回判断时，条件不再成立，于是结束循环，结果将画出一个等边三角形。

同样地，以下代码将画出一颗五角星。画一条线段并右转 144 度，如此重复 5 次。

```
In [3]: cnt=0   # 绘制五角星
   ...: while cnt<5:
   ...:     tt.forward(200)
   ...:     tt.right(144)
   ...:     cnt+=1
```

运行结果如图 4-4 所示。

在循环体内可以使用 break 语句立即"中断"循环前往后面的语句；或是使用 continue 语句立即结束本轮循环，"继续"下轮循环。break 和 continue 语句都只能在循环体中出现。

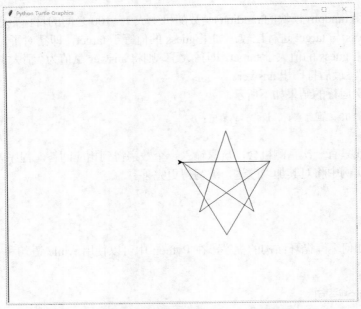

图 4-4 使用 while 语句绘制简单的图形

请读者调用如下所示 clear() 函数清空绘图窗口,以便进行后续练习。

```
In [4]: tt.clear()
```

以下代码将绘制一颗八角星,其中 while 语句的条件为 True,因此必定会执行语句块。在循环体末尾通过 if 语句来判断 cnt 是否大于 7。当第 8 次循环结束时,条件成立,于是将执行 break 语句中断循环。

```
In [5]: cnt=0   # 绘制八角星
   ...: while True:
   ...:     tt.forward(200)
   ...:     tt.right(135)
   ...:     cnt+=1
   ...:     if cnt>7: break
```

> **小提示** 循环条件设置不合理时,程序有可能会陷入"死循环",对于这种情况可以按 Ctrl+C 组合键强制终止程序的运行。

完成以上练习后,调用如下所示 bye() 函数关闭海龟绘图窗口结束运行。

```
In [6]: tt.bye()
```

另外,while 语句也可以使用 else 从句,当判断条件不成立时将执行其中的子语句,不过这种写法通常很少会用到。

实例 4-2　绘制多芒星图案

本节的实例是绘制一幅多芒星图案,这颗多芒星总共有 36 个尖角,此外还在尖角顶端间隔添加了 18 颗小五角星。程序文件 tt_newstar.pyw 的内容如代码 4-2 所示。

微视频:绘制多芒星图案

代码 4-2　绘制多芒星图案 C04\tt_newstar.pyw

```
01  import turtle as tt
```

```
02    tt.TurtleScreen._RUNNING = True    # 启动绘图,在Spyder中运行时要加这句避免报错
03    tt.speed(0)                        # 绘图速度设为最快
04    tt.color("red", "yellow")          # 红色线条,黄色填充
05    tt.begin_fill()
06    cnt = 0
07    while cnt < 36:                    # 外层循环36次绘制多芒星
08        tt.forward(200)
09        if cnt % 2 > 0:                # 在外层循环的奇数次执行内层循环绘制五角星
10            cnt2 = 0
11            while cnt2 < 5:
12                tt.forward(10)
13                tt.right(144)
14                cnt2 += 1
15        tt.left(170)
16        cnt += 1
17    tt.end_fill()
18    tt.hideturtle()
19    tt.done()
```

在这段代码中嵌套使用了 while 语句:外层的 while 语句循环 36 次绘制多芒星,每当 cnt 值为奇数时,将会在画完长线段之后进入内层的 while 语句绘制一颗小五角星。程序的运行结果如图 4-5 所示。

图 4-5 嵌套使用 while 语句绘制的多芒星图案

> **小提示** 本实例第 2 行语句的作用是避免在 Spyder 中重复运行 turtle 绘图脚本时出错,对于正常的运行方式来说无须添加。另外,也可以选择在调用 done() 函数之后再调用一次 bye() 函数来解决这个问题。

实例 4-3 猜数游戏第二版

本节的实例是实例 4-1 猜数游戏的改进版本:允许用户多次输入直到猜对为止。通过 while 语句实现循环结构,只要用户还没猜对,就接收输入并输出反馈。

请读者将 guess_num.py 复制为 guess_num2.py 并对其中的代码进行修改,新版程序文件 guess_num2.py 的内容如代码 4-3 所示。

代码 4-3 猜数游戏第二版 C04\guess_num2.py

```
01    from random import randint
```

```
02    target = randint(1, 100)
03    print("我想了一个 1~100 之间的整数,请你猜猜看吧: ")
04    guess = 0
05    answer = ""
06    while guess != target:    # 只要还没猜对就执行循环
07        guess = int(input())
08        if guess == target:
09            answer = "你猜对了! 游戏结束。"
10        elif guess > target:
11            answer = "你猜大了,再猜一次: "
12        else:
13            answer = "你猜小了,再猜一次: "
14        print(answer)
```

对原有代码进行修改的完整操作步骤如下。

- 第 3 行用 print() 函数输出第一个提示文本。
- 第 4 行将 guess 赋初值 0。
- 第 6 行在接收用户输入的语句之前添加 while 语句。
- 选定第 6 行之后的所有语句,按 Tab 键缩进,使它们成为 while 语句的子语句,每次判断条件成立都会执行一遍。

经过改进的猜数游戏将允许用户猜测任意次数,直到猜对才会结束程序。猜数游戏第二版某次运行的结果如下所示。

```
我想了一个 1~100 之间的整数,请你猜猜看吧:
49
你猜大了,再猜一次:
25
你猜小了,再猜一次:
37
你猜小了,再猜一次:
43
你猜对了! 游戏结束。
```

4.3.2 for 语句

Python 的 for 语句通过对一个容器对象进行"迭代"(Iterate)来实现循环结构。所谓迭代就是依次地从容器内获取元素,每次都用下一项来替代上一项。for 语句的基本格式为"for <变量> in <容器>:"——对于容器当中的每个元素,依次赋值给变量并执行循环体,迭代循环结构的循环次数由容器中元素的个数决定。

之前已介绍过字符串是一种序列,序列则是一种容器,因此字符串可以用 for 语句进行迭代循环。如下列程序所示。

```
In [1]: for c in "天地玄黄":    # 打印字符串中的每个字符
   ...:     print(c)
天
地
玄
黄
```

Python 还提供了一个 range() 函数用于产生特定范围内的整数序列对象,可以配合 for 语句来执行指定次数的循环。例如,以下代码中 range(3) 的返回值就是由 3 个连续整数(从 0 开始)构成的序列。

```
In [2]: for i in range(3):      # 指定次数的循环
   ...:     print(f"{i}号循环")
0号循环
1号循环
2号循环
```

range()函数可以附带 3 个参数分别指定起点（默认为 0）、终点（不包含在内）和步长（默认为 1）。示例代码如下。

```
In [3]: for i in range(3,0,-1):    # 在循环中使用倒数序号
   ...:     print(f"{i}号循环")
3号循环
2号循环
1号循环
```

之前介绍的 while 语句也可以实现指定次数的循环，但是必须定义一个计数变量，每轮循环都要判断条件并对计数变量做自增操作，因此推荐在实际编程中使用 for 语句来实现此类功能。

Python 中还有许多其他的"可迭代对象"，都可以使用 for 语句来迭代其中的数据，如调用内置 open()函数所返回的文件对象也支持迭代，每次迭代得到的项就是文件中每一行所对应的字符串（包括末尾的换行符）。

```
In [4]: f = open("C03/mymod.py")      # 打开文件

In [5]: for line in f:                # 输出文件内容
   ...:     print(line, end="")
myname = "leo"                         # 用户名
myemail = leo@123.com                  # 电子邮箱

In [6]: f.close()
```

以上 4 号交互用 open()函数打开文件返回文件对象，传入参数为文件的相对或绝对路径。由于作为 Windows 目录分隔符的反斜杠"\"在字符串字面值中需要用转义形式"\\"，为了方便可以用正斜杠"/"代替；5 号交互迭代文件对象逐行获取文本并打印；6 号交互调用文件对象的 close()方法，关闭文件以释放资源。

> **小提示** 迭代是编程语言中一个非常重要的概念，有关迭代的详细机制将在 10.2.2 节专门进行介绍。

实例 4-4　彩色螺旋图案

本节的实例是绘制一个彩色螺旋图案。程序文件 tt_spiral.pyw 的内容如代码 4-4 所示。

代码 4-4　绘制彩色螺旋图案 C04\tt_spiral.pyw

```
01  import turtle as tt
02  from random import randint
03  tt.TurtleScreen._RUNNING = True
04  tt.speed(0)                  # 绘图速度为最快
05  tt.width(2)                  # 线宽为 2 个像素
06  tt.bgcolor("black")          # 背景色为黑色
07  tt.setpos(-25, 25)           # 改变初始位置，这可以让图案居中
08  tt.colormode(255)            # 颜色模式为真彩色
09  for i in range(500):         # 连续画 500 条线段
10      r = randint(0, 255)
11      g = randint(0, 255)
```

```
12          b = randint(0, 255)
13          tt.pencolor(r, g, b)       # 画笔颜色每次随机
14          tt.forward(50 + i)         # 每一条线段比前一条长 1 个像素
15          tt.right(91)
16      tt.done()
```

以上程序连续画了 500 条线段,每一条线段的颜色都随机,每一条线段都比前一条长 1 个像素,每画一条线段之后都向右转 91°,最终就得到了图 4-6 所示的繁复而精细的图形。

另外,请注意此程序的第 8 行代码调用了设置颜色模式的 colormode() 函数,传入参数 255 表示可以用 0~255 范围内的 3 个整数来设置颜色,分别表示红、绿、蓝三原色的深度值,这种颜色模式称为"真彩色",总计可以显示 256^3=16,777,216 种不同的颜色。

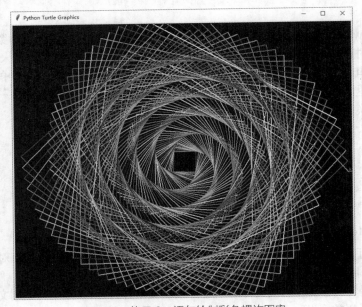

图 4-6 使用 for 语句绘制彩色螺旋图案

实例 4-5 猜数游戏第三版

本节的实例是灵活运用 turtle 模块的交互功能,把之前编写的命令行形式的猜数游戏改造为图形界面的版本。第三版程序文件 guess_num3.pyw 的内容如代码 4-5 所示。

代码 4-5 猜数游戏第三版 C04\guess_num3.pyw

```
01  from random import randint
02  import turtle as tt
03  tt.TurtleScreen._RUNNING = True
04  tt.setup(width=800, height=450, startx=None, starty=None)  # 设置窗口大小
05  tt.hideturtle()                         # 隐藏画笔图标
06  tt.color("blue")                        # 画笔颜色为蓝色
07  tt.penup()                              # 抬起画笔,移动时不画线
08  tt.setpos(-300, 0)                      # 设置初始位置
09  myfont = ("黑体", 16, "normal")         # 定义字体
10  target = randint(1, 100)
11  tt.write("我想了一个 1~100 之间的整数,请你猜猜看吧: ", font=myfont)
12  guess = 0
13  answer = ""
```

```
14  cnt = 0
15  while guess != target:
16      cnt += 1
17      # 使用对话框获取用户输入
18      guess = tt.simpledialog.askinteger("猜数游戏", "请输入一个整数：")
19      if guess == target:
20          answer = f"你猜对了！这个数是{target}，你猜了{cnt}次。"
21      elif not guess:              # 用户没有输入数字，则中断循环
22          tt.clear()               # 清空画布，以便输出新文本
23          tt.write("你放弃了，游戏结束。", font=myfont)
24          break
25      elif guess > target:
26          answer = f"{guess}太大了，再猜一次："
27      else:
28          answer = f"{guess}太小了，再猜一次："
29      tt.clear()
30      tt.write(answer, font=myfont)
31  tt.done()
```

以上程序使用 turtle.simpledialog 子模块的 askinteger()函数显示对话框来获取用户输入，并使用 turtle 模块的 write()函数将提示文本显示在窗口绘图区域中。第三版猜数游戏还会记录用户猜测的总次数。程序运行的效果如图 4-7 所示。

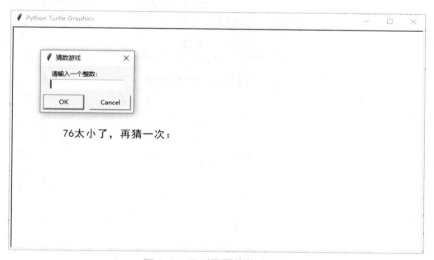

图 4-7　图形界面的猜数游戏

图形界面的猜数游戏相比命令行形式更为方便易用，读者还可以考虑在此基础上增加功能，美化界面，继续更新与完善这个程序。

有关流程控制的语法就介绍到这里。Python 的流程控制语法包含许多特有写法，如 for 循环通常不需要计数变量。读者在编写代码时要注意遵循 Python 所特有的风格和理念。

思考与练习

1. 编程时可以使用哪几种程序结构？
2. 什么是布尔类型和布尔表达式？
3. 如何实现分支结构？

4. 如何实现循环结构？

5. 编写程序，打印考拉兹序列。输入任意一个正整数：如果为奇数，则将其乘 3 加 1；如果为偶数，则将其除以 2，输出结果值并再次对结果值执行上述操作。如此循环直到结果值为 1 时结束。

示例输入如下。

3

示例输出如下。

10 5 16 8 4 2 1

6. 编写 turtle 绘图程序，生成一个图 4-8 所示的方形螺旋线图案。

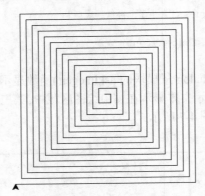

图 4-8　绘制方形螺旋线图案

第 5 章 自定义函数

函数是 Python 中实现功能拆分和代码复用的基本方式。除了内置函数，开发者也可以在程序中创建新的函数，称为"自定义函数"。通过自定义函数可以将复杂的大问题分解为一系列简单的小问题，并使代码更容易维护。

本章主要涉及以下几个知识点。
- 函数定义语句的使用。
- 类型标注、参数打包/解包与递归调用的进阶概念。
- 更多的函数高级特性：高阶函数、装饰器以及系统命令行参数的使用。

5.1 基本函数定义

用户可以定义自己的函数。函数定义语句也属于复合语句，这一节将介绍函数定义语句的基本形式。

5.1.1 def 语句

之前已经介绍过许多内置函数，除此之外开发者还可以自行定义新的函数，这需要通过函数定义语句来创建函数对象，在此之后即可调用该函数。函数定义语句所用关键字为 def，以下程序是在交互模式中定义并调用了一个简单的函数。

```
In [1]: def welcome():   # 自定义函数 welcome
   ...:     """输出欢迎信息"""
   ...:     print("欢迎光临！")

In [2]: welcome()
欢迎光临！

In [3]: type(welcome)
Out[3]: function
```

可以看到函数并不神秘，就是把一段程序定义为一个可调用对象，然后就可以重复调用这个对象。def 语句首行指定函数名称，然后要带一对圆括号加一个冒号。换行之后缩进的子语句称为"函数体"。另外，请注意放在函数体最前面的三重引号字符串，它会成为这个函数的"文档字符串"，在实际开发中推荐为自定义的对象设置文档字符串，help()函数所显示的帮助信息就来自相应对象的文档字符串。示例代码如下。

```
In [4]: help(welcome)
Help on function welcome in module __main__:

welcome()
    输出欢迎信息
```

编程时可以在函数体中使用 return 语句结束函数并指定返回值；如果不使用 return 语句，则会按顺序执行子语句直到函数体末尾自动结束并返回空值。示例代码如下。

```
In [5]: print(welcome())
欢迎光临！
None

In [6]: def iseven(n):    # 自定义函数 iseven
   ...:     """判断是否偶数"""
   ...:     return n % 2 == 0
   ...:

In [7]: iseven(99)
Out[7]: False
```

在之前章节中已介绍过，函数调用时可以附带参数（Argument）。以上 6 号交互所定义的 iseven() 函数就带有参数。写在 iseven() 函数定义语句圆括号内的变量 n 称为"形式参数"或"形参" (Parameter)，在调用时实际传入的参数会被赋值给形参并可在函数体中使用。以下程序定义了实现加法的 add() 函数，带有两个参数。

```
In [8]: def add(a, b):    # 自定义函数 add
   ...:     return a + b

In [9]: add(1, 2)
Out[9]: 3
```

除了普通的位置参数，之前还介绍过函数的关键字参数，其实就是以形参名作为关键字。以下程序中定义了实现乘方的 power() 函数，在 12 号交互中改用关键字参数方式进行调用，这样就不再以先后位置而是以参数名来确定实参所对应的形参。

```
In [10]: def power(base, exp):    # 自定义函数 power
   ...:      return base ** exp

In [11]: power(2, 10)
Out[11]: 1024

In [12]: power(exp=10, base=2)
Out[12]: 1024
```

实际上在 Python 中还存在不允许作为关键字参数的"仅限位置参数"，例如，内置的乘方函数 pow() 的调用格式为"pow(x, y)"，底数和指数只能作为位置参数传入，如果以关键字参数的形式传入就会引发错误。

> **小提示**　读者目前并不能在自定义函数时指定这样的仅限位置参数，但它已确定会作为新的语言特性（PEP570）加入正在开发的 Python 3.8 版本当中。

5.1.2 lambda 表达式

定义函数除了使用 def 语句，还有另一种"lambda 表达式"语句，其格式为"lambda 参数列

表: 表达式",用来创建能够在一行内表示的简单函数。例如,之前的加法函数可以写成如下形式。

```
In [1]: add = lambda a,b:a+b   # 用 lambda 表达式定义函数并命名为 add

In [2]: type(add)
Out[2]: function

In [3]: add(1,2)
Out[3]: 3
```

lambda 表达式语句也可以不带参数而只包含一个表达式,或是为参数指定默认值。示例代码如下。

```
In [4]: greet = lambda: print("您好! ")

In [5]: greet()
您好!

In [6]: info = lambda x="无信息": print(x)

In [7]: info()
无信息
```

lambda 表达式语句的返回值就是一个未命名的函数对象,因此也称为"匿名函数"。这样的函数不能包含文档字符串等更复杂的内容。从语义上来说,匿名函数是正常函数定义的等价形式,像这样在正常语法之外增加的等价形式对语言的功能并没有影响,但是使用更方便、可读性更好,因此被统称为"语法糖"。

在实际编程的某些场景下使用匿名函数(如作为函数调用时的传入参数)可以令程序代码更为简洁。后续章节将会有一些使用匿名函数的具体例子。

> **小提示**
>
> **λ 演算**
> 编程语言中 lambda 表达式的概念来源于"λ 演算"(Lambda Calculus)。这是美国数学家阿隆佐·邱奇(Alonzo Church)在 20 世纪 30 年代引入的一种形式系统,使用纯函数来解决可计算理论中的判定性问题。λ 演算的形式称为"λ 表达式"。λ 演算与现代计算机所依据的抽象模型"图灵机"实际上是等价的,它们都能够模拟现今所有的计算机程序。

5.1.3 作用域

函数(以及将在第 10 章中详细讲解的"类")会在所属模块的命名空间内部分隔出一个子空间。函数内部创建的变量默认只存在于这个子空间,在函数以外不可使用。示例代码如下。

```
In [1]: def test():   # 在函数中创建局部变量
   ...:     num = 42
   ...:     print("num:", num)

In [2]: test()
num: 42

In [3]: num
Traceback (most recent call last):

  File "<ipython-input-3-c774dac2b598>", line 1, in <module>
```

```
num
```

```
NameError: name 'num' is not defined
```

以上代码在 test() 函数中创建了一个变量 num，它只存在于该函数内部，如果在外部使用此变量解释器就会报名称未定义错误——变量存在并起作用的范围称为"作用域"（Scope）。作用域为整个模块的变量称为"全局变量"，作用域为模块内子空间的变量称为"局部变量"。不同作用域的不同变量允许同名，如下面的交互中又定义了一个全局变量 num。

```
In [4]: num=21

In [5]: test()
num: 42
```

可以看到 test() 函数中的 num 所指的仍是局部变量 num 而非全局变量 num，两者指向不同的对象。

如果需要修改变量默认的作用域，可以用 global 关键字将变量声明为全局变量——在函数内部用 global 声明的变量就会在整个模块中起作用，如下面的交互将 test() 函数内的变量 num 声明为全局变量。

```
In [6]: def test():    # 在函数中声明全局变量
   ...:     global num
   ...:     num = 42
   ...:     print("num:", num)

In [7]: num
Out[7]: 21

In [8]: test()
num: 42

In [9]: num
Out[9]: 42
```

可以看到调用了新的 test() 函数之后只存在一个 num 变量。下面的例子更清楚地演示了全局变量的使用，程序文件 change.py 的内容如代码 5-1 所示。

代码 5-1　在函数中改变全局变量 C05\change.py

```
01   def change(n):
02       """改变全局变量的函数"""
03       global total
04       total += n
05       print(f"总量 + {n} =", total)
06
07
08   total = 10
09   print("总量 =", total)
10   for i in range(1, 6):
11       change(2)
```

示例程序运行结果如下。

```
总量 = 10
总量 + 2 = 12
总量 + 2 = 14
总量 + 2 = 16
```

```
总量 + 2 = 18
总量 + 2 = 20
```

可以看到，想要在函数中修改一个全局变量的值，就必须使用 global 语句来声明。Python 的变量声明不是创建新的变量，而是改变现有变量的作用域。

Python 还提供一个 nonlocal 关键字用来声明"非局部变量"。非局部变量的作用范围会自默认作用域向外延伸一层，适用于多层嵌套函数内变量扩展作用范围的需求。例如，下面的在 outer() 函数内部嵌套定义了一个 inner() 函数。

```
In [10]: def outer():        # 在函数定义中嵌套函数定义
    ...:     x = 0
    ...:     def inner():    # 在内层函数定义中声明非局部变量
    ...:         nonlocal x
    ...:         x = 1
    ...:     inner()
    ...:     return x

In [11]: x=2

In [12]: outer()
Out[12]: 1
```

可以看到 nonlocal 语句使得 outer() 函数和 inner() 函数中的 x 成为同一个局部变量。

实例 5-1　绘制五角星

本节的实例是自定义一个绘制五角星的函数。程序文件 draw_star.pyw 的内容如代码 5-2 所示。

代码 5-2　绘制五角星 C05\draw_star.pyw

```
01  """自定义的海龟绘图函数集
02  """
03  import turtle as tt
04
05
06  def star5p(x, y, size=20, angle=0):
07      """在指定位置画一颗五角星
08      """
09      tt.color("white")
10      tt.penup()
11      tt.setpos(x, y)              # 起点坐标
12      tt.right(angle)              # 倾角
13      tt.begin_fill()              # 开始填充
14      for _ in range(5):
15          tt.forward(size)
16          tt.left(72)
17          tt.forward(size)
18          tt.right(144)
19      tt.end_fill()
20
21
22  def test():
23      """测试绘图函数：绘制10颗五角星
24      """
25      from random import randint
26      tt.TurtleScreen._RUNNING = True
```

微视频：绘制五角星

```
27      tt.setup(width=720, height=480, startx=None, starty=None)
28      tt.hideturtle()
29      tt.speed(0)
30      tt.bgcolor("purple")
31      tt.penup()
32      for _ in range(10):
33          x = randint(-300, 300)
34          y = randint(-200, 200)
35          s = randint(10, 30)
36          a = randint(0, 72)
37          star5p(x, y, s, a)         # 带参数调用五角星函数
38      tt.done()
39
40
41  if __name__ == "__main__":           # 运行模块时调用测试绘图函数
42      test()
```

对实例程序中关键语句的说明如下。

❑ 第 6 行起定义了绘制五角星函数 star5p(),并带有 4 个参数：x 和 y 指定五角星的坐标位置；size 指定五角星的边长；angle 指定五角星的倾角。前 2 个参数必须传入；后 2 个参数在定义时赋了默认值因而是可选参数，当调用时未传入就会使用默认值——如果只传入 3 个参数，则第 3 个参数必须使用关键字参数的形式以避免歧义。

❑ 第 22 行起定义了测试函数 test(),绘制 10 颗不同位置、不同大小、不同倾角的五角星。

❑ 第 41 行的 if 语句使得该模块被运行和被导入时具有不同的行为：模块在主命名空间中运行时，特殊变量 __name__ 的值是统一固定的名称 ""__main__""；而被导入时，__name__ 的值则是模块本身的名称 ""draw_star""。这样程序就可判断模块是被运行还是被导入，从而决定是否执行 test()函数。

当运行实例程序模块时，test()函数将被执行，运行结果如图 5-1 所示。

图 5-1　绘制 10 颗五角星

读者还可以在交互模式下导入该模块，使用 help()函数即可看到之前为模块及其函数所定义的帮助信息，并可看到此时模块中__name__变量的值不是""__main__"，因此 test()函数不会被执行。

```
In [1]: import draw_star as ds

In [2]: help(ds)
Help on module draw_star:

NAME
    draw_star - 自定义的海龟绘图函数集

FUNCTIONS
    star5p(x, y, size=20, angle=0)
        在指定位置画 1 颗五角星

    test()
        测试绘图函数：随机画 10 颗五角星

FILE
    d:\pyabc\c05\draw_star.pyw


In [3]: ds.__name__
Out[3]: 'draw_star'
```

在今后的编程中，推荐大家也都仿照本实例的写法：整个程序由多个函数构成，并在最后添加一个作为入口的"主函数"。主函数仅在运行模块时会执行，当需要调用模块中的函数时就用 import 语句导入该模块。

> **小提示**　实际上 turtle 模块除了可以导入，也可以直接运行，运行 turtle 模块将会动态展示各种绘图功能。

5.2 函数进阶概念

本节将继续介绍与函数相关的一些进阶概念，包括类型标注、参数打包/解包以及递归调用等。

5.2.1 类型标注

读者在定义函数时，还可以对其参数和返回值类型添加"标注"（Annotation）。形参的标注方式是用冒号":"加类型名；返回值的标注方式是用组合符号"->"加类型名。以之前的加法函数为例，可以添加标注指明参数和返回值均为 int 类型。示例代码如下。

```
In [1]: def add(a:int, b:int)->int:    # 在定义函数时使用类型标注
   ...:     return a+b

In [2]: add(1,2)
Out[2]: 3
```

请注意，Python 的类型标注完全是可选项，官方解释器也不会根据标注来限制参数和返回值的类型。上面程序中的 add()函数仍然可以传入其他类型的参数，并返回相应类型的结果。示例代

码如下。

```
In [3]: add(1.2, 3.4)
Out[3]: 4.6

In [4]: add("你好", "世界")
Out[4]: '你好世界'
```

实际上，在任何变量之后都允许使用冒号添加类型标注，这可以帮助 Python 的 IDE 实现代码分析和补全等功能，也方便程序员之间进行协作。此外，还有专门的第三方包（如 mypy）会执行真正的类型检查，适用于对一致性与可维护性要求较高的大型项目开发。

5.2.2 参数打包

某些函数（如之前介绍过的 max()函数）可以传入任意数量的参数，这种特性是通过参数的"打包"（Packing）来实现的。例如，以下程序定义了一个能返回所有参数相加的结果值的函数。

```
In [1]: def total(*args):    # 接受任意数量位置参数的函数
   ...:     return sum(args)

In [2]: total(1,2,3,4)
Out[2]: 10

In [3]: total()
Out[3]: 0
```

上面程序中，带有一个星号前缀的形参（建议命名为 args）就可以接收不确定个数的参数值。它应放在普通位置形参之后，将传递给函数的剩余参数打包赋值给一个变量。变量所指向的对象类似于列表（实际上是"元组"，将在 6.2 节详细介绍），这种对象可以被内置的 sum()函数所接受，返回其中所有元素相加的结果值。

对于出现在*args 之后的形参，都必须以关键字参数的形式传入。示例代码如下。

```
In [4]: def pack(*args, sep=" "):
   ...:     return sep.join(args)

In [5]: pack("香蕉", "苹果", "橘子")
Out[5]: '香蕉 苹果 橘子'

In [6]: pack("香蕉", "苹果", "橘子", sep=", ")
Out[6]: '香蕉, 苹果, 橘子'
```

相反地，列表之类的多项集对象也可以被"解包"（Unpacking），将其中的元素赋值给多个变量。例如，内置的 range()函数需要 1～3 个参数，但也可以打包传入单个可迭代对象（如列表），解释器会从中解包出所需的参数值。示例代码如下。

```
In [7]: myrange=[2, 10, 2]

In [8]: range(*myrange)
Out[8]: range(2, 10, 2)

In [9]: myrange=[1, 11]

In [10]: range(*myrange)
Out[10]: range(1, 11)
```

同样地，函数也可以打包接收不确定个数的关键字参数，具体做法是使用一个双星号前缀的形参（建议命名为 kwargs）。示例代码如下。

```
In [11]: def testfunc(**kwargs):    # 接受任意数量关键字参数的函数
    ...:     return kwargs

In [12]: testfunc(a=1, b=2, c=3)
Out[12]: {'a': 1, 'b': 2, 'c': 3}
```

双星号前缀的形参要放在参数列表的末尾，传入函数的剩余关键字参数会赋值给一个特殊容器对象，其中的每个元素均为由"键"及其对应"值"所组成的对象（这种对象类型称为"字典"，将在 7.1 节详细介绍），可以在函数体内解包为关键字参数值。使用本节所述的 2 种特殊形参，即可灵活地编写传入任意参数的自定义函数。

5.2.3 递归调用

所谓"递归"（Recursion）调用就是在函数体内部对自身进行调用，也可以说是一种特殊的循环。对于某些算法来说，使用递归可以令代码更为简洁。例如，对于作为本书第一个实例的累加程序，也可以编写如下函数通过递归调用来实现。

```
In [1]: def accum(n):    # 使用递归调用实现的累加函数
   ...:     if n<=1:
   ...:         return n
   ...:     return n+accum(n-1)

In [2]: accum(3)
Out[2]: 6
```

可以看到在 accum() 函数中又调用了 accum() 函数，这就是递归调用。下面以传入不同参数时的情况来具体分析函数的执行流程。

（1）accum(1)：进入 if 语句的分支，于是返回值为 1。

（2）accum(2)：直接执行末尾的 return 语句，表达式会被解析为 2+accum(1)，而 accum(1) 的值如上所述为 1，于是最终返回值为 3。

（3）accum(3)：直接执行末尾的 return 语句，表达式会被解析为 3+accum(2)，而 accum(2) 的值如上所述为 3，于是最终返回值为 6。

对于更大的参数值 n，上述执行流程可以依次类推，通过 n 次调用得出最终的结果。请注意递归调用必须有一个终点。例如，accum() 函数是在 n=1 时返回 1，否则就会导致无限的递归调用（在此情况下 Python 解释器将终止执行并报错）。

递归通常会消耗较多的内存空间，在实际编程中需要谨慎使用，开发者应首先考虑是否可以通过更为节省内存的普通循环来实现相同的功能。

实例 5-2　快速排序

本节的实例是编写一个快速排序函数，并调用该函数对一个列表进行排序操作。程序文件 quick_sort.py 的内容如代码 5-3 所示。

代码 5-3　快速排序 C05\quick_sort.py

```
01  """快速排序的实现
02  """
03
04
```

```python
05  def quick_sort(alist, first=0, last=None):
06      """快速排序"""
07      if last is None:
08          last = len(alist) - 1           # 设置末尾项的序号
09      if first >= last:                    # 开头项序号大于等于末尾项序号，则返回
10          return
11      mid_val = alist[first]               # 中间值mid_val设为开头项的值
12      low = first                          # 低端序号low指向开头项
13      high = last                          # 高端序号hight指向末尾
14      while low < high:                    # low小于high时执行一轮操作
15          while low < high and alist[high] >= mid_val:
16              high -= 1
17          alist[low] = alist[high]
18          while high > low and alist[low] < mid_val:
19              low += 1
20          alist[high] = alist[low]
21      alist[low] = mid_val                 # low和high重叠时将所指项赋值为mid_val
22      quick_sort(alist, first, low - 1)
23      quick_sort(alist, low + 1, last)
24
25
26  if __name__ == "__main__":
27      alist = [23, 54, 12, 8, 48, 16, 88, 3, 56]
28      print(alist)
29      quick_sort(alist)
30      print(alist)
```

程序运行结果如下所示。

[23, 54, 12, 8, 48, 16, 88, 3, 56]
[3, 8, 12, 16, 23, 48, 54, 56, 88]

快速排序的实现方式是在每个轮次执行如下的操作。

（1）设置3个变量分别表示中间值 mid_val，低端序号 low 与高端序号 high（可以将后2个变量视为对应项的"指针"）。先将 mid_val 设为开头项的值，low 指向开头项，high 指向末尾项。

（2）当 low 小于 high 时，先判断 high 所指项的值，如大于等于 mid_val 则将 high 指针下移，直到 high 所指项的值小于 mid_val，这时就将该项的值赋给 low 所指项。

（3）再判断 low 所指项的值，如小于 mid_val 则将 low 指针上移，直到 low 所指项大于等于 mid_val，这时就将该项的值赋给 high 所指项。

（4）当 low 和 high 重叠时将 mid_val 赋给所指项，此时原序列将被 mid_val 所在项分为小于该值项和大于该值项的2个子序列。

（5）此时只要按同样步骤分别递归处理小端子序列和大端子序列，就会最终得到所有项从小到大排好序的结果。

为方便说明，将以上实例中的序列简化为5项后执行一轮快速排序，详细步骤如图5-2所示。

> **小提示**　在编程中可以使用多种不同的排序算法，快速排序是其中最常用的一种，它的执行效率也最高，但其缺点是不稳定（2个相等的数经过排序后相对顺序可能发生改变）。

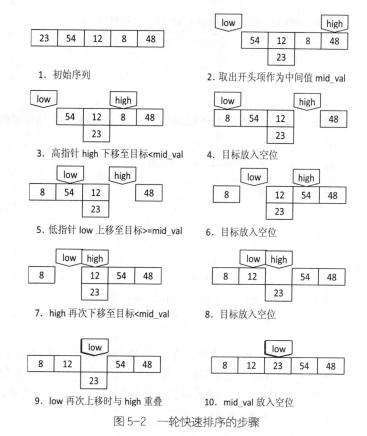

图 5-2 一轮快速排序的步骤

5.3 函数高级特性

本节将补充说明与函数相关的几种更复杂的语法特性,包括高阶函数、装饰器以及系统调用机制等。

5.3.1 高阶函数

读者已经知道 Python 中的函数也是一种对象,凡是将函数作为传入参数或者返回值的函数就被称为"高阶函数"。例如,内置函数 sorted() 可以将任意可迭代对象(如列表)排序输出为一个列表。示例代码如下。

```
In [1]: sorted([5, -8, 12, 4, 3])
Out[1]: [-8, 3, 4, 5, 12]
```

这个 sorted() 函数就属于高阶函数,因为它有可选的关键字参数 key 用来接受一个函数作为"键"来实现灵活的自定义排序。下面的代码传入 abs() 函数作为 key 参数,指定按绝对值大小排序。

```
In [2]: sorted([5, -8, 12, 4, 3], key=abs)
Out[2]: [3, 4, 5, -8, 12]
```

接下来请读者尝试自定义一个将函数作为传入参数的高阶函数 callfunc(),它可以指定函数名和位置参数列表来调用任意函数，如内置的 sum() 函数。示例代码如下。

```
In [3]: def callfunc(func, *args):    # 将函数作为传入参数的函数
   ...:     return func(*args)

In [4]: callfunc(sum, [1, 2, 3, 4])
Out[4]: 10
```

类似地，以下 5 号交互定义了一个传入表示斜率的参数 a 和表示截距的参数 b，返回相应线性函数的高阶函数 linear()。

```
In [5]: def linear(a, b):    # 将函数作为返回值的函数
   ...:     def result(x):
   ...:         return a * x + b
   ...:     return result

In [6]: f = linear(0.3, 2)

In [7]: f(15)
Out[7]: 6.5
```

可以看到 linear() 函数的返回值也是一个函数，可以进行调用运算。

5.3.2 装饰器

"装饰器"（Decorator）是一种特殊的高阶函数，其传入参数是一个函数，返回值则是参数定义与传入函数完全相同的另一个函数。装饰器可以让函数在无须修改的情况下附加新的功能，如可以定义一个测试用的 debug() 函数，在其他函数执行的时候打印该函数的名称。示例代码如下。

```
In [1]: def debug(func):    # 装饰器函数
   ...:     def wrapper(*args, **kwargs):
   ...:         print(f"[DEBUG]: 进入 {func.__name__}")
   ...:         return func(*args, **kwargs)
   ...:     return wrapper

In [2]: testfunc = debug(testfunc)

In [3]: testfunc(a=1, b=2)
[DEBUG]: 进入 testfunc
Out[3]: {'a': 1, 'b': 2}
```

在装饰器函数中嵌套定义了另一个函数，先打印被装饰函数的名称，再通过前文介绍的参数打包功能，将传入装饰器函数的参数原样传给被装饰函数获取返回值，这样就在不影响被装饰函数功能的前提下增加了新的功能。

通常情况下装饰器的用法是在其他函数的定义语句前加上带 "@" 前缀的装饰器函数名，这种写法也属于语法糖，与前面 2 号交互的写法完全等价且更为方便直观。示例代码如下。

```
In [4]: @debug
   ...: def testfunc(**kwargs):
   ...:     return kwargs

In [5]: testfunc(x=3)
[DEBUG]: 进入 testfunc
Out[5]: {'x': 3}
```

如果需要测试任何其他函数，同样在函数定义前用 "@debug" 来装饰就可以了。在实际开发

5.3.3 系统命令

在掌握 Python 中的函数定义机制之后,读者还应了解有关操作系统的命令调用机制。以 Windows 系统为例,整个 Windows 系统就是个始终保持运行的大型程序,任何应用程序都有相应的可执行程序,在必要时由系统程序通过命令调用来运行——实际上系统就是调用了特定应用程序的入口函数。

系统命令调用同样可以传入参数,具体格式为在命令之后加上以空格分隔的字符串(如果参数值中包含空格,则要用双引号括起来)。之前的章节已经介绍过可以使用标准库的 subprocess 模块的 call() 函数在 Python 程序中调用系统命令,这时如果要传入命令行参数,则是以一个列表作为函数参数。列表的第一项是命令名称,之后各项为命令行参数。以下代码调用 python 命令来执行随机五角星程序。

```
In [1]: import subprocess as sp

In [2]: sp.call(["python","C05/draw_star.pyw"])
Out[2]: 0
```

上面 call() 函数的返回值 0 实际上就来自 python 命令对应可执行程序的入口函数的返回值,可执行程序通常用返回 0 值来表示程序正常结束。

subprocess 模块还有一个 Popen 类型也可以调用系统命令,与 call() 函数的不同之处在于它不等待程序结束就直接返回。示例代码如下。

```
In [3]: sp.Popen(["python", "C05/draw_star.pyw"])
Out[3]: <spydercustomize.SubprocessPopen at 0x13e99ed4240>
```

> 💡 小提示   在 Windows 系统下,以上函数允许直接传入一个包含命令和所有参数的字符串;在 Linux 系统下则要求同时传入关键字参数 "shell=True" 才接受命令字符串的形式。

实例 5-3 文本加密

本节的实例是一个实现文本加密和解密的命令行工具,所用加密方法是古老的"恺撒密码"即每个字符用相差固定位置的另一个字符来代替。程序文件 secret.py 的内容如代码 5-4 所示。

代码 5-4 文本加密工具 C05\secret.py

```
01  """文本加密工具
02  加密 python secret.py -e 5 plain.txt cipher.txt
03  解密 python secret.py -d 5 cipher.txt plain.txt
04  """
05  import sys
06
07
08  def enc(offset, text):
09      """加密文本
10      """
11      newtext = ""
12      for c in text:                      # 每个字符码位值加移位数得到新的字符
13          newtext += chr(ord(c) + offset)
14      return newtext
15
```

```
16
17   def dec(offset, text):
18       """解密文本
19       """
20       newtext = ""
21       for c in text:                              # 每个字符码位值减移位数得到新的字符
22           newtext += chr(ord(c) - offset)
23       return newtext
24
25
26   def main():
27       """主函数
28       """
29       act = sys.argv[1]                           # 加密/解密选项
30       offset = int(sys.argv[2])                   # 移位值
31       fromfile = sys.argv[3]                      # 原文件
32       tofile = sys.argv[4]                        # 目标文件
33       with open(fromfile) as ff, open(tofile, "w") as tf:
34           for line in ff:
35               if act == "-e":                     # 加密
36                   newline = enc(offset, line)
37               elif act == "-d":                   # 解密
38                   newline = dec(offset, line)
39               tf.write(newline)
40
41
42   if __name__ == "__main__":
43       main()
```

对实例程序中关键语句的说明如下。

❑ 第 8 行起定义加密文本函数 enc()，传入参数为移位数和要加密的文本。先取得文本中每个字符的码位值，然后加上移位数生成新的字符，最后创建并返回加密后的字符串。

❑ 第 17 行起定义解密文本函数 dec()，传入参数为移位数和要解密的文本，执行与加密相反的操作即可。

❑ 第 26 行起定义主函数 main()，其中使用了标准库 sys 模块中的 argv 变量，它所指向的是一个列表，当 Python 程序运行时其中将保存传入的命令行参数——argv[0]是程序文件名，argv[1]是加密/解密选项"-e/-d"，argv[2]表示移位数（需要转为整数类型），argv[3]和 argv[4]分别是原文件和目标文件（加密时为明文文件和密文文件，解密时则相反）。

❑ 第 33 行打开文件，请注意这里使用了 with 语句，对文件的操作都在其语句体中进行，当语句体执行完毕时将自动关闭文件，而不必再调用文件对象的 close()方法。在实际开发中更为推荐这种写法。

读者可以创建一个测试文件"明文.txt"，在其中输入任意文本内容，执行以下命令即生成"密文.txt"。

```
In [1]: !python C05/secret.py -e 5 明文.txt 密文.txt
```

执行以下命令则会从密文恢复出原先的信息并保存为"解密.txt"。

```
In [2]: !python C05/secret.py -d 5 密文.txt 解密.txt
```

读者还可以选择导入这个模块，以便在其他程序中调用其中所定义的加密和解密函数。示例代码如下。

```
In [3]: import C05.secret as sec

In [4]: sec.enc(6, "Beautiful is better than ugly.")
Out[4]: 'Hkg{zol{r&oy&hkzzkx&zngt&{mr\x7f4'

In [5]: sec.dec(6, "Hkg{zol{r&oy&hkzzkx&zngt&{mr\x7f4")
Out[5]: 'Beautiful is better than ugly.'
```

> **小提示**
>
> **恺撒密码**
>
> "恺撒密码"(Caesar cipher)也称"变换加密",是一种最简单且最广为人知的加密技术,因由古罗马军事家恺撒率先使用而得名。它是一种替换加密技术,明文中的所有字母都在字母表上向后(或向前)按照一个固定数目进行偏移后被替换成密文。例如,当偏移量是 3 的时候,所有的字母 A 将被替换成 D,B 变成 E,依此类推。
>
> 和所有利用字母表进行替换的加密技术一样,恺撒密码非常容易被破解,在实际应用中无法保证通信安全。

对于函数的高级特性就介绍到这里。总而言之,在 Python 中函数也是一种对象,可以用于赋值以及作为其他函数的参数和返回值。通过自定义函数,开发者能够灵活地实现各种复杂的功能。

思考与练习

1. 如何定义自己的函数?
2. 如何实现任意参数的传递?
3. 什么是递归调用,递归调用有哪些特点?
4. 什么是高阶函数,如何使用高阶函数?
5. 自定义一个平均值函数 average(),可以传入任意多个数值参数,返回它们的平均值(保留至多两位小数),并在程序中使用该函数计算用户输入的多个数值的平均值。

示例输入如下。

```
5, 8, 16, 5.8, 20
```

示例输出如下。

```
10.96
```

> **小提示**
>
> 使用 eval()函数时,可以将逗号分隔的多个数字形式的字符串解析为一个以这些数字为元素的序列对象。

6. 自定义一个绘制六角星的函数 star6p():以指定位置为中心绘制指定大小的六角星,并使用该函数绘制 3 颗并排的六角星,中间 1 颗较大,旁边 2 颗较小,参考形状如图 5-3 所示。

图 5-3 绘制指定大小的六角星

第 6 章 序列类型

"序列"是编程语言中的一个抽象概念,指由有限数量的元素构成,元素间存在先后顺序的任何数据结构。Python 中常用的类型如字符串、列表和元组等都属于序列,在这一章中将对序列类型的相关特性进行统一讲解。

本章主要涉及以下几个知识点。
- 序列类型的共有操作。
- 列表的使用。
- 元组的使用及其与列表的区别。

6.1 列表类型

列表是一种非常灵活的数据类型,在实际 Python 开发中被大量使用,如之前章节中所介绍的,许多内置函数都会输出列表作为返回值。

6.1.1 列表作为一般序列

列表类型名为 list,是 Python 中最常用的容器类数据结构。当将以逗号分隔的多个值用方括号括起来时,就创建了一个列表。如果一对方括号内没有包含任何值,则表示一个空列表。组成列表的各个数据项称为"元素"。以下交互创建了两个列表对象。

```
In [1]: x = [1, 2, 3, "abc"]        # 包含 4 个元素的列表

In [2]: x
Out[2]: [1, 2, 3, 'abc']

In [3]: type(x)
Out[3]: list

In [4]: y = []                       # 空列表

In [5]: type(y)
Out[5]: list
```

可以看到同一个列表中各个元素的类型可以不相同,任何对象都可以作为列表的元素,列表也可以作为另一个列表中的元素,例如,以下交互创建了一个由 2 个列表组成的列表。

```
In [6]: z = [[1,2,3],[2,4,6]]   # 以列表为元素的列表

In [7]: z
Out[7]: [[1, 2, 3], [2, 4, 6]]
```

和字符串一样，列表也支持索引和切片，列表索引操作返回列表中的一个元素。二者差别仅在于构成字符串的元素只能是单个字符，而构成列表的元素可以是任意类型的对象。示例代码如下。

```
In [8]: x[0]   # 列表的索引操作
Out[8]: 1

In [9]: x[-1]
Out[9]: 'abc'

In [10]: z[1]
Out[10]: [2, 4, 6]
```

切片操作返回一个新的列表。示例代码如下。

```
In [11]: x[0:2]   # 列表的切片操作
Out[11]: [1, 2]

In [12]: x[::-1]
Out[12]: ['abc', 3, 2, 1]

In [13]: x[:]
Out[13]: [1, 2, 3, 'abc']
```

调用 list 类型的构造器可以基于任意可迭代对象（如字符串）来创建新的列表，如果不给出参数则返回一个空列表。示例代码如下。

```
In [14]: list("python")   # 将字符串转为列表
Out[14]: ['p', 'y', 't', 'h', 'o', 'n']

In [15]: list()
Out[15]: []
```

可以看到列表与字符串具有许多一致的操作，这些称为"一般序列操作"，具体如表 6-1 所示。其中 s 和 t 是一个序列；n、i、j、k 是整数，而 x 是任意类型的值。

表 6-1　　　　　　　　　　　　　　一般序列操作

操作	说明
x in s	如果 s 中的某项等于 x 则结果为 True，否则为 False
x not in s	如果 s 中的某项等于 x 则结果为 False，否则为 True
s+t	s 与 t 相拼接
s*n	s 与自身进行 n 次拼接（n 值小于等于 0 则生成空序列）
s[i]	s 的第 i 项，起始项为 0
s[i:j]	s 从 i 到 j 的切片
s[i:j:k]	s 从 i 到 j、步长为 k 的切片
len(s)	s 的长度
min(s)	s 的最小项

续表

操作	说明
max(s)	s 的最大项
s.index(x[, i[, j]])	x 在 s 中首次出现项的索引号（可选索引号范围从 i 到 j）
s.count(x)	x 在 s 中出现的总次数

需要注意的是，并非任何序列类型都支持以上所有一般序列操作，其中一些有可能与某些序列类型的特殊规则相冲突。例如，列表和字符串都支持加法（拼接）和乘法（重复）运算，但 range 对象的元素值由于必须为等差数列，因此并不支持拼接或重复。

6.1.2 列表作为可变序列

列表还具有一些与字符串不一样的操作，例如，可以用 append() 方法添加新元素。示例代码如下。

```
In [1]: x = [1, 2, 3, "abc"]

In [2]: x.append("abc")   # 在列表末尾添加新元素

In [3]: x
Out[3]: [1, 2, 3, 'abc', 'abc']
```

也可以用 remove() 方法移除一个元素。注意对于列表中的重复元素，此方法只移除所找到的首个元素。示例代码如下。

```
In [4]: x.remove("abc")   # 移除一个指定值的元素

In [5]: x
Out[5]: [1, 2, 3, 'abc']
```

通过索引操作，还可以改变列表中元素的值。示例代码如下。

```
In [6]: x[2] = True   # 为 2 号元素赋值

In [7]: x
Out[7]: [1, 2, True, 'abc']
```

上面的代码体现了列表的一个重要性质：列表类型"可变"（Mutable）。目前接触过的其他数据类型都"不可变"（Immutable），例如，字符串中的元素是不能被修改的，任何对字符串的"修改"操作实际上是返回了一个新的字符串对象。而列表则可以做"原地修改"。不论是添加、删除还是更新其中的元素，列表本身还是同一对象（使用 id() 函数就能验证这一点），都不返回一个新的列表对象。

以下交互将 x 指向的列表赋值给变量 y，然后在 x 中添加了一个空列表。可以看到 x 和 y 所指向的是同一对象，只是其中的元素被改变了。

```
In [8]: y = x

In [9]: x.append([])

In [10]: y
Out[10]: [1, 2, True, 'abc', []]
```

像列表这样的可变序列均支持的额外操作称为可变序列操作，如表 6-2 所示。其中，s 是可变序列类型的值，t 是任意可迭代对象，n、i、j、k 是整数，x 是任意类型的值。

表 6-2　　　　　　　　　　　　　　　　　可变序列操作

操作	说明
s[i] = x	将 s 中的 i 号元素替换为 x
s[i:j] = t	将 s 中从 i 到 j 的切片元素替换为 t 的内容
del s[i:j]	移除 s 中从 i 到 j 的切片元素
s[i:j:k] = t	将 s 中从 i 到 j、步长为 k 的切片元素替换为 t 的内容（两者长度应相等）
del s[i:j:k]	从 s 中移除从 i 到 j、步长为 k 的切片的元素
s.append(x)	将 x 添加到 s 的末尾
s.clear()	从 s 中移除所有元素（等同于 del s[:]）
s.copy()	创建 s 的浅拷贝（等同于 s[:]）
s.extend(t) 或 s += t	用 t 的内容来扩展 s
s *= n	用 s 的内容重复 n 次来对其进行更新（n 小于等于 0 则会清空序列）
s.insert(i, x)	在索引 i 的位置将 x 插入 s
s.pop([i])	提取索引 i 的位置上的元素，并将其从 s 中移除（默认为最后一个元素）
s.remove(x)	将 s 中首个值为 x 的元素移除
s.reverse()	将 s 中元素的顺序进行反转

以上的可变序列操作中除了 copy() 方法是返回原序列的副本，其他都会直接改变原序列的内容。另外请注意，对于容器对象来说，以默认方式创建的副本被称为"浅拷贝"，副本中的普通元素是新的对象，而容器元素则还是同一对象。以下交互中创建了列表 y 的副本对象 z，当修改 z 中普通元素的值时，作为不同对象的 y 仍然保持原样。

```
In [11]: z = y[:]    # 通过切片创建列表的浅拷贝

In [12]: z[0] = "xyz"

In [13]: y
Out[13]: [1, 2, True, 'abc', []]
```

但是当修改 z 中容器元素的值时，作为不同对象的 y 中对应的值也会发生改变，因为在拷贝列表时，并不会为其中的容器元素创建副本，这就是浅拷贝的含义。示例代码如下。

```
In [14]: z[-1].append(0)

In [15]: y
Out[15]: [1, 2, True, 'abc', [0]]
```

Python 标准库提供的 copy 模块可以为几乎任何对象创建副本，其中的 copy 为标准的浅拷贝函数；deepcopy 则为"深拷贝"函数，即副本中的容器对象也会是新的对象。创建深拷贝的示例代码如下。

```
In [16]: import copy

In [17]: allnew = copy.deepcopy(y)

In [18]: allnew[-1].append(1)
```

```
In [19]: y, allnew
Out[19]: ([1, 2, True, 'abc', [0]], [1, 2, True, 'abc', [0, 1]])
```

6.1.3 列表的其他操作

列表的功能灵活多样，有时被戏称为 Python 中的"苦力"。本节将补充介绍列表所支持的一些其他操作。

1. 列表的排序

列表提供了一个实现元素排序的 sort() 方法，可以对列表进行原地排序。示例代码如下。

```
In [1]: l = [1, 9, 4, 2]

In [2]: l.sort()    # 列表的原地排序

In [3]: l
Out[3]: [1, 2, 4, 9]
```

请注意列表的 sort() 方法与内置 sorted() 函数的区别：sort() 方法没有返回值，它直接对列表进行修改；sorted() 函数则可以传入任意可迭代对象，返回一个新的列表。

类似地，还有一个与可变序列共有的 reverse() 方法相对应的内置 reversed() 函数，用于对任意序列对象进行反转。示例代码如下。

```
In [4]: l = [1, 2, True, "python"]

In [5]: list(reversed(l))    # 使用内置的反转函数
['python', True, 2, 1]
```

请注意 reversed() 函数的返回值是一种名为"迭代器"的特殊可迭代对象，因此以上 5 号交互是将 reversed() 函数的返回值再转回列表，以方便显示其内容。

2. 列表的迭代

如前文所述，列表同样也是一种支持迭代操作的容器对象，可以对其使用 for 语句来实现迭代循环。例如，以下代码将分行打印列表中的元素。

```
In [6]: for i in l:    # 列表的迭代
   ...:     print(i)
1
2
True
python
```

如果在 for 语句内要对所迭代的列表（或其他任何可变的可迭代对象）进行修改，则推荐创建一个原列表的副本并迭代该副本，通过切片或 copy() 方法均可。示例代码如下。

```
In [7]: for i in l[:]:
   ...:     if type(i)==str:
   ...:         l.insert(0, i)

In [8]: l
Out[8]: ['python', 1, 2, True, 'python']
```

以上 7 号交互如果写成"for i in l"，这个 for 语句将会由于 l 的长度每轮循环时加 1 而无限执行下去，一次又一次地重复插入元素，只能按 Ctrl+C 组合键强制中止循环。当对可变的可迭代对象进行迭代时，必须注意避免出现这种情况。

3. 列表推导式

对于列表，Python 还提供了一个很有特色的语法糖——列表"推导式"（Comprehension）。这种表达式根据任意可迭代对象经过简单运算推导出新的列表。例如，以下交互创建了由 10 个偶数构成的列表——对于从 0～10 范围之内的每个整数 i，将 i 乘以 2 作为元素组成一个列表。请注意推导式有单独的作用域，因此 i 是一个局部变量。

```
In [9]: [i * 2 for i in range(10)]    # 创建由前 10 个偶数构成的列表
Out[9]: [0, 2, 4, 6, 8, 10, 12, 14, 16, 18]
```

推导式只用一条语句就能实现迭代循环，这可以令代码变得更为简洁，例如，以下交互使用了一个包含多层循环且附带条件的列表推导式（列表和列表推导式都允许分行书写）。

```
In [10]: [v + m for v in ["番茄", "土豆"] for m in ["鸡蛋", "牛肉"]
    ...:     if v + m != "土豆鸡蛋"]
Out[10]: ['番茄鸡蛋', '番茄牛肉', '土豆牛肉']
```

在 Python 中有许多函数会产生列表作为返回值，也有许多函数接受列表作为参数。例如，all() 函数可以传入由逻辑表达式构成的列表（或任意可迭代对象），当所有元素为真值（或列表为空）时返回 True，当任意一元素为假值时则返回 False。以下交互传给 all() 函数的列表中有一个元素 0 为假值，因此返回 False。

```
In [11]: all([1, 8, 0])    # 判断全部元素均为真值
Out[11]: False
```

还有一个类似的 any() 函数。当传入列表中任意一元素为真值时返回 True，当所有元素为假值（或列表为空）时则返回 False。例如，以下交互传给 any() 函数的列表中有一个元素 1+1==2 为真值，因此返回 True。

```
In [12]: any(["", 0, 1+1==2])    # 判断任一元素为真值
Out[12]: True
```

使用 all() 函数和 any() 函数可以更简洁地实现多条件并列的逻辑运算，例如，以下交互能够判断一段文本中是否包含指定列表中的任意一个元素——对于"水果列表"fruits 之内的每样水果 fruit，判断 fruit 是否在字符串 s 之内，如果任意一判断成立则返回 True。

```
In [13]: fruits = ["苹果", "葡萄", "桃子"]

In [14]: s = "葡萄美酒夜光杯"

In [15]: any(fruit in s for fruit in fruits)
Out[15]: True
```

请注意以上 15 号交互传入了一个推导式作为 any() 函数的参数，但它所产生的并不是列表，而是另一种可迭代对象。推导式有许多不同种类，本书在后续的相关章节中还会陆续讲解。

实例 6-1　数字列表排序

本节的实例是灵活运用列表的相关功能来实现排序处理。输入任意多个整数，按降序排列并以空格分隔输出（注意末尾不带空格）。程序文件 alist.py 的内容如代码 6-1 所示。

微视频：数字列表排序

代码 6-1　数字列表排序　C06\alist.py

```
01    """数字列表排序
02    输入任意多个整数，按降序排列并以空格分隔输出（注意末尾不带空格）
03    """
```

```
04
05
06  def main():
07      s = input()
08      alist = s.split()                    # 将输入内容拆分为字符串列表
09      alist = list(map(int, alist))        # 对列表项应用 int() 函数得到对应的整数列表
10      alist.sort(reverse=True)             # 列表原地排序
11      result = ""
12      for i in alist[:-1]:                 # 拼接列表元素带空格
13          result += str(i) + " "
14      result += str(alist[-1])             # 拼接末尾元素不带空格
15      print(result)
16      # print(*alist)                      # 输出结果的更好方法
17
18
19  if __name__ == "__main__":
20      main()
```

对实例程序中关键语句的说明如下。

- 第 8 行使用字符串的 split() 方法将输入内容拆分为由字符串组成的列表。
- 第 9 行使用内置的"映射"函数 map() 对列表中每个元素应用 int() 函数得到对应的整数列表。
- 第 10 行使用列表的 sort() 方法原地排序，参数 reverse 设为 True 表示从大到小降序排序。
- 第 11 行开始逐个处理列表元素拼接出结果字符串，注意最后一个元素不带空格。

> **小提示**　实际上读者还可以如注释掉的第 16 行那样，直接将列表解包出来作为 print() 函数的多个参数。这样同样能够输出题目所要求的结果，代码也更为简洁。

6.2 元组类型

本节介绍 Python 的另外一种内置序列类型——元组。它看起来与列表很相似，但二者又有重要的区别。

6.2.1 元组的构建

与列表一样，"元组" tuple 也是一种允许任意类型值作为元素的容器类数据结构，将多个任意类型的值用逗号分隔所构建的对象就是一个元组。示例代码如下。

```
In [1]: t = 1, 2, 3, "abc"   # 包含 4 个元素的元组

In [2]: t
Out[2]: (1, 2, 3, 'abc')

In [3]: type(t)
Out[3]: tuple
```

元组的表示形式看起来与列表很相似，但是在逗号分隔的多个值两边是圆括号而不是方括号。如果要构建只有一个元素的"单元组"，则是在单个值后加一个逗号。示例代码如下。

```
In [4]: t1 = 1,   # 单元组

In [5]: t1
Out[5]: (1,)
```

如果要构建一个空元组，可以用一对无内容的圆括号，或是不带参数地调用 tuple 类型的构造

器。示例代码如下。

```
In [6]: t0 = ()   # 空元组

In [7]: type(t0)
Out[7]: tuple

In [8]: tuple()
Out[8]: ()
```

可以看到决定生成元组的其实是逗号而不是圆括号。圆括号只在构建空元组或可能产生歧义的情况下才需要使用。例如，"f(a, b, c)"是在调用函数时传入 3 个参数，而"f((a, b, c))"则是在调用函数时传入一个"三元组"。

6.2.2 元组的使用

元组与列表的关键区别在于元组不可变而列表可变，元组不支持可变序列操作，一旦创建就不能再修改。但如果以可变对象（如列表）作为元组的元素，则这个元素的值可以被修改。示例代码如下。

```
In [1]: l = [3, 2, 1]

In [2]: t2 = ("abc", l)

In [3]: t2
Out[3]: ('abc', [3, 2, 1])

In [4]: l.reverse()   # 作为元组元素的列表可以原地修改

In [5]: t2
Out[5]: ('abc', [1, 2, 3])
```

元组与列表、字符串一样支持一般序列操作。示例代码如下。

```
In [6]: "abc" in t2
Out[6]: True

In [7]: t2[1][-1]
Out[7]: 3
```

元组作为不可变对象，其操作速度要略快于列表，更适合保存无须修改的一系列固定值。例如，以下语句用一个元组表示中文的星期名称。

```
In [8]: weekday="星期日","星期一","星期二","星期三","星期四","星期五","星期六"

In [9]: weekday[5]
Out[9]: '星期五'
```

有许多 Python 函数使用元组作为返回值，例如，内置函数 divmod()可以对两个数值做整除运算，返回商和余数二元组。

```
In [10]: divmod(25, 8)   # 整除并求余函数
Out[10]: (3, 1)
```

内置的"枚举"函数 enumerate()接受一个可迭代对象作为参数，返回一个由该对象中每个元素的序号和值二元组构成的可迭代对象，这在需要同时引用数据项的序号和值时非常有用。示例代码如下。

```
In [11]: e = enumerate(weekday)    # 枚举函数

In [11]: for i in e:
   ...:     print(i)
(0, '星期日')
(1, '星期一')
(2, '星期二')
(3, '星期三')
(4, '星期四')
(5, '星期五')
(6, '星期六')
```

另一个内置的"聚合"函数 zip()可以把多个可迭代对象聚合为一个新的可迭代对象。新对象的每个元素是由每个旧对象相应位置上的元素所组成的元组。示例代码如下。

```
In [12]: weekday_en=("Sunday", "Monday", "Tuesday", "Wednesday",
   ...:       "Thursday", "Friday", "Saturday")

In [13]: weekday_zip=zip(weekday,weekday_en)   # 聚合函数

In [14]: weekday_list=list(weekday_zip)

In [15]: weekday_list
Out[15]:
[('星期日', 'Sunday'),
 ('星期一', 'Monday'),
 ('星期二', 'Tuesday'),
 ('星期三', 'Wednesday'),
 ('星期四', 'Thursday'),
 ('星期五', 'Friday'),
 ('星期六', 'Saturday')]
```

利用之前介绍过的可迭代对象解包操作,还可以把上面的 7 个二元组解包后再聚合为 2 个七元组。示例代码如下。

```
In [16]: weekday_new = list(zip(*weekday_list))

In [17]: weekday_new
Out[17]:
[('星期日', '星期一', '星期二', '星期三', '星期四', '星期五', '星期六'),
 ('Sunday',
  'Monday',
  'Tuesday',
  'Wednesday',
  'Thursday',
  'Friday',
  'Saturday')]
```

上面的交互使用了 list()函数将 zip()函数的返回值转成列表,以便直接查看其中的元素。

> **小提示** 请注意 enumerate 和 zip 实际上都是数据类型,它们都属于一类被称为"迭代器"的特殊可迭代对象,在 10.2.2 节中将会详细介绍迭代器。

实例 6-2 银行列表排序

本节的实例是按市值从大到小输出保存在一个列表中的银行信息,其中偶数索引号的元素为

银行名称，奇数索引号的元素为对应的市值（单位：亿美元）。

程序文件 banklist.py 的内容如代码 6-2 所示。

代码 6-2　银行列表排序 C06\banklist.py

```
01  """银行列表排序
02  按市值从大到小输出保存在列表中的银行信息
03  """
04  banklist = [
05      "摩根大通", 3909.34, "美国银行", 3253.31, "富国银行", 3080.13,
06      "工商银行", 3452.14, "建设银行", 2573.99
07  ]
08
09
10  def main():
11      names = banklist[::2]                          # 切片得到名称列表
12      values = banklist[1::2]                        # 切片得到市值列表
13      pairs = list(zip(names, values))               # 聚合得到由名称市值元组构成的列表
14      pairs.sort(key=lambda i: i[1], reverse=True)   # 列表按市值原地排序
15      print("银行名称　|　市值(美元)")                  # 输出结果
16      print("-" * 22)
17      for name, value in pairs:
18          print(f"{name:6}|{value:>9}亿")
19
20
21  if __name__ == "__main__":
22      main()
```

对实例程序中关键语句的说明如下。

❑ 第 11、12 行通过切片分别生成银行名称和市值列表。

❑ 第 13 行使用 list()函数嵌套 zip()函数得到由名称和市值元组构成的列表。

❑ 第 14 行调用列表的 sort()方法进行原地排序，该方法的 key 参数应指定一个函数对象作为自定义排序键（这里使用匿名函数返回元组的 1 号元素即市值）。

❑ 第 17 行起使用 for 语句输出排序后的列表。

❑ 第 18 行格式字符串中占位符在表达式之后用冒号加注了格式说明符，数字表示字段宽度，">" 表示右对齐。

> **小提示**　　Python 提供了大量格式说明符用来对字符串进行格式化，读者可访问官方文档查看标准库 string 模块的说明来了解详情。

银行列表排序程序最终的运行结果如图 6-1 所示。

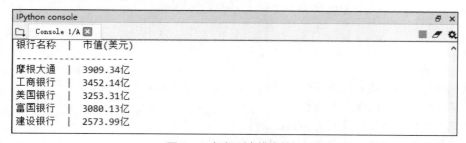

图 6-1　银行列表排序结果

实例 6-3　颜色名称展示

本节的实例是收集所有颜色名称并在图形界面中进行展示——在之前章节的 turtle 绘图练习中多次通过指定颜色名称来设置图案的颜色,这些颜色名称定义在一个 rgb.txt 文件之中(对于 Windows 系统,该文件位于 Python 安装目录下的 Tools\pynche\X 文件夹,可以将其复制到练习目录中以便于引用)。读者可以先打开文件进行分析,其中的内容如下所示。

微视频: 颜色名称展示

```
! $XConsortium: rgb.txt,v 10.41 94/02/20 18:39:36 rws Exp $
255 250 250        snow
248 248 255        ghost white
248 248 255        GhostWhite
245 245 245        white smoke
...（以下省略）...
```

文件第一行是以"!"打头的注释信息,之后的行则是 3 个表示颜色 RGB 值的数字加对应的颜色名称。需要编程实现的就是从文件中提取出颜色名称字符串。

程序文件 colorsfile.py 的内容如代码 6-3 所示,其功能是从 rgb.txt 文件中获取所有颜色名称来生成一个元组,然后将其保存到新的程序文件 colorsinfo.py 中。示例代码如下。

代码 6-3　颜色名称文件生成 C06\colorsfile.py

```
01  """生成颜色元组并保存到文件
02  """
03
04
05  def main():
06      colors = []
07      with open("rgb.txt") as file:
08          for line in file:
09              # 空行或!打头的行则不必处理
10              if not (line.isspace() or line.startswith("!")):
11                  # 最后一个制表符之后的字符串 split("\t")[-1]
12                  # 再去掉末尾的换行符 [:-1] 就是颜色名
13                  # 把颜色名添加进列表即可
14                  colors.append(line.split("\t")[-1][:-1])
15      for i in colors[:]:
16          # 移除带有空格及英式拼法的颜色名
17          if " " in i or "grey" in i.lower():
18              colors.remove(i)
19      with open("colorsinfo.py", "w") as file:
20          # 生成颜色元组并保存到文件
21          file.write("COLORS = "+str(tuple(colors)))
22
23
24  if __name__ == "__main__":
25      main()
```

对实例程序中各行语句的说明如下。
- 第 6 行创建空的颜色名列表。
- 第 7 行打开当前目录下的 rgb.txt 文件。
- 第 8 行执行迭代,处理文件中的每一行文本。
- 第 10 行调用字符串方法进行判断,只处理包含颜色定义的行文本。

- ❏ 第 14 行从颜色定义文本中提取出颜色名字符串并添加到颜色名列表。
- ❏ 第 15 行执行迭代，处理颜色名列表中的每一项。
- ❏ 第 17、18 行移除带有空格及英式拼法的颜色名。
- ❏ 第 19 行以写入模式打开当前目录下的 colorsinfo.py 文件（文件不存在则创建，文件已存在则清空）。
- ❏ 第 21 行将处理后的颜色名列表转为元组，再转为字符串写入打开的文件。

以上程序所创建的 colorsinfo.py 文件可以作为模块被其他程序导入并使用其中的颜色元组。程序文件 colorstable.pyw 的内容如代码 6-4 所示，其功能是用 turtle 模块绘图，以颜色方块和颜色名称的形式直观地展示所有可用的颜色。

代码 6-4　颜色表展示 C06\colorstable.pyw

```
01  """显示颜色表
02  """
03  import turtle as tt
04
05
06  def showcolor(x, y, color="black"):
07      """显示颜色方块和颜色名称
08      """
09      tt.speed(0)
10      tt.color(color)                # 显示颜色方块
11      tt.penup()
12      tt.setpos(x, y)
13      tt.begin_fill()
14      for _ in range(4):
15          tt.forward(16)
16          tt.left(90)
17      tt.forward(18)
18      tt.end_fill()
19      tt.color("black")              # 显示颜色名称
20      tt.write(color)
21
22
23  def showcolors():
24      """显示所有颜色
25      """
26      from colorsinfo import COLORS
27      tt.TurtleScreen._RUNNING = True
28      tt.setup(1200, 820)
29      tt.setworldcoordinates(0, -810, 1200, 10)
30      tt.hideturtle()
31      tt.speed(0)
32      tt.tracer(0)                   # 关闭动效以减少耗时
33      tt.penup()
34      row = 0                        # 输出颜色表，每列 45 行
35      col = 0
36      for color in COLORS:
37          showcolor(col * 100, row * -18, color)
38          row += 1
39          if row > 45:
40              row = 0
41              col += 1
42      tt.done()
```

```
43
44
45  if __name__ == "__main__":
46      showcolors()
```

以上程序实现的功能并不复杂,大部分函数在之前的章节中都已接触过,这里不再详细讲解。但由于要绘制的图形很多,因此在第 32 行调用 tracer()函数来禁用追踪,即完全关闭绘图的动画效果,以尽可能加快颜色表的显示速度。程序运行的效果如图 6-2 所示。

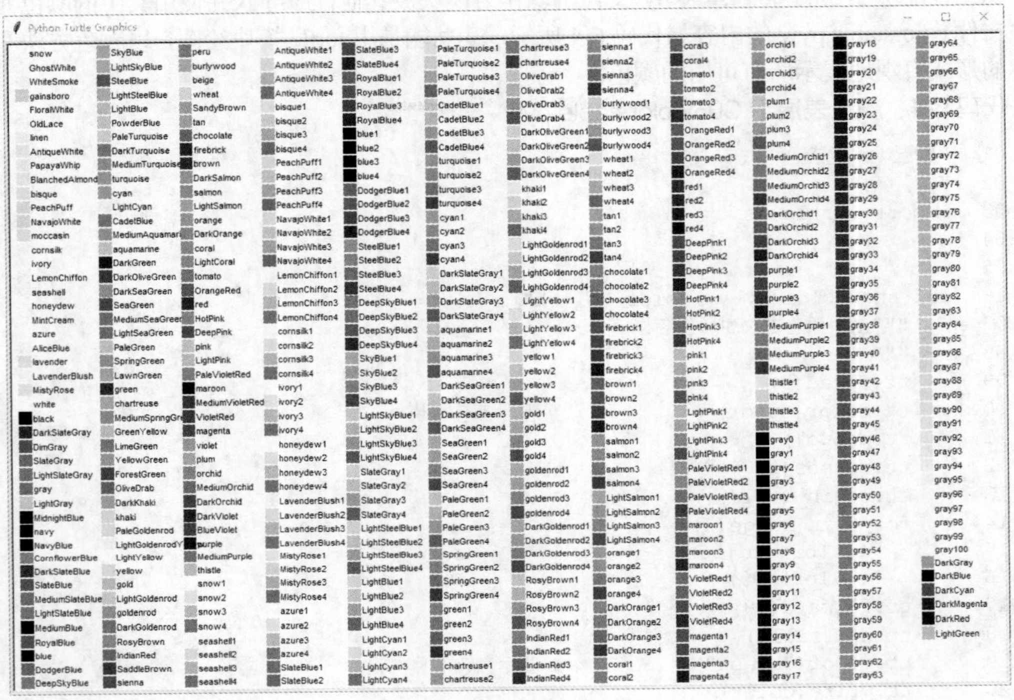

图 6-2 颜色名称展示效果

有关 Python 内置序列类型就介绍到这里。Python 标准库和第三方库还提供了许多其他序列类型,读者可以在需要时再深入了解。

思考与练习

1. Python 有哪些一般序列操作?
2. Python 有哪些可变序列操作?
3. 列表有哪些特有的操作?
4. 列表与元组有什么共性和差异?
5. 编写程序,将用户输入的以空格分隔的多个条目以顿号并列的形式打印出来。

示例输入如下。

韩国 日本 美国 中国

示例输出如下。

韩国、日本、美国和中国

6. 给定一个学生成绩列表 grades，其中每一项为学号和 3 门课程成绩组成的四元组。示例代码如下。

```
grades = [
    ("202001", 85, 92, 73),
    ("202002", 68, 70, 53),
    ("202003", 72, 58, 77),
    ("202004", 95, 89, 91),
    ("202005", 65, 73, 89)]
```

要求按总成绩从高到低排序打印输出，如下所示。

```
202004 95 89 91 275
202001 85 92 73 250
202005 65 73 89 227
202003 72 58 77 207
202002 68 70 53 191
```

第7章 映射与集合

"集合"是由不重复的元素组成的无序多项集。在 Python 中有两种内置集合类型,分别属于可变对象与不可变对象。"映射"是编程语言中的另一个抽象概念,Python 中的内置映射类型只有一种——字典,可以将字典看作由键值对构成的集合。

本章主要涉及以下几个知识点。
- 映射与集合的概念与联系。
- 字典类型的使用。
- 集合类型的使用。

7.1 字典类型

本节介绍 Python 中的字典类型。与具有连续整数索引的序列不同,字典中的元素是通过键来访问的。

7.1.1 字典的构建

"字典"(dict)是 Python 提供的又一种十分常用的容器数据类型。自然语言的字典所包含的是一个个字词与它所对应的释义,Python 的字典所包含的则是一个个"键"(Key)与它所对应的"值"(Value)。Python 字典用一对花括号表示,其中有多个"键值对",键和值之间用冒号分隔,键值对之间用逗号分隔。

键在一个字典中具有唯一性,其作用就相当于序列中的索引。与索引号只能是整数不同,任何不可变对象都能作为字典的键(通常会使用字符串)。例如,以下交互创建了一个以电话区号为键、城市名为值的字典。

```
In [1]: d1 = {"010":"北京", "021":"上海", "022":"天津"}   # 包含3个元素的字典

In [2]: d1
Out[2]: {'010': '北京', '021': '上海', '022': '天津'}

In [3]: d1["021"]
Out[3]: '上海'
```

如果需要创建空字典,可以使用不包含任何内容的花括号对,或者不带参数地调用 dict 类型构造器。示例代码如下。

```
In [4]: d2 = {}    # 空字典

In [5]: type(d2)
Out[5]: dict

In [6]: d2 = dict()

In [7]: d2
Out[7]: {}
```

字典类型不属于序列，而是属于"映射"（Mapping），即字典当中所保存的条目是从键到值彼此一一对应的关系。字典是一种可变对象，可以用赋值的方式直接修改其中的元素。字典还允许给原本不存在的键赋值，即添加新元素。示例代码如下。

```
In [8]: d1["020"] = "广州"    # 在字典中添加新元素

In [9]: d1
Out[9]: {'010': '北京', '021': '上海', '022': '天津', '020': '广州'}
```

可以看到新添加的元素会排在末尾。不过字典不支持（如序列那样）通过序号进行抽取和切片的操作，因此元素的排列顺序不是很重要。使用 del 语句可以删除字典元素，被删除的元素再次添加时将排在末尾。示例代码如下。

```
In [10]: del d1["022"]    # 在字典中删除元素

In [11]: d1
Out[11]: {'010': '北京', '021': '上海', '020': '广州'}

In [12]: d1["022"] = "天津"

In [13]: d1
Out[13]: {'010': '北京', '021': '上海', '020': '广州', '022': '天津'}
```

> **小提示**　字典元素按添加顺序排列是 Python 3.6 新增的语言特性。在之前的版本中，新添加的元素并不一定会排在末尾。

字典作为有限个元素所组成的多项集，同样允许使用 len() 函数来获取元素的数量。示例代码如下。

```
In [14]: len(d1)
Out[14]: 4
```

以下是多种不可变对象作为字典键的例子。请注意，一个字典键的实际值是不允许发生变化的。如果一个不可变的容器对象（如元组）只包含字符串、数字或元组，那么这个元组也可以作为键；而如果一个元组直接或间接地包含了可变对象，那么它就不能作为键。

```
In [15]: d2 = {0:123, "":"123", ():(1, 2, 3)}

In [16]: d2
Out[16]: {0: 123, '': '123', (): (1, 2, 3)}
```

字典也是一种可迭代对象，直接迭代字典得到的是键。字典如果直接转成列表或元组等序列类型，将只保留键作为元素。字典作为容器也支持用 in 做成员检测，这同样只是检测其中是否存在特定的键。示例代码如下。

```
In [17]: list(d1)    # 字典转为列表
```

```
Out[17]: ['010', '021', '022', '020']

In [18]: "021" in d1
Out[18]: True

In [19]: "上海" in d1
Out[19]: False
```

一些函数会以字典作为返回值,如内置函数 globals()可以返回当前全局变量字典。示例代码如下。

```
In [20]: globals()    # 查看全局变量
Out[20]:
{'__name__': '__main__',
 '__doc__': 'Automatically created module for IPython interactive environment',
 '__package__': None,
 '__loader__': None,
 '__spec__': None,
 '__builtin__': <module 'builtins' (built-in)>,
 '__builtins__': <module 'builtins' (built-in)>,
 ...（以下省略）...
```

另一个内置函数 locals()则是返回局部变量字典。以下交互中使用 locals()函数获取了函数中的局部变量字典。

```
In [21]: def test():
    ...:     a = 0
    ...:     print(locals())    # 查看局部变量

In [22]: test()
{'a': 0}
```

请注意,如果是在模块层级上调用 locals()函数,则其与 globals()函数所返回的字典相同。

7.1.2 字典专属操作

字典类型还支持一些专属的操作。在开始练习这些操作之前,读者可以尝试用另一种方式创建字典:向 dict()构造器传入一个以键值二元组为元素的列表。示例代码如下。

```
In [1]: d1 = dict([("010", "北京"), ("021", "上海"), ("022", "天津"), ("020", "广州")])

In [2]: d1
Out[2]: {'010': '北京', '021': '上海', '022': '天津', '020': '广州'}
```

字典对象有 3 个常用方法 keys()、values()和 items(),分别返回字典键、值和键值二元组的容器对象。示例代码如下。

```
In [3]: d1.keys()         # 键视图
Out[3]: dict_keys(['010', '021', '022', '020'])

In [4]: d1.values()       # 值视图
Out[4]: dict_values(['北京', '上海', '天津', '广州'])

In [5]: d1.items()        # 键值对视图
Out[5]: dict_items([('010', '北京'), ('021', '上海'), ('022', '天津'), ('020', '广州')])
```

以上 3 个方法所返回的容器对象被称为"视图"(View),它的元素会随着字典的改变而动态改变。字典视图支持迭代和成员检测。以下 6 号交互使用字典视图生成相应的列表，7 号交互使用 for 循环格式化输出字典的键和值。

```
In [6]: list(d1.items())
Out[6]: [('010', '北京'), ('021', '上海'), ('022', '天津'), ('020', '广州')]

In [7]: for k, v in d1.items():
   ...:     print(f"{k}: {v}")
010: 北京
021: 上海
022: 天津
020: 广州
```

7.1.1 节中使用方括号指定键的方式可以返回元素的值，但如果所指定的键不存在则会导致报错，因此推荐使用字典专属的 get() 方法来取值（当键不存在时返回 None 或是指定的默认值）。示例代码如下。

```
In [8]: d1.get("023", "无")
Out[8]: '无'
```

字典还提供了 setdefault() 方法用于元素初始赋值（当键不存在时，添加键并赋指定的默认值，否则保持原值不变）。示例代码如下。

```
In [9]: d1.setdefault("023", "重庆")   # 字典元素赋初值
Out[9]: '重庆'

In [10]: d1
Out[10]: {'010': '北京', '021': '上海', '022': '天津', '020': '广州', '023': '重庆'}

In [11]: d1.setdefault("023", "重庆市")
Out[11]: '重庆'

In [12]: d1
Out[12]: {'010': '北京', '021': '上海', '022': '天津', '020': '广州', '023': '重庆'}
```

对于从字典中取出指定值，推荐使用 pop() 方法。该方法通过传入指定键来移除元素并返回其值，当键不存在时则报错或是返回指定的默认值。示例代码如下。

```
In [13]: d1.pop("010")   # 弹出字典元素值
Out[13]: '北京'

In [14]: d1.pop("010", "无")
Out[14]: '无'
```

与 pop() 方法类似的还有一个 popitem() 方法。该方法没有参数，调用时会移除字典末尾元素并返回一个键值对元组，适用于对字典进行消耗性的迭代。示例代码如下。

```
In [15]: d1.popitem()   # 弹出字典元素
Out[15]: ('023', '重庆')

In [16]: d1
Out[16]: {'021': '上海', '022': '天津', '020': '广州'}
```

> **小提示**　popitem() 方法移除字典的末尾元素键值对是 Python 3.7 新增的语言特性，在之前的版本中则会移除一个任意键值对。

7.1.3 字典推导式

第 6 章介绍过列表推导式，字典推导式的格式同列表推导式类似：将基于 for 循环迭代所产生的键值对，外面加一层花括号就构成了字典推导式。

以下交互创建了一个以整数为键、以整数的平方为值的字典。

```
In [1]: {x:x**2 for x in range(8)}
Out[1]: {0: 0, 1: 1, 2: 4, 3: 9, 4: 16, 5: 25, 6: 36, 7: 49}
```

字典推导式使用的可迭代对象通常是以二元组作为元素，分别用作键和值。例如，以下交互调用了内置的 enumerate() 函数，创建将数字映射到中文星期的字典。

```
In [2]: weekday="星期日","星期一","星期二","星期三","星期四","星期五","星期六"

In [3]: {k:v for k,v in enumerate(weekday)}
Out[3]: {0: '星期日', 1: '星期一', 2: '星期二', 3: '星期三', 4: '星期四', 5: '星期五', 6: '星期六'}
```

以下交互使用字典推导式，从一个将"学号"映射到"分数"的字典中筛选出分数大于等于 60 的项，并创建一个新的字典。

```
In [4]: d = {"001": 76, "002": 83, "003": 52, "004": 91}

In [5]: {k: v for k, v in d.items() if v >= 60}
Out[5]: {'001': 76, '002': 83, '004': 91}
```

以下交互使用内置的过滤器函数 filter() 实现同样的筛选功能。该函数指定一个过滤函数，从一个可迭代对象中筛选出过滤函数返回真值的项，再转换为字典。

```
In [6]: dict(filter(lambda i: i[1]>=60, d.items()))
Out[6]: {'001': 76, '002': 83, '004': 91}
```

> **小提示**　filter 也是一种数据类型，被称为"迭代器"的特殊可迭代对象。本书将在 10.2.2 节中进行详细介绍。

实例 7-1　字符统计

本节的实例是字符统计，即统计一段文本（"Python 之禅"）中每个英文字母出现的次数（不区分大小写）。具体的计数功能主要是用字典的 setdefault() 方法来实现，程序文件的内容如代码 7-1 所示。

微视频：字符统计

代码 7-1　字符统计 C07\char_count.py

```
01  """字符统计
02  执行脚本并从标准输出读取文本，统计其中每个英文字母出现的次数（不区分大小写）
03  """
04  import subprocess as sp
05  import string
06  
07  
08  def main():
09      # 在子进程中运行 this 模块
10      p = sp.Popen("python -m this", shell=True, text=True, stdout=sp.PIPE)
11      d = {}
12      while True:
13          line = p.stdout.readline()          # 从子进程的标准输出逐行读取数据
```

```
14          if not line:                         # 读到空值则中断循环结束读取
15              break
16          for c in line.lower():
17              if c in string.ascii_letters:    # 如果字符为英文字母则更新频度字典
18                  d.setdefault(c, 0)
19                  d[c] += 1
20      # 根据频度字典键值对视图生成按值大小降序排列的二元组列表
21      result = sorted(d.items(), key=lambda i: i[1], reverse=True)
22      cnt = 0
23      for k, v in result:                      # 打印键值对，每行 5 项
24          print(f"{k}: {v:>2}", end="\t")
25          if cnt % 5 == 4:
26              print()
27          cnt += 1
28      print()
29
30
31  if __name__ == "__main__":
32      main()
```

对实例程序中关键语句的说明如下。

❑ 第 10 行使用了 subprocess 模块的 Popen 类型构造器，在子进程中调用 python 命令执行 this 模块。结果不是打印到屏幕，而是重定向到"管道"中以实现进程之间的通信。

❑ 第 11 行创建空的字符频度字典。

❑ 第 12 行开始执行循环，从子进程的标准输出逐行读取数据，读到表明输出结束的空值则中断循环。

❑ 第 17 行检查字符是否为英文字母，如果是就执行第 18 行 setdefault()方法为字典中以该字符为键的元素设置默认值 0，并执行第 19 行令该值自增 1——这样当一个字符首次出现时计数值为 1，再次出现时 setdefault()方法将不起作用，计数值自增 1 变为 2，依此类推。当循环结束时字典中的键值对就会是所有字符及其出现次数。

❑ 第 21 行根据字符频度字典键值对视图生成按值大小降序排列的二元组列表。

❑ 第 23 行开始通过循环打印键值对，每打印 5 个换行一次。

字符统计程序输出效果如图 7-1 所示。

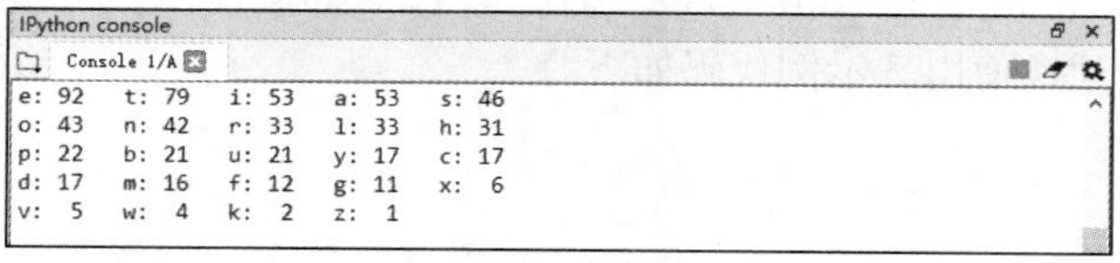

图 7-1　字符统计程序输出效果

7.2　集合类型

集合是由不重复的元素所组成的无序多项集。Python 提供 set 和 fronzenset 2 种内置集合类型，其中，前者是可变对象，后者是不可变对象。

7.2.1　普通集合 set

如果用花括号括起来的不是键值对而是单一对象，所定义的就是一个"集合"（set）。花括号和 set 构造器都可以用来创建集合，但请注意：如前文所述，用无内容花括号对"{}"创建的是

空字典，创建空集合必须调用 set()构造器。集合中的元素是无序的，不记录元素位置，也不支持索引和切片等序列操作。与其他多项集一样，集合也支持 len()函数、成员检测以及迭代操作。

集合中的元素必须是不可变对象且不可重复。在编程中常会把列表和元组等对象转为集合，这种操作的作用是去除其中的重复元素。以下交互将字符串拆分为列表再转为集合，使得每种单词形式只保留一个。

```
In [1]: txt = "Good good study day day up"

In [2]: set(txt.split())    # 创建单词集合
Out[2]: {'Good', 'day', 'good', 'study', 'up'}
```

Python 中的集合类型实际上就相当于数学中的集合概念，可以进行"交"（&）"并"（|）"差"（-）和"对称差"（^）等集合运算。示例代码如下。

```
In [3]: {1, 2, 3, 4} & {3, 4, 5, 6}      # 交集
Out[3]: {3, 4}

In [4]: {1, 2, 3, 4} | {3, 4, 5, 6}      # 并集
Out[4]: {1, 2, 3, 4, 5, 6}

In [5]: {1, 2, 3, 4} - {2, 3}            # 差集
Out[5]: {1, 4}

In [6]: {1, 2, 3, 4} ^ {3, 4, 5, 6}      # 对称差集，即不同时存在于两个集合的元素集
Out[6]: {1, 2, 5, 6}
```

集合也支持比较运算。请注意数字类型遵循数值比较规则，并且如果两个数字相等，则同一集合中只能包含其中一个。示例代码如下。

```
In [7]: {1} == {1.0}
Out[7]: True

In [8]: {1} <= {2.0, 1.0}
Out[8]: True
```

在数学术语中，如果集合 A 小于等于集合 B，则称 A 是 B 的子集（subset），B 是 A 的超集（superset）。集合类型还为以上集合的算术与逻辑运算提供了对应的方法：intersection（交）、union（并）、difference（差）、symmetric_difference（对称差）、issubset（是否子集）、issuperset（是否超集），可与运算符形式互换使用。示例代码如下。

```
In [9]: s_abc = {"a", "b", "c"}

In [10]: s_abc.issubset({"a", "b", "c", "d"})
Out[10]: True

In [11]: s_abc.issubset(s_abc)
Out[11]: True
```

以上交互表明一个集合是自身的子集，也是自身的超集。如果想判断一个集合是否是另一个集合的"真子集"，则可以使用小于运算符。示例代码如下。

```
In [12]: s_abc < {"a", "b", "c", "d"}
Out[12]: True

In [13]: s_abc < s_abc
Out[13]: False
```

需要注意的是，集合的大小比较并不能推广为完全排序。任意两个非空且不相交的集合都不相等且互不为对方的子集，因此以下所有比较均返回假值。

```
In [14]: {1, 2, 3} > {"一", "二", "三"}
Out[14]: False

In [15]: {1, 2, 3} == {"一", "二", "三"}
Out[15]: False

In [16]: {1, 2, 3} < {"一", "二", "三"}
Out[16]: False
```

7.2.2　冻结集合 frozenset

Python 实际上提供了 2 种内置集合类型——"集合"（set）和"冻结集合"（frozenset）：set 类型是可变的，允许添加或移除其中的元素；frozenset 类型是不可变的，不允许添加或移除其中的元素。

创建 frozenset 必须使用 fronzenset()构造器，对象的值也会显示为 fronzenset()构造器带普通集合字面值的形式。示例代码如下。

```
In [1]: s = {1, 2, 3}

In [2]: fs = frozenset(s)   # 创建冻结集合

In [3]: fs
Out[3]: frozenset({1, 2, 3})
```

由于 frozenset 是不可变对象，因此适用于作为其他集合的元素或是字典的键等场合。以下交互就是在现有集合中添加了一个冻结集合。

```
In [4]: s.add(fs)

In [5]: s
Out[5]: {1, 2, 3, frozenset({1, 2, 3})}
```

最后需要说明的是，字典与集合存在相通之处，读者可以将字典理解为由键值对组成的集合——从这个意义上说，字典也是由不重复的元素所组成的无序多项集。字典键与集合项的"不重复"都是基于相同的判断规则，类型不同，但值相等的数字将会被视为重复项。例如，以下交互中以 1.0 和 1 作为字典键，只会保留最先指定的键以及最后指定的值。

```
In [6]: {1.0: float, 1: int}
Out[6]: {1.0: int}
```

Python 解释器是通过"哈希"（Hash）运算来快速比较字典键与集合项的。哈希运算也称"散列运算"，会根据给定数据创建一个"数字指纹"，相同数据的哈希值总是会保持一致——基于这样的规则，任何可变对象都是不可哈希的，因此不能用作字典键与集合项。使用内置的 hash()函数可以返回一个不可变对象的哈希值。示例代码如下。

```
In [7]: hash(1.0)
Out[7]: 1

In [8]: hash(1)
Out[8]: 1

In [9]: hash("abc")
```

```
Out[9]: 4655864080075747587

In [10]: hash("")
Out[10]: 0

In [11]: hash(False)
Out[11]: 0
```

> **小提示** 哈希运算在计算机中的应用很广泛,如它可以检查一个文件的内容是否被修改,或是用来确定在数据传输中是否发生了错误。

7.1.3 节介绍过字典推导式,而如果将输出键值对改为输出单一值,字典推导式就变成了"集合推导式"。例如,以下交互从集合 s 中筛选出类型为整数的元素,并组成新的集合。

```
In [12]: {i for i in s if type(i)==int}
Out[12]: {1, 2, 3}
```

实例 7–2 数字组合

本节的实例是用给定的 4 个数字 0、1、2、3 组合出所有互不相同且无重复数字的三位数。这是一个排列组合题,有多种情况需要考虑,利用集合中元素不可重复的特性,能够方便地排除不符合要求的组合。程序文件 digits.py 的内容如代码 7-2 所示。

代码 7-2 数字组合 C07\digits.py

```
01  """数字组合
02  用 4 个数字 0、1、2、3 组合出所有互不相同且无重复数字的三位数,从小到大打印输出
03  """
04
05
06  def main():
07      digits = [0, 1, 2, 3]
08      result = []
09      # 使用三重循环列出所有可能的 3 个数字组合
10      for i in digits:
11          for j in digits:
12              for k in digits:
13                  # 根据数字组合创建集合,确定满足条件的三位数加入结果列表
14                  if len(set([i, j, k])) == 3 and i != 0:
15                      result.append(i * 100 + j * 10 + k)
16      # 通过序列切片每行打印 10 项
17      for i in range(len(result) // 10 + 1):
18          print(*result[i * 10: i * 10 + 10])
19
20
21  if __name__ == "__main__":
22      main()
```

对实例程序中关键语句的说明如下。

❑ 第 10 行起使用三重循环列出所有可能的 3 个数字组合。

❑ 第 14 行根据 3 个数字组合创建集合。如果不存在重复数字则集合长度就会等于 3;如果第一个数字不为 0 则能组成三位数;两个条件同时满足的数字组合满足题目要求。

❑ 第 15 行根据数字组合生成三位数并加入结果列表。循环结束后即得到所有符合条件的且从小到大排列的数字(如果要以其他方式排序,就再调用 sort()方法)。

❑ 第 17 行开始使用另一种技巧进行分行打印:首先通过整除得到行数,然后每轮循环中生

成每行对应的切片并解包为 print() 函数的多个参数。

程序最终输出结果如下。

```
102 103 120 123 130 132 201 203 210 213
230 231 301 302 310 312 320 321
```

实例 7-3　绘制分形植物

微视频：绘制分形植物

> **L 系统**
>
> "L 系统"是由匈牙利生物学家林登麦伊尔（Lindenmayer）于 1968 年提出的有关生长发展中的细胞交互作用的数学模型，目前被用来模拟各种生物体的形态，也能用于生成任何自相似的分形结构。以下 L 系统描述定义了一株分形植物。
>
> ```
> 变量：X F
> 常量：+ - [ ]
> 初始：X
> 规则：(X → F-[[X]+X]+F[+FX]-X), (F → FF)
> 角度：25°
> ```
>
> X 只用于迭代，F 是画线段，+ 是右转，- 是左转，方括号表示入栈和出栈。本实例程序就是使用上述规则来绘制图形的，可以用交互模式导入模块并测试每次迭代的结果。示例代码如下。
>
> ```
> In [1]: from plant import generate
>
> In [2]: generate(0)
> Out[2]: '[X]'
>
> In [3]: generate(1)
> Out[3]: '[FF-[[X]+X]+FF[+FFX]-X]'
>
> In [4]: generate(2)
> Out[4]:
> '[FFFF-[[FF-[[X]+X]+FF[+FFX]-X]+FF-[[X]+X]+FF[+FFX]-X]+ FFFF[+FFFFFF-[[X]+ X]+FF[+FFX]-X]-FF-[[X]+X]+FF[+FFX]-X]'
> ```
>
> 如果迭代 6 次，所生成的字符串已长达 31209 个字符——简单的规则产生了复杂的结果。

本节的实例是基于"L 系统"，使用 turtle 模块来绘制一株"分形植物"。程序文件 drawplant.pyw 的内容如代码 7-3 所示。

代码 7-3　绘制分形植物 C07\drawplant.pyw

```
01  """绘制使用 L 系统模拟的分形植物
02  """
03  import turtle as tt
04
05
06  def generate(n, result="[X]"):
07      """传入迭代次数和初始值返回结果值
08      """
09      rules = {
10          "X": "F-[[X]+X]+F[+FX]-X",
11          "F": "FF"}
12      # 在迭代中使用规则字典对字符串执行查找替换
```

```python
13      for _ in range(n):
14          for k, v in rules.items():
15              result = result.replace(k, v)
16      return result
17  
18  
19  def draw(cmds, size=2):
20      """传入结果值和线段长度绘制图形"""
21      """
22      stack = []                      # 模拟栈的列表
23      for cmd in cmds:                # 根据命令字符执行相应操作
24          if cmd == "F":
25              tt.forward(size)
26          elif cmd == "-":
27              tt.left(25)
28          elif cmd == "+":
29              tt.right(25)
30          elif cmd == "X":
31              pass
32          elif cmd == "[":
33              stack.append((tt.position(), tt.heading()))
34          elif cmd == "]":
35              position, heading = stack.pop()
36              tt.penup()
37              tt.setposition(position)
38              tt.setheading(heading)
39              tt.pendown()
40      tt.update()
41  
42  
43  def main():
44      tt.TurtleScreen._RUNNING = True
45      tt.hideturtle()
46      tt.tracer(0)
47      tt.color("green")
48      tt.speed(0)
49      tt.left(60)
50      tt.pensize(2)
51      tt.penup()
52      tt.goto(-tt.window_width()/3, -tt.window_height()/3)
53      tt.pendown()
54      plant = generate(6)
55      draw(plant)
56      tt.exitonclick()       # 在窗口上单击鼠标时退出
57  
58  
59  if __name__ == "__main__":
60      main()
```

对实例程序中关键语句的说明如下。

❑ 第 6 行起定义生成迭代结果函数 generate()，传入迭代次数和初始字符串，返回迭代结果字符串。该函数使用一个字典来描述 L 系统的替换规则。因为只有两条规则，写两次 replace() 方法也行，但用字典会使程序更灵活。

❑ 第 19 行起定义绘图函数 draw()，传入结果字符串和单位线段长度，使用 turtle 模块绘制图形。该函数使用列表实现了一个名为的"栈"（Stack）的数据结构——栈的关键性质在于其中的元素是"后进先出"（Last In First Out，LIFO）的。列表对象可以调用 append() 方法在末尾添加元素（入栈），pop()方法将末尾的元素取出（出栈）。

❏ 第 43 行起定义主函数 main()，调用 generate()函数和 draw()函数，第 56 行中使用了 turtle 模块的 exitonclick()函数。当绘图完成后，用鼠标单击窗口，将会退出主事件循环。

绘制分形植物程序运行效果如图 7-2 所示。

图 7-2　绘制分形植物程序运行效果

读者还可以继续改进输出结果的函数，如增加一个规则参数，在调用时传入特定的规则字典，就能画出各种不同的分形图案。

至此，本书已完成对 Python 内置的各种容器数据类型的讲解。在接下来的章节中，读者将接触到更多 Python 标准库模块所提供的实用功能。

思考与练习

1．Python 有哪些内置映射类型？
2．Python 有哪些内置集合类型？
3．字典有哪些专属的操作？
4．字典与集合有哪些相通之处？
5．编写一个条目计数程序。要求输入以空格分隔的条目（其中可能存在重复），输出条目名称和对应数量，按数量从多到少排序。

示例输入如下。

```
牛 牛 鸡 猪 马 鸡 羊 羊 马 羊 牛 羊 猪
```

示例输出如下。

```
羊：4
牛：3
鸡：2
猪：2
马：2
```

6．编写一个程序，输出同时掷出两个骰子所有可能的结果组合。注意结果组合不能重复，例如 1、2 和 2、1 为同一组合，不应重复输出。

输出应如下所示。

```
1+1, 1+2, 1+3, ...
```

第 8 章 文件与目录

程序运行时所创建的对象都存储在计算机的内部存储器中，它们在程序结束时就会被销毁；文件则存储在外部存储器中，能够长期保存各种数据，并在需要时读取到内存加以处理。操作系统使用多层级的目录结构来组织和管理文件，Python 可以通过一些系统类模块实现文件的批量自动化操作。

本章主要涉及以下几个知识点。
- 文件的读取和写入。
- 文本的编码处理、字节数据和对象序列化的概念。
- 目录系统的操作。
- 使用正则表达式实现高效的文本模式匹配。

8.1 文件的使用

计算机用户对于文件的概念应该已经十分熟悉，在之前的章节中也多次接触过涉及文件操作的程序。本节将进一步介绍 Python 文件对象的使用细节。

8.1.1 文件的读写操作

一个文件总是保存于特定的目录（或称文件夹）之中，读者可以先使用之前介绍过的 os 模块来新建一个目录。以下语句导入 os 模块并调用 os.getcwd()函数查看当前工作目录——这里 Spyder 已自动打开练习项目 pyAbc，当前目录应为练习项目的主文件夹。

```
In [1]: import os

In [2]: os.getcwd()    # 获取当前工作目录
Out[2]: 'D:\\pyAbc'
```

下面的 3 号交互中的语句调用 os.makedirs()函数在当前目录下创建名为 C08 的子目录，4 号交互中调用 os.path.exists()函数确认 C08 目录创建成功，此函数可以判断任意路径（包括目录和文件）是否存在。

```
In [3]: os.makedirs("C08")          # 创建目录

In [4]: os.path.exists("C08")       # 路径是否存在
Out[4]: True
```

接下来的 5 号交互定义了一段文本，6 号交互在 C08 目录下创建文件 zen.txt 并写入文本。

```
In [5]: zen = """Beautiful is better than ugly.
   ...: Explicit is better than implicit.
   ...: """

In [6]: with open("C08/zen.txt", "w") as f:  # 以写入模式打开文件
   ...:     f.write(zen)
```

用于打开文件的 open() 函数会返回一个"文件对象"，调用文件对象的方法即可对文件进行操作，如 write() 方法写入数据，read() 方法读取数据。调用 open() 函数时必须传入一个指定文件路径的参数，还可传入第二个参数指定打开模式，例如，6 号交互中字符 "w" 表示写入模式，在此模式下如果指定文件不存在会创建一个新的空文件。

以下 8 号交互改用追加模式打开文件，这时调用 write() 方法就是在文件末尾写入新的文本。

```
In [7]: zen = """Simple is better than complex.
   ...: Complex is better than complicated.
   ...: """

In [8]: with open("C08/zen.txt", "a") as f:  # 以追加模式打开文件
   ...:     f.write(zen)
```

可在 open() 函数的打开模式参数中使用的字符如表 8-1 所示。

表 8-1　　　　　　　　　　　　　　　文件的打开模式

模式字符	含义
'r'	读取（默认模式），文件不存在则报错
'w'	写入，文件不存在则创建，文件已存在则清空
'x'	新建，文件不存在则创建，文件已存在则报错
'a'	追加，文件不存在则创建，文件已存在则在末尾写入
'b'	二进制模式，以字节为处理单位，无需编码和解码
't'	文本模式（默认模式），以字符为处理单位，需要编码和解码
'+'	允许读取和写入

表 8-1 中前 4 个字符 r/w/x/a 属于基本模式，后 3 个字符 b/t/+ 为不可单独使用的附带模式。模式参数如果省略，则默认取值为 "rt"，即最常见的应用场景——以文本模式读取文件中的数据。示例代码如下。

```
In [9]: with open("C08/zen.txt") as f:  # 以读取模式打开文件
   ...:     zen = f.read()
   ...:     print(zen)
Beautiful is better than ugly.
Explicit is better than implicit.
Simple is better than complex.
Complex is better than complicated.
```

下面的 10 号交互首先定义了新的文本变量，然后以读写模式打开文件。

```
In [10]: zen = """优美胜于丑陋
   ...: 明白胜于隐晦
   ...: 简洁胜于繁复
   ...: 繁复胜于艰深
   ...: """
```

```
In [11]: with open("C08/zen.txt", "w+") as f:
    ...:     f.write(zen)
    ...:     f.seek(0)
    ...:     zen = f.read(13)
    ...:     print(zen)
优美胜于丑陋
明白胜于隐晦
```

以上 11 号交互的 open()函数打开文件时，先清空原有内容，再进行读写。请注意 with 语句体中 write()方法执行后，"当前读写位置"将是文件末尾，因此需要使用 seek()方法找到位置 0（即文件开头），否则后面的代码将读取不到内容。另外调用 read()方法时传入的参数"13"表示要读取的数据项数，在文本模式下也就是读取 13 个字符——第一行 6 个汉字和 1 个换行符，再加第二行 6 个汉字。

8.1.2 字节与数据编码

本节的练习将尝试使用不同于文本模式的二进制模式打开之前的文本文件。以下 1 号交互调用 open()函数时传入模式参数"rb"表示要读取二进制数据；2 号交互调用 read()方法读取数据；请注意这次的文件操作没有在 with 语句中进行，因此 3 号交互调用 close()方法来及时关闭文件对象。

```
In [1]: f = open("C08/zen.txt", "rb")   # 以二进制读取模式打开文件

In [2]: b = f.read()

In [3]: f.close()
```

读者如果查看所读取的值，可以发现它并非字符串，而是带有前缀字母 b、以字节为元素的"字节串"（bytes），显示为基本西文字符或者转义符号；数据项数也不是字符串所应有的 28，而是更多。以下交互所输出的是在 Windows 系统下数据的长度和前 16 项的值（在其他系统中这些数据有可能不一样）。

```
In [4]: len(b)
Out[4]: 56

In [5]: b[:16]
Out[5]: b'\xd3\xc5\xc3\xc0\xca\xa4\xd3\xda\xb3\xf3\xc2\xaa\r\n\xc3\xf7'
```

计算机在存储和传输数据时都以 8 个二进制位组成的字节作为基本单位，所有非文本数据因为不能被解读为有意义的文本，所以都应当以二进制模式来处理；对于文本数据来说，由于存在数以万计的不同字符，而一个字节只有 256 种取值，因此需要规定某种"字符编码格式"（Encoding），以多个字节来表示一个字符。

字符串调用 encode()方法可被"编码"为字节串，字节串调用 decode()方法则可"解码"为字符串。以下代码使用中文版 Windows 系统默认的"扩展国标码"（GBK）来解码数据。

```
In [6]: b.decode("gbk")
Out[6]: '优美胜于丑陋\r\n明白胜于隐晦\r\n简洁胜于繁复\r\n繁复胜于艰深\r\n'
```

可以看到实际存储的字节串不仅有特定的编码，而且使用不一样的换行符，这些在以二进制模式读写文本文件时都需要专门的处理，而文本模式则会根据系统设置自动解决此类问题。

字节串中保存的内容其实就是单个字节所能表示的数值 0~255。以下交互向 bytes()构造器传入码位值列表来生成相应的字节串，不带参数调用构造器则是返回空字节串。

```
In [7]: bytes([65, 66, 67])    # 构造字节串
Out[7]: b'ABC'

In [8]: bytes()
Out[8]: b''
```

通过专门的"内存视图"（memoryview）类型可以访问字节串对象的内部数据，看到其中所保存的实际数值。

```
In [9]: v = memoryview(b"ABC")    # 构造内存视图

In [10]: v[-1]
Out[10]: 67
```

除了属于不可变对象的字节串，Python 还提供了一种可变的"字节数组"（bytearray）类型，这种对象需要通过调用 bytearray()构造器来创建。普通字节串与 bytearray 对象可以在操作中混合使用而不会导致错误，以下交互演示了 bytearray 对象的基本使用。

```
In [11]: bytearray("abc 一二三".encode("utf-8"))    # 构造字节数组
Out[11]: bytearray(b'abc\xe4\xb8\x80\xe4\xba\x8c\xe4\xb8\x89')

In [12]: b = bytearray("abc 一二三".encode("utf-8"))

In [13]: b[0:3] = b"xyz"

In [14]: b
Out[14]: bytearray(b'xyz\xe4\xb8\x80\xe4\xba\x8c\xe4\xb8\x89')
```

Python 的 open()函数会使用所在操作系统默认的字符编码格式来进行文本编码和解码，当以文本模式打开文件时自动将所读入的字节串解码为字符串，而在写入文件时自动将字符串编码为字节串。实际上，任何文本编辑器在读写文件时都会进行这样的操作，如 Spyder 窗口底部的状态栏中就有一项显示了当前文件所使用的字符编码。此外读者可能会注意到某些 Python 程序文件的第一行或第二行有如下一条注释。

```
# -*- coding: utf-8 -*-
```

这样的注释称为"编码声明"，可以辅助编辑器来确定文件所使用的编码，如在 Spyder 中新建的程序文件就会自动加上编码声明。Spyder 所使用的字符编码格式是"8 位通用转换格式"（UTF-8），而这也是 str.encode()和 bytes.decode()方法默认的字符编码格式。以下交互中的 encode()方法传入参数指定编码格式为 UTF-8，由于是默认值实际上这时无需指定此参数。

```
In [15]: "ABC 一二三".encode("utf-8")    # 字符串编码
Out[15]: b'ABC\xe4\xb8\x80\xe4\xba\x8c\xe4\xb8\x89'
```

以下交互中的 encode()方法指定使用 GBK 编码格式。

```
In [16]: "ABC 一二三".encode("gbk")
Out[16]: b'ABC\xd2\xbb\xb6\xfe\xc8\xfd'
```

通过比较字节串的长度，可以看到对于每个汉字，UTF-8 使用三字节编码，而 GBK 使用两字节编码。两个字节共有 16 个二进制位，理论上可以表示 65536 种不同字符，这对中文来说基本足够，并且比 UTF-8 节省三分之一的空间。对于中文编码，UTF-8 和 GBK 是最常用的两种选择。以下交互分别使用默认的 UTF-8 和 GBK 解码对应的字节串。

```
In [17]: b'ABC\xe4\xb8\x80\xe4\xba\x8c\xe4\xb8\x89'.decode()    # 字节串解码
Out[17]: 'ABC 一二三'
```

```
In [18]: b'ABC\xd2\xbb\xb6\xfe\xc8\xfd'.decode("gbk")
Out[18]: 'ABC一二三'
```

如果编码和解码使用的编码格式不对应，就会出现"乱码"。由于在现实中存在大量不同的字符编码格式，不论是处理文件还是浏览网页都有可能看到乱码，但只要熟悉以上原理就不难解决这种问题。如果要编写 Python 程序来处理包含大字符集的文件，推荐在调用 open()函数时显式指定关键字参数"encoding="utf-8""，以确保使用统一的编码格式。

> **小提示** 如果想要查看所有可用的字符编码格式，请访问 Python 官方文档中标准库 codecs 模块的说明页面。

在另外一些应用场景下，也可能需要将二进制数据按特定规则以不同的符号来表示。Base64 就是一种常用的二进制数据编码格式，它使用 64 个可打印 ASCII 字符来表示二进制数据。Python 标准库提供了一个 base64 模块来实现相关的编码和解码操作，如以下交互使用 base64.b64encode() 函数将一个字节串编码为 Base64 格式的字符串。

```
In [19]: import base64

In [20]: base64.b64encode(b"https://www.qq.com")
Out[20]: b'aHR0cHM6Ly93d3cucXEuY29t'
```

以下交互将以 Base64 编码的数据恢复为原来的字节串，所用的 base64.b64decode()函数方法传入的参数可以是字节串，也可以是字符串。

```
In [21]: base64.b64decode("aHR0cHM6Ly93d3cucXEuY29t")
Out[21]: b'https://www.qq.com'
```

Base64 编码可以用于任意二进制数据，例如，以下程序基于 Base64 编码的数据生成一个图片文件，程序文件 base64test.py 的内容如代码 8-1 所示。

代码 8-1 Base64 编码测试 C08\base64test.py

```
01  """根据 Base64 编码的数据生成图片文件
02  """
03  import base64
04  # 使用 Base64 编码的 GIF 格式图像数据
05  logo = """R0lGODlhIAAgAMQAAAAAAHt7ezMzM8TExKamplpaWhAQEN7e3
06  klJSYqKimpqaiEhIb29vUJCQuXl5czMzAgICJmZmbW1tTo6OoSEhBkZGe/v
07  75SUlCoqKnNzc9XV1WZmZlFRUa2trf///wAAACH5BAEHAB4ALAAAAAAgACA
08  AAAX/oCeOZGmeaCpaluqSFhNwAoZNXDK8p5UsgKBwKIjwRhLgcDmcPHgBpn
09  QIMaoUAMPEMB1WJsFEihI0OhKQaSXSygQJJ0YQchgNch0Go0MpOEZyWXU1S
10  gZ/Rx4DQgg1F0MSiB6OQgwkGENWR5NBjCKKQhyRIg1CdCJkQk+iEkNwHhxC
11  AqIrFUIZHhYCQgWzImBBoQ6XQbe9CEINHsJCCCr0epEETuMMA0rMWSgDJHr8
12  ApqKBQbweBUPjkd0AFCKbQReRWEOVHhpMGS0uDuVe+M9ZfEEWUHjQb4SFAR
13  m4LGkGSJwHVsxMwJLybcTEAB7QBMFYYh8TjiQc1DJE78KFQSQ8Ow7BgIJBm
14  gYFTagMUkFDig5pBErooCrlkgo9UQzIpk5mE5QqLChIA0BMxyAG1kXSkKGB
15  zRIMGlA4dCIEADs="""
16
17
18  def main():
19      b = base64.b64decode(logo)          # 解码数据得到字节串
20      with open("logo.gif", "wb") as f:   # 创建文件并写入字节串
21          f.write(b)
22
23
```

```
24  if __name__ == '__main__':
25      main()
```

程序运行后将会在当前目录下生成一个图像文件 logo.gif，可以用看图软件正常打开（其实这段 Base64 编码数据就是以二进制模式打开原图像文件读取字节串，再对其调用 base64.b64encode() 函数得到的）。Base64 编码适用于在文本文件中包含二进制数据，例如，可以在网页文件中直接存放 Base64 编码的图标和按钮等小图片，这在执行效率上会高于引用外部文件的方式。

8.1.3 对象的序列化

在程序中创建的所有对象都位于计算机的内存之中，而开发者有时会将对象变成可写入外部存储器或在网络上传输的数据，并在必要时将从外存或网络读取的数据恢复为内存中的对象，这两种过程分别称为"序列化"（Serialize）和"反序列化"（Unserialize）。

Python 标准库提供了一个"封存"模块 pickle，可以对任意对象进行序列化操作。该模块的 dumps() 函数可将对象序列化为字节串，loads() 函数则可将序列化字节串反序列化为对象：

```
In [1]: import pickle

In [2]: data = ["baidu", "alibaba", "tencent"]

In [3]: pickle.dumps(data)   # 对象序列化为二进制数据
Out[3]:
b'\x80\x03]q\x00(X\x05\x00\x00\x00baiduq\x01X\x07\x00\x00\x00alibabaq\x02X\x07\x00\
x00\x00tencentq\x03e.'

In [4]: pickle.loads(Out[3])   # 二进制数据反序列化为对象
Out[4]: ['baidu', 'alibaba', 'tencent']
```

调用 pickle 模块的 dump() 函数可将对象保存为二进制数据文件，并可再调用 load() 函数将文件中的数据恢复为对象：

```
In [5]: with open("data", "wb") as f:
   ...:     pickle.dump(data, f)

In [6]: with open("data", "rb") as f:
   ...:     d = pickle.load(f)

In [7]: d
Out[7]: ['baidu', 'alibaba', 'tencent']
```

读者可以看到通过 pickle 模块序列化对象得到的结果是一种 Python 专用的特殊格式，对于在不同系统之间传递和共享数据的情况，往往需要采用更为通用的格式。JSON（JavaScript Object Notation）就是一种基于文本的通用数据交换格式，在互联网上应用非常广泛。

要在 Python 中处理 JSON，应当引入标准库的 json 模块。这个模块同样具有 dumps( )、loads( )、dump( )、load( )等函数，用法与 pickle 模块完全一致，不同之处在于 JSON 数据是纯文本，可以直观地查看，读写文件时也是使用默认的文本模式；JSON 只支持几种基本的通用对象类型，包括整数、浮点数、字符串、布尔值、列表和字典等。以下交互演示了 json 模块对字典对象的序列化操作。

```
In [8]: import json

In [9]: dictdata = {"baidu": "百度", "alibaba": "阿里巴巴", "tencent": "腾讯"}

In [10]: jsondata = json.dumps(dictdata, ensure_ascii=False)
```

```
In [11]: jsondata
Out[11]: '{"baidu": "百度", "alibaba": "阿里巴巴", "tencent": "腾讯"}'

In [12]: json.loads(jsondata)
Out[12]: {'baidu': '百度', 'alibaba': '阿里巴巴', 'tencent': '腾讯'}
```

> **小提示** 上面的 10 号交互调用 dumps() 函数序列化对象时传入了额外的关键字参数 ensure_ascii，指定非 ASCII 字符是否要转义，这里将该参数值设为 False，以便让中文内容保持原样（通常在存储和传输时再统一以 UTF-8 进行编码）。

实例 8-1 绘制勾股树并保存文件

本节的实例是绘制一棵勾股树（又名"毕达哥拉斯树"），并将所绘制的图形保存为一个图形文件。turtle 模块支持以 EPS 格式保存所绘制的图形，程序文件 drawptree.pyw 的内容如代码 8-2 所示。

代码 8-2 绘制勾股树 C08\drawptree.pyw

```
01  """绘制勾股树（Pythagoras Tree）并保存为 EPS 图形文件
02  """
03  import turtle as tt
04  # 可设置使用随机颜色绘制正方形，参考被注释掉的代码
05  # import random
06
07
08  def ptree(ax, ay, bx, by, depth=0):
09      """以递归方式绘制勾股树
10      """
11      if depth > 0:
12          # 使用公式计算端点坐标
13          dx, dy = bx - ax, ay - by
14          x3, y3 = bx - dy, by - dx
15          x4, y4 = ax - dy, ay - dx
16          x5, y5 = x4 + (dx - dy) / 2, y4 - (dx + dy) / 2
17          # r = random.randint(1, 255)
18          # g = random.randint(1, 255)
19          # b = random.randint(1, 255)
20          # tt.color(r, g, b)
21          tt.goto(ax, ay)
22          tt.pendown()
23          tt.begin_fill()
24          for x, y in ((bx, by), (x3, y3), (x4, y4), (ax, ay)):
25              tt.goto(x, y)
26          tt.end_fill()
27          tt.penup()
28          ptree(x4, y4, x5, y5, depth - 1)
29          ptree(x5, y5, x3, y3, depth - 1)
30
31
32  def main():
33      tt.TurtleScreen._RUNNING = True
34      tt.hideturtle()
35      tt.speed(0)
36      tt.color("red", "yellow")
```

```
37      # tt.colormode(255)
38      tt.penup()
39      ptree(50, -200, -50, -200, depth=8)
40      # 将图形保存为 EPS 文件
41      cv = tt.getcanvas()
42      cv.postscript(file="ptree.eps", colormode="color")
43      tt.done()
44
45
46  if __name__ == "__main__":
47      main()
```

以上程序通过递归方式逐层绘制组成勾股树的所有正方形——每一个构成单元都包含 3 个正方形，首先画出下方的大正方形，接着画出右上方的小正方形，然后画出左上方的小正方形。

以第一层递归为例，大正方形的右下端点 A 坐标为(50, -200)，左下端点 B 坐标为(-50, -200)，则可以根据简单的公式计算出其左上端点 C 坐标为(-50, -100)，右上端点 D 坐标为(50, -100)，与端点 C、D 构成等腰直角三角形的端点 E 坐标为(0, -50)。这时就能以 A、B 为底边确定下方的大正方形，以 D、E 为底边确定右上方的小正方形，以 E、C 为底边确定左上方的小正方形，让海龟按顺序向下一端点画线即可，如图 8-1 所示。

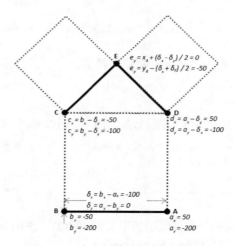

图 8-1　勾股树的第一个构成单元

实例程序运行后首先完成整棵勾股树的绘制，然后再将当前画布内容输出为 ptree.eps 文件，该文件可使用图像处理软件（如 Photoshop）打开，如图 8-2 所示。

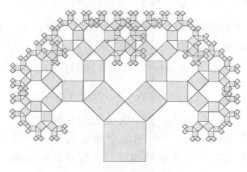

图 8-2　完整的勾股树图案

Python 的许多模块都提供了将数据保存为特定类型文件的方法,本书后续章节将会对这些方法做进一步地介绍。

> **小提示** EPS 是一种主要用来描述矢量图形的标准格式(也可包含位图),它实际上就是用文本形式来记录图形中的所有线条、填充以及位图像素等信息。

8.2 目录操作

通过程序方式可以创建新的目录与文件并写入数据,也可以操作已存在的目录与文件。本节将介绍如何在 Python 中对目录与文件进行批量操作。

8.2.1 管理目录与文件

除了之前介绍的 os 模块,Python 标准库中还有一些其他目录与文件管理模块。其中,shutil(命令工具)模块可以便捷地复制、移动和删除目录与文件,以下交互使用 shutil.copy()函数来复制文件。

```
In [1]: import os, shutil

In [2]: shutil.copy("C08/zen.txt", "zen_bak.txt")    # 复制文件
Out[2]: 'zen_bak.txt'
```

以下交互使用 shutil.copytree()函数来复制整个目录。

```
In [3]: shutil.copytree("C08", "C08_bak")            # 复制目录树
Out[3]: 'C08_bak'
```

使用 shutil.move()函数可以移动文件或目录。示例代码如下。

```
In [4]: shutil.move("zen_bak.txt", "C08_bak")        # 移动文件
Out[4]: 'C08_bak\\zen_bak.txt'

In [5]: shutil.move("C08_bak", "C08")                # 移动目录
Out[5]: 'C08\\C08_bak'
```

移动文件到相同目录下的另一文件就相当于文件重命名。使用 os.rename()函数同样可以重命名文件,并能重命名目录。示例代码如下。

```
In [6]: shutil.move("C08/zen.txt", "C08/zen_python.txt")
Out[6]: 'C08/zen_python.txt'

In [7]: os.rename("C08/C08_bak", "C08/C08_new")
```

使用 shutil.rmtree()函数可以删除目录。请注意,还有一个 os.rmdir()函数,但它只能删除空目录。删除文件则是使用 os.remove()函数。示例代码如下。

```
In [8]: shutil.rmtree("C08/C08_new")     # 删除目录树

In [9]: os.remove("C08/zen_python.txt")  # 删除文件
```

> **小提示** 以上代码中的删除函数会永久地删除目录和文件,使用时应小心谨慎。推荐安装第三方包 send2trash 并使用其中的 send2trash()函数来执行删除操作,这样删除的文件将会放入操作系统的回收站,可以在必要时手动恢复。

标准库的 zipfile(ZIP 文件操作)模块可以实现目录与文件的归档操作,ZIP 文件格式是最常

用的归档与压缩标准。以下 11 号交互使用 zipfile 模块的 ZipFile 类型构造器创建 ZIP 文件并执行归档操作。

```
In [10]: import zipfile

In [11]: with zipfile.ZipFile("bak.zip", "w", zipfile.ZIP_DEFLATED) as bakzip:
    ...:     bakzip.write("C08")
    ...:     bakzip.write("C08/base64test.py")
    ...:     bakzip.write("C08/drawtree.pyw")
```

可以看到 ZIP 文件的打开方式与普通文件类似，构造器的第三个参数指定压缩类型（省略此参数则只打包不压缩）；写入方式也与普通文件类似，但其 write()方法的传入参数是目录与文件名，这样即可创建一个名为 bak.zip 的存档文件。

以下交互相应地打开 bak.zip 文件，并使用 extractall()方法将其中的目录与文件全部解包恢复到指定的目录当中（如果不带参数则是解包到当前目录）。

```
In [12]: with zipfile.ZipFile("bak.zip") as bakzip:
    ...:     bakzip.extractall("C08bak")
```

使用 zipfile 模块可以方便地对目录与文件进行打包压缩归档，适用于各类重要数据的备份工作。

8.2.2 遍历目录树

读者有时需要处理某个目录下的所有子目录和文件，执行批量化操作。按照规定的顺序依次访问数据结构中的每一项，在编程术语中称为"遍历"（Traversal）。Python 标准库的 os 模块提供了一个 walk()函数可以实现对目录树的遍历。请读者先使用 shutil.copytree()函数在 C08 目录下构建一个包含子目录的目录树。

```
In [1]: import shutil

In [2]: shutil.copytree("C08", "C08/Temp")
Out[2]: 'C08/Temp'
```

现在执行以下代码，即可打印出 C08 目录下所有子目录和文件的名称。

```
In [3]: for folder, subfolders, files in os.walk("C08"):  # 遍历目录树
   ...:     print(f"访问目录：{folder}")
   ...:     for subfolder in subfolders:
   ...:         print(f"{folder}中的子目录：{subfolder}")
   ...:     for file in files:
   ...:         print(f"{folder}中的文件：{file}")
访问目录：C08
C08 中的子目录：Temp
C08 中的文件：base64test.py
C08 中的文件：drawtree.pyw
访问目录：C08\Temp
C08\Temp 中的文件：base64test.py
C08\Temp 中的文件：drawtree.pyw
```

遍历目录树的 os.walk()函数，每次迭代都返回一个三元组。其中，第 1 项是所访问目录名；第 2 项是所访问目录下的子目录名列表；第 3 项是所访问目录下的文件名列表。这时再分别迭代子目录名列表和文件名列表即可实现对整个目录树的遍历。

下面的练习是批量编辑指定目录中的文件，在每个文件的第一行添加注释文件名，程序文件

editfiles.py 的内容如代码 8-3 所示。

代码 8-3　批量编辑文件 C08\editfiles.py

```
01  """编辑指定目录中的程序文件，在第一行注释文件名
02  """
03  import os
04
05
06  def main():
07      # 将程序文件所在目录设为当前工作目录
08      pydir = os.path.dirname(os.path.abspath(__file__))
09      os.chdir(pydir)
10      # 遍历当前目录的 Temp 子目录
11      for folder, subfolders, files in os.walk("Temp"):
12          for file in files:
13              # 将目录名和文件名组合为文件路径
14              path = os.path.join(folder, file)
15              print(f"编辑文件：{path}")
16              # 以读写模式打开文件
17              with open(path, "r+", encoding="utf-8") as f:
18                  text = f.read()                       # 读入原有文本
19                  f.seek(0)                             # 读写位置回到文件开头
20                  f.write(f"# {file}\n" + text)         # 写入包含新注释行的文本
21
22
23  if __name__ == '__main__':
24      main()
```

以上程序遍历程序文件所在目录（C08）的 Temp 子目录逐一处理所有文件，各行语句的作用说明如下。

❑ 第 8 行配合使用 os.path 模块的 dirname() 函数和 abspath() 函数获取程序文件所在目录的绝对路径，第 9 行将该路径设为当前目录——当使用相对路径进行操作时，请注意程序文件所在目录不一定就是程序的当前工作目录。

❑ 第 11 行开始遍历当前目录的 Temp 子目录。

❑ 第 14 行将目录名和文件名组合为文件路径。

❑ 第 17 行以读写模式打开文件——请注意要指定使用 UTF-8 编码，因为 Spyder 创建的文件默认以 UTF-8 编码保存。

❑ 第 18 行先读入原有文本。

❑ 第 19 行将读写位置返回文件开头。

❑ 第 20 行写入包含文件名的新注释行加上原有文本。请注意，文件以 "数据流" 的形式进行读写，新的内容需要追加或覆盖而不可直接插入。

实例 8-2　关键字统计

本节的实例是进行关键字统计，统计练习项目的所有程序文件中 Python 保留关键字的出现次数。Python 保留关键字列表可以从标准库的 keyword 模块导入，基于该列表即可创建以保留关键字为键初始值全为 0 的关键字频度字典。另外这个实例还需要从标准库的 string 模块导入西文标点符号字符串，以便通过查找、替换来去掉标点符号与关键字连在一起的情况。

程序文件 keyword_count.py 的内容如代码 8-4 所示。

微视频：关键字统计

代码 8-4　关键字统计 C08\keyword_count.py

```
01  """关键字统计
02  统计练习项目的所有程序文件中Python保留关键字的出现次数
03  """
04  import os
05  from string import punctuation as punc
06  from keyword import kwlist
07  root = "../"     # 遍历起点设为程序文件所在目录的上级目录即练习项目的主目录
08
09
10  def main():
11      pydir = os.path.dirname(os.path.abspath(__file__))
12      os.chdir(pydir)
13      kwdict = dict(zip(kwlist, [0] * len(kwlist)))    # 初始化关键字频度字典
14      for folder, subfolders, files in os.walk(root):  # 遍历练习项目主目录
15          if folder.endswith("Temp"):
16              continue
17          for file in files:
18              if file.endswith((".py", ".pyw")):
19                  with open(os.path.join(folder, file), encoding="utf-8") as f:
20                      for line in f:
21                          # 创建转换对照表,将所有标点符号替换为空格
22                          table = str.maketrans(punc, " " * len(punc))
23                          line = line.translate(table)
24                          for word in line.split():    # 文本拆分为单词
25                              if word in kwlist:       # 如为关键字则更新结果字典
26                                  kwdict[word] += 1
27      # 排序输出关键字频度
28      result = sorted(kwdict.items(), key=lambda i: i[1], reverse=True)
29      cnt = 0
30      for k, v in result:
31          print(f"{k:>8} {v:3}", end=" ")
32          if cnt % 5 == 4:
33              print()
34          cnt += 1
35
36
37  if __name__ == "__main__":
38      main()
```

对实例程序中关键语句的说明如下。

❏ 第 15 行排除不需要统计的临时目录。
❏ 第 18 行指定只统计 Python 文件。
❏ 第 22 行使用字符串类的 maketrans()方法创建一个转换对照表。
❏ 第 23 行使用字符串的 translate()方法将文本中的标点都转换为空格以去除关键字与标点相连的情况。
❏ 第 24 行将文本拆分为单词列表,如果单词为关键字则更新相应字典键值。
❏ 第 28 行开始将字典转换为键值对元组的列表并排序输出。

关键字统计程序运行效果如图 8-3 所示。

可以看到在 35 个 Python 保留关键字中,练习项目程序中最常见的是 in、for 和 if 等;从未出现的则有 9 个,其中有些还没学到,有些在前文已有介绍但还未在练习项目程序中使用过。

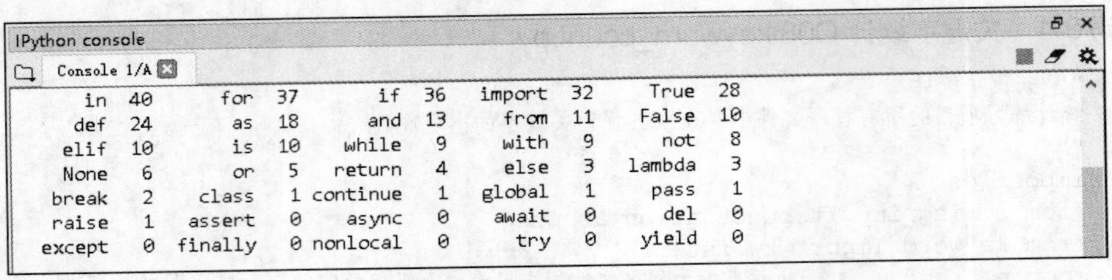

图 8-3 关键字统计程序运行效果

8.3 模式匹配

计算机程序可以实现各种自动化批量操作，这样的操作可能包含对大量文本、文件和目录的处理，如何提升操作效率就成为非常关键的问题，掌握模式匹配的技巧将能为读者节省许多宝贵的时间。

8.3.1 正则表达式

在程序开发中有时需要判断一段文本是否符合特定的"模式"（Pattern），称为文本模式匹配。例如，手机号的模式可以描述为"1 再加上任意 10 个数字"，可以写一个实现此功能的函数：如果字符串长度为 11，首个字符为 1，其他字符均为数字，就返回真值，否则返回假值；而如果需要从一大段文本中找出所有的手机号，那就得从第一个字符开始循环截取长度为 11 的字符串进行判断，这显然十分笨拙。

更为灵活高效的做法是使用"正则表达式"（Regular Expression），这是一种专门描述文本模式规则的字符串，例如，"1\d{10}"就表示"1 再加上任意 10 个数字"。以下 Python 代码使用标准库提供的 re 模块实现正则表达式匹配，从一段文本中找出所有的手机号——这显然优雅多了。

```
In [1]: s = "18810011188354001881018889923600188013929992360018810100005523600"

In [2]: import re

In [3]: re.findall(r"1\d{10}", s)
Out[3]: ['18810011188', '18810188899', '18801392999', '18810100055']
```

findall()函数的 2 个参数分别指定正则表达式和目标文本。因为正则表达式里经常包含反斜杠，所以推荐使用加 r 前缀的原始字符串来表示。手机号的首个字符一定是 1，正则表达式里直接用 1 来匹配；之后的"\d"表示匹配任一数字，常用的正则转义码如表 8-2 所示。

表 8-2 　　　　　　　　　　　常用的正则转义码

正则转义码	说明
\d	数字类字符，默认也包括全角数字
\D	非数字类字符
\w	单词类字符，默认也包括汉字等
\W	非单词类字符
\s	空白类字符，即空格/制表/换行等
\S	非空白类字符

续表

正则转义码	说明
\b	单词边界，用于精确匹配单词
\B	非单词边界

"\d"后用花括号指定匹配 10 次——这类常用的正则功能符如表 8-3 所示（单纯作为文本来匹配时就要加反斜杠）。

表 8-3　　　　　　　　　　　常用的正则功能符

正则功能符	功能说明	正则示例	目标示例
.	匹配任意字符，换行符\n 除外	a.c	abc acc
\	转义	a\.c	a.c
*	匹配前一字符 0 至任意次	abc*	ab abccc
+	匹配前一字符 1 至任意次	abc+	abc abccc
?	匹配前一字符 0 至 1 次	abc?	ab abc
{m,n}	匹配前一字符 m 至 n 次，省略 n 则无上限	ab{1,2}c	abc abbc
^	匹配字符串开头	^abc	abc
$	匹配字符串末尾	abc$	abc
|	或	abc|def	abc def
[]	指定字符集，如[abc]	a[bc]e	abe ace
()	分组	(ab){2}a(12|34)c	ababa34c

其中，指定字符集的方括号之内还有更多写法，例如，[a-z]表示从 a 到 z，即任意小写字母，[^abc]表示除 abc 外的任意字母。

8.3.2　使用 re 模块

Python 使用标准库的 re 模块实现正则表达式操作，re 模块的常用函数如表 8-4 所示。

表 8-4　　　　　　　　　　　re 模块的常用函数

名称	描述
compile()	编译正则表达式，返回模式对象。如果要在程序中多次使用某个正则表达式，就应先编译并使用模式对象的相应方法来匹配文本以提高运行效率（以下函数去掉正则参数就是模式对象的方法）
findall()	在字符串内查找所有匹配文本，返回字符串列表
split()	用匹配文本拆分字符串，返回字符串列表
sub()	将字符串内匹配文本替换为指定文本，返回替换后的字符串
subn()	将字符串内匹配文本替换为指定文本，返回替换的次数
match()	从字符串开头匹配文本，返回匹配对象
search()	在字符串内查找匹配文本，返回匹配对象
finditer()	在字符串内查找所有匹配文本，返回匹配对象迭代器

请注意函数 match()、search()和 finditer()所返回的是匹配对象，匹配对象的方法如表 8-5 所示。

表 8-5　　　　　　　　　　　　　　匹配对象的方法

方法	描述
group()	返回匹配的字符串，如定义了多个分组可以指定分组号
start()	返回匹配开始位置
end()	返回匹配结束位置
span()	返回匹配开始和结束位置（元组类型）
groups()	返回匹配的所有分组字符串（元组类型）

以下代码将文本拆分为单词（对于中文则是句子）。注意，findall()函数返回列表，而 finditer() 函数返回迭代器。每次迭代返回一个单词，这样更省内存。

```
In [1]: po = re.compile(r"\w+")   # 生成模式对象

In [2]: po.findall("Life is short, you need Python.")
Out[2]: ['Life', 'is', 'short', 'you', 'need', 'Python']

In [3]: mo = po.finditer("道可道，非常道；名可名，非常名。")

In [4]: for i in mo:
   ...:     print(i.group(), end=" ")
   ...:
道可道 非常道 名可名 非常名
```

添加圆括号可以在正则表达式中创建分组。假如在匹配手机号的同时还想分别提取其中的"号段"和"地区码"，就可以使用分组功能。示例代码如下。

```
In [5]: po = re.compile(r"(1\d{2})(\d{4})(\d{4})")

In [6]: mo = po.search("手机号码: 13366669999")

In [7]: mo.group(0)        # 参数为 0 与无参数都返回整个匹配
Out[7]: '13366669999'

In [8]: mo.group(1)        # 参数为 1 返回第一个分组，以下依次类推
Out[8]: '133'

In [9]: mo.group(2)
Out[9]: '6666'

In [10]: mo.group(3)
Out[10]: '9999'

In [11]: mo.groups()       # 此方法返回所有分组
Out[11]: ('133', '6666', '9999')
```

执行替换操作的方法如果需要将匹配文本的一部分放入替换文本中，也是通过添加分组，在替换文本中用反斜杠加组号表示即可。示例代码如下。

```
In [12]: mo = re.compile(r"特工(\w)\w")
```

```
In [13]: mo.sub(r"特工\1某", "特工赵大告诉特工钱二：特工孙三将与特工李四接头。")
Out[13]: '特工赵某告诉特工钱某：特工孙某将与特工李某接头。'
```

正则表达式默认采用最长匹配（也叫"贪婪"匹配），只要规则允许就匹配尽可能多的字符。有时我们需要采用最短匹配，那就在多次匹配符号（*、+、}）后再加一个"?"号。示例代码如下。

```
In [14]: s = "子曰："君子坦荡荡"。子曰："见贤思齐焉"。"

In [15]: re.findall(r""(.*)"", s)           # 最长匹配
Out[15]: ['君子坦荡荡"。子曰："见贤思齐焉']

In [16]: re.findall(r""(.*?)"", s)    # 最短匹配
Out[16]: ['君子坦荡荡', '见贤思齐焉']
```

> **小提示** 一些网站（例如 RegExr）提供了正则表达式的在线测试功能，输入任意正则表达式即可直观地查看匹配结果。

实例 8-3 单词统计

本节的实例是单词统计。统计练习项目的所有程序文件中不同单词的出现次数，排序输出频度最高的 50 个单词。程序文件 word_count.py 的内容如代码 8-5 所示。

代码 8-5 单词统计 C08\word_count.py

```
01  """单词统计
02  统计练习项目的所有程序文件中不同单词的出现次数
03  """
04  import os
05  import re
06  root = "../"
07  po=re.compile(r"\w+") # 匹配任意单词的正则表达式
08
09
10  def main():
11      pydir = os.path.dirname(os.path.abspath(__file__))
12      os.chdir(pydir)
13      wdict = {}
14      for folder, subfolders, files in os.walk(root):
15          if folder.endswith("Temp"):
16              continue
17          for file in files:
18              if file.endswith((".py", ".pyw")):
19                  with open(os.path.join(folder, file), encoding="utf-8") as f:
20                      for line in f:
21                          # 使用正则表达式将字符串拆分为单词并更新频度字典
22                          for word in po.findall(line):  # 行拆分为单词
23                              wdict.setdefault(word, 0)
24                              wdict[word] += 1
25      # 排序输出频度最高的 50 个单词
26      result = sorted(wdict.items(), key=lambda i: i[1], reverse=True)
27      cnt = 0
28      for k, v in result[:50]:
29          print(f"{k:>8} {v:3}", end=" ")
30          if cnt % 5 == 4:
31              print()
```

```
32         cnt += 1
33
34
35 if __name__ == "__main__":
36     main()
```

这个实例与前面的关键字统计有些类似，可以看到使用正则表达式找出所需文本是非常便捷的。由于会出现的单词不能如保留关键字一样确定，因此首先创建一个空字典。代码第 7 行创建了一个匹配任意单词的模式对象；第 22 行使用模式对象的 findall()方法得到单词列表，即可更新单词频度字典并排序输出最常见的单词。

单词统计程序运行效果如图 8-4 所示。

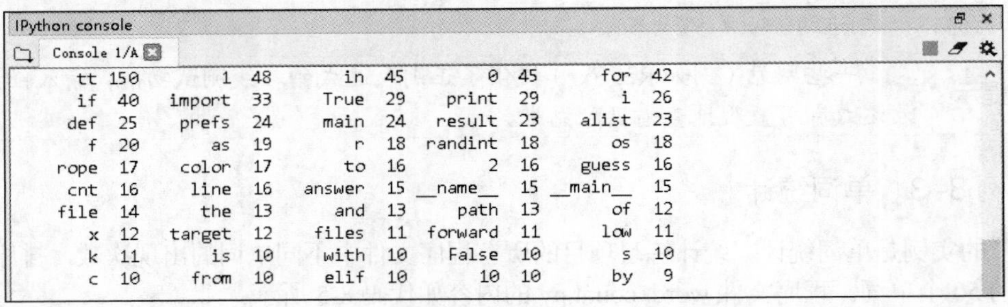
IPython console
Console 1/A
tt 150   1 48   in 45   0 45   for 42
if 40   import 33   True 29   print 29   i 26
def 25   prefs 24   main 24   result 23   alist 23
f 20   as 19   r 18   randint 18   os 18
rope 17   color 17   to 16   2 16   guess 16
cnt 16   line 16   answer 15   __name__ 15   __main__ 15
file 14   the 13   and 13   path 13   of 12
x 12   target 12   files 11   forward 11   low 11
k 11   is 10   with 10   False 10   s 10
c 10   from 10   elif 10   10 10   by 9

图 8-4　单词统计程序运行效果

可以看到练习项目程序中最常出现的单词是 tt，该名称在海龟绘图代码中被频繁使用，其次为数字 1，最常用的关键字 in 排名第三。

有关文件与目录的常用操作就介绍到此，读者可以尝试编写一些实用程序来批量化处理日常工作中用到的各种文件。

思考与练习

1．如何读写文本文件？

2．打开文件的文本模式和二进制模式有哪些差异？

3．如何遍历目录树进行批量操作？

4．如何使用正则表达式提取文本？

5．编写一个自定义函数统计程序：统计练习项目的所有程序文件中自定义函数的数量（即 def 语句使用次数），输出频度最高的前 20 个名称。

6．编写一个压缩备份程序 backup.py：使用命令行参数指定目录或文件，打包为 zip 归档文件（zip 文件名即指定的目录或文件名）。例如，输入以下命令将会创建包含指定目录全部内容的归档文件 D:\pyAbc.zip。

```
python backup.py D:\pyAbc
```

第 9 章 图形用户界面

"图形用户界面"（Graphical User Interface，GUI）程序更符合一般用户的使用习惯。在之前的章节中，读者已经熟悉了只在窗口中显示一块画布的海龟绘图程序框架。本章将介绍如何使用 Python 标准库的 tkinter 工具包来编写更为通用的 GUI 程序。

本章主要涉及以下几个知识点。
- 图形界面工具包的概念。
- 使用 tkinter 创建图形界面程序。
- tkinter 中图形与图像相关部件。
- 窗口交互事件处理与多窗口切换。

9.1 GUI 工具包 tkinter

Python 支持使用多种工具包来开发 GUI 程序，其中 tkinter 直接包含于标准库之中，是读者入门 GUI 编程的首选工具包。

9.1.1 GUI 与 tkinter

计算机用户对于图形用户界面（GUI）一定都不陌生，日常接触的大部分应用程序都是 GUI 程序。与 GUI 相对的概念是"命令行界面"（Command Line Interface，CLI），GUI 程序比 CLI 程序要复杂许多，通常人们会使用专门的 GUI 工具包来进行 GUI 程序的开发。Python 标准库自带了 GUI 工具包 tkinter，之前介绍的 IDLE 和 turtle 实际上都是基于 tkinter 实现的。tkinter 的特点是简单轻便，可以用于在不同系统平台上快速开发风格一致的基本 GUI 程序。

> 小提示：模块名称 tkinter 是"Tk interface"（Tk 接口）的缩写，Tk 又称 Tcl/Tk，是一种通用的跨平台 GUI 工具库。tkinter 是 Python 对这个 GUI 工具库的封装。更多信息请访问 Python 标准库文档和 Tcl/Tk 官网。

读者可以在 IPython 交互模式下使用魔法命令 run 来运行模块 tkinter，这将打开一个窗口显示 Tcl/Tk 版本号。示例代码如下。

```
In [1]: %run -m tkinter
```

tkinter 包由多个模块组成，在大多数情况下开发者只需要导入一个模块即 tkinter。示例代码如下。

```
In [2]: import tkinter as tk
```

GUI 的各种构成元素统称为"可视化部件"（Widget），每一种部件都对应某一种特定类型。编程时首先需要生成特定类型的部件对象，然后调用对象的方法即可任意控制图形界面的外观和行为。下面请读者创建一个最简单的 GUI 程序，其中只包含一个最基本的可视化部件——"窗口"，对应类型名为 Tk。示例代码如下。

```
In [3]: root = tk.Tk()   # 创建窗口部件

In [4]: root.title("简单的窗口")
Out[4]: ''

In [5]: root.mainloop()
```

执行 5 号交互后将立即显示一个程序窗口，如图 9-1 所示。

图 9-1　最简单的 GUI 程序

任何 GUI 程序都至少会包含一个窗口。以上 3 号交互调用 Tk 类型构造器 Tk()生成一个"根窗口"对象 root；4 号交互调用 title()方法设置 root 窗口的标题；5 号交互调用 mainloop()函数启动 root 窗口的"主事件循环"，显示定义好的界面并开始与用户的交互——对于这个最简单的 GUI 程序来说，用户可以进行默认的窗口操作：移动、缩放、最小化、最大化，或是关闭退出主事件循环。窗口被关闭后，对象将会被解释器自动销毁，释放所占用的资源。

9.1.2　窗口布局

除窗口部件 Tk 之外，tkinter 提供的基本可视化部件还有"标签"（Label）、"按钮"（Button）、"输入框"（Entry）、"文本区"（Text）等，这些部件都不能独立存在而必须归属于窗口之类的"容器"部件。非窗口部件的创建也是通过调用相应类型的构造器，要传入的第一个参数是该部件所在的容器部件，其他关键字参数用来设置部件的各种属性，最后调用某种特定的"布局方法"把部件放进容器当中。

以下示例是在根窗口中加入了一个标签部件来显示文本，程序文件 gui_test.pyw 的内容如代码 9-1 所示。

代码 9-1　GUI 测试 C09\gui_test.pyw

```
01  """GUI 测试：标签
02  """
03  import tkinter as tk
04
05
06  def main():
07      root = tk.Tk()
```

```
08      root.geometry("500x300")
09      # 创建标签并放入窗口的指定位置
10      label = tk.Label(root, text="标签文本")
11      label.place(x=220, y=120)
12      root.mainloop()
13
14
15   if __name__ == "__main__":
16      main()
```

对以上程序中关键语句的说明如下。

❑ 第 8 行使用 geometry()方法设置根窗口初始大小为长 500、宽 300，否则窗口默认尺寸将设为仅够显示所容纳的部件。

❑ 第 10 行创建标签对象。

❑ 第 11 行使用 place()方法将标签放在窗口 x 坐标 220，y 坐标 120 的位置上。"定位"布局方法 place()指定部件在容器中的绝对坐标（原点在左上角，x 轴向右，y 轴向下）。

程序运行效果如图 9-2 所示。

图 9-2　GUI 测试：标签

更常用的"打包"布局方法 pack()是将部件逐一加入窗口，默认从上到下放置，也可以通过 side 参数来指定放到其他位置。以下示例是在根窗口中添加了标签、按钮、输入框和文本区，程序文件 gui_test2.pyw 的内容如代码 9-2 所示。

代码 9-2　GUI 测试 2　C09\gui_test2.pyw

```
01   """GUI 测试：多个部件用 pack()方法布局
02   """
03   import tkinter as tk
04
05
06   def main():
07      root = tk.Tk()
08      root.title("多个部件用 pack()方法布局")
09      label = tk.Label(root, text="标签文本")
10      label.pack()
11      button = tk.Button(root, text="按钮文本")
12      button.pack(side=tk.BOTTOM)       # 按钮放在窗口底部
13      entry = tk.Entry(root, width=50)
14      entry.pack()
15      text = tk.Text(root, width=50, height=12, background="wheat")
16      text.pack()
17      root.mainloop()
18
```

```
19
20  if __name__ == "__main__":
21      main()
```

以上代码第 12 行调用按钮的 pack()方法时指定参数将部件放到窗口的底部。第 13 行创建输入框时指定了宽度参数。第 15 行创建文本区时指定了宽度、高度和背景颜色参数。程序运行效果如图 9-3 所示。

图 9-3　GUI 测试：多个部件用 pack()方法布局

还有一种"网格"布局方法 grid()可以在同一行放置多个部件，但 grid()方法与 pack()方法不可在同一容器中同时使用。以下示例改用 grid()方法来调整窗口布局，程序文件 gui_test3.pyw 的内容如代码 9-3 所示。

代码 9-3　GUI 测试 3　C09\gui_test3.pyw

```
01  """GUI 测试：多个部件用 grid()方法布局
02  """
03  import tkinter as tk
04
05
06  def main():
07      root = tk.Tk()
08      root.title("多个部件用 grid()方法布局")
09      label = tk.Label(root, text="标签文本")
10      label.grid(row=0, column=0)                                  # 标签放在 0 行 0 列
11      button = tk.Button(root, text="按钮文本")
12      button.grid(row=0, column=1)                                 # 按钮放在 0 行 1 列
13      entry = tk.Entry(root, width=50)
14      entry.grid(row=1, column=0, columnspan=2)                    # 输入框放在 1 行 0 列横跨两列
15      text = tk.Text(root, width=50, height=12, background="wheat")
16      text.grid(row=2, column=0, columnspan=2)                     # 文本区放在 2 行 1 列
17      root.mainloop()
18
19
20  if __name__ == "__main__":
21      main()
```

对以上程序中关键语句的说明如下。
- 第 10 行调用 grid()方法时，指定将标签放在 0 行 0 列。
- 第 12 行指定将按钮放在 0 行 1 列。
- 第 14 行指定将输入框放在 1 行 0 列，横跨 2 列。
- 第 16 行指定将文本区放在 2 行 0 列，同样横跨 2 列。

程序运行效果如图 9-4 所示。

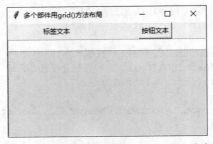

图 9-4　GUI 测试：多个部件用 grid()方法布局

9.1.3 事件处理

在创建某些部件对象时，开发者还可以设置 command "命令"参数，在部件需要处理的特定事件发生时会调用该参数所指定的函数，这样的函数被称为"回调"（Callback）函数。GUI 程序的主事件循环会监听在所有部件上发生的事件并进行处理，例如，按钮部件需要处理的事件是单击事件，当按钮被单击时就会执行指定的回调函数，这是 GUI 程序实现与用户交互的基本机制。

以下示例为代码 9-1 中的程序增加了按钮单击事件处理，程序文件 gui_test4.pyw 的内容如代码 9-4 所示。

代码 9-4　GUI 测试 4　C09\gui_test4.pyw

```
01  """GUI 测试：按钮单击事件处理
02  """
03  import tkinter as tk
04  
05  
06  def main():
07      def save():
08          # 定义保存文件函数
09          if entry.get():
10              name = entry.get()
11              with open(name, "w", encoding="utf-8") as f:
12                  f.write(text.get("1.0", "end-1c"))
13              label["text"] = "文件已保存"
14      root = tk.Tk()
15      root.title("按钮单击事件处理")
16      label = tk.Label(root, text="请单击保存文件按钮")
17      label.grid(row=0, column=0)
18      # 指定单击按钮时执行 save()函数
19      button = tk.Button(root, text="保存文件", command=save)
20      button.grid(row=0, column=1)
21      entry = tk.Entry(root, width=50)
22      entry.insert(0, "info.txt")
23      entry.grid(row=1, column=0, columnspan=2)
24      text = tk.Text(root, width=50, height=12, background="wheat")
25      text.grid(row=2, column=0, columnspan=2)
26      text.focus()
27      root.mainloop()
28  
29  
30  if __name__ == "__main__":
31      main()
```

对以上程序中关键语句的说明如下。

❑ 第 7 行起在主函数中嵌套定义了一个 save()函数，可在函数内部调用。

❑ 第 10 行获取输入框的文本作为文件名，在第 11 行创建相应文件。

❑ 第 12 行获取文本区的有效文本并写入该文件，这里 get()方法的参数表示将获取的文本去掉最后一个字符，因为文本区末尾总是会添加一个额外的换行符。

❑ 第 13 行修改标签文本来提示用户。部件可以像字典一样，以其中的属性名作为键来读写属性值，以便改变部件的外观。

- 第 19 行在创建按钮时指定 command 参数为 save() 函数。
- 第 22 行调用输入框的 insert() 方法插入文本，作为预设文件名。
- 第 26 行调用文本区的 focus() 方法设置焦点，以方便输入内容。

程序运行效果如图 9-5 所示，单击按钮将会把输入内容保存到文件中。

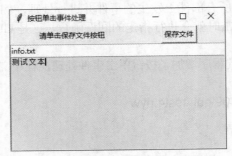

图 9-5　GUI 测试：按钮单击事件处理

实例 9-1　简易记事本

本节的实例是一个简易记事本，可以像 Windows 系统的记事本程序一样编辑文本文件。程序文件 mynotepad.pyw 的内容如代码 9-5 所示。

微视频：简易记事本

代码 9-5　简易记事本 C09\mynotepad.pyw

```
01  """简易记事本
02  """
03  import tkinter as tk
04  from tkinter.scrolledtext import ScrolledText
05  from tkinter.filedialog import askopenfilename, asksaveasfilename
06  from tkinter.messagebox import askokcancel, showinfo
07  appname = "简易记事本"
08
09
10  def main():
11      def c_new():       # 新建文件
12          var_filename.set("")
13          root.title(f"未命名 - {appname}")
14          text.delete(1.0, "end")
15
16      def c_open():      # 打开文件
17          filename = askopenfilename()
18          if filename:
19              var_filename.set(filename)
20              root.title(f"{filename} - {appname}")
21              with open(filename) as f:
22                  text.delete(1.0, "end")
23                  text.insert(1.0, f.read())
24
25      def c_save():      # 保存文件
26          filename = var_filename.get()
27          if not filename:
28              filename = asksaveasfilename()
29          if filename:
30              var_filename.set(filename)
```

```
31              root.title(f"{filename} - {appname}")
32              with open(filename, "w") as f:
33                  content = text.get(1.0, "end-1c")
34                  f.write(content)
35
36      def c_exit():      # 退出
37          if askokcancel("退出", "你确定要退出吗? "):
38              root.destroy()
39
40      def c_about():     # 显示关于程序的信息
41          showinfo(f"关于{appname}", "小巧轻便的文本编辑器")
42
43      root = tk.Tk()
44      root.title(f"未命名 - {appname}")
45      root.protocol("WM_DELETE_WINDOW", c_exit)     # 关闭窗口时执行c_exit()函数
46      var_filename = tk.StringVar(root)             # 字符串变量
47      menu = tk.Menu(root)                          # 创建菜单栏
48      root["menu"] = menu
49      m_file = tk.Menu(menu)
50      menu.add_cascade(label="文件", menu=m_file)
51      m_file.add_command(label="新建", command=c_new)
52      m_file.add_command(label="打开...", command=c_open)
53      m_file.add_command(label="保存", command=c_save)
54      m_file.add_separator()
55      m_file.add_command(label="退出", command=c_exit)
56      m_help = tk.Menu(menu)
57      menu.add_cascade(label="帮助", menu=m_help)
58      m_help.add_command(label=f"关于{appname}", command=c_about)
59      text = ScrolledText(root, width=100, height=40)
60      text.pack()
61      text.focus()
62      root.mainloop()
63
64
65  if __name__ == "__main__":
66      main()
```

以上程序使用了一些新的可视化部件（如菜单（Menu））。创建菜单的方式与其他部件类似，使用相应方法即可添加下拉组和命令项，并为命令项指定处理函数；还有带滚动条的文本区（ScrolledText），以及多种对话框和消息框等，它们放在 tkinter 下不同的子模块中，用法都相当简单，读者可以查看帮助信息自行理解。

简易记事本程序的运行效果如图 9-6 所示。

需要说明的一个关键点是读者可以使用窗口的 protocol()方法来"重载"系统预先定义的事件处理协议，例如，第 45 行代码指定窗口管理器关闭窗口（WM_DELETE_WINDOW）时不是直接销毁窗口对象，而是先执行自定义函数弹出确认对话框，以便提醒用户在退出前保存输入的内容。

此外程序第 46 行还创建了一个字符串变量部件（StringVar），这种对象可以存放字符串并跟踪值的变化，设置和读取其中的字符串值要分别调用 set()方法和 get()方法。

> **小提示**　与 StringVar 类似的部件还有存放整数值的 IntVar、存放浮点值的 DoubleVar 和存放布尔值的 BooleanVar 等。

图 9-6 简易记事本

9.2 图形与图像

本节将介绍如何在 tkinter 中绘制图形和显示图像,需要用到多种图形、图像相关的可视化部件。

9.2.1 画布绘图

在 tkinter 中绘图是通过"画布"(Canvas)来实现的,画布也可以用来创建图表、动画或是个性化定制可视化部件。以下代码在交互模式下创建画布对象,然后调用画布对象的 create_line() 方法指定 2 个端点坐标绘制出一条线段。

```
In [1]: import tkinter as tk

In [2]: root = tk.Tk()

In [3]: root.geometry("400x220")
Out[3]: ''

In [4]: canvas = tk.Canvas(root)                      # 创建画布

In [5]: canvas.create_line(100, 40, 300, 180)        # 在画面中创建线段
Out[5]: 1

In [6]: canvas.pack()

In [7]: root.mainloop()
```

实际上 create_line() 方法可以接受 2 个以上的端点坐标,画出连续多条线段。以下示例用 create_line() 方法画了一个三角形,程序文件 test_canvas.pyw 的内容如代码 9-6 所示。

代码 9-6　测试画布 C09\test_canvas.pyw

```
01    """测试画布
```

```
02   """
03   import tkinter as tk
04   
05   
06   def main():
07       root = tk.Tk()
08       root.title("测试画布")
09       root.geometry("400x220")
10       canvas = tk.Canvas(root, bg="white")              # 创建画布
11       canvas.create_line(                               # 在画布上添加连续线段
12           60, 60, 160, 60, 110, 150, 60, 60,
13           dash=(5, 2), width=2, fill="#009")
14       canvas.pack(expand=tk.YES, fill=tk.BOTH)
15       root.mainloop()
16   
17   
18   if __name__ == "__main__":
19       main()
```

对以上程序的关键语句说明如下。

❑ 第 10 行创建画布时设置参数为白色背景。

❑ 第 11 行画线段时设置参数为虚线、线宽 2 像素、深蓝色填充（对线段来说是指线条颜色）——请注意此处使用了另一种颜色字符串即井号#加 1 位或 2 位十六进制数分别表示的红、绿、蓝三原色值（共 3 位或 6 位）。

❑ 第 14 行放入画布时设置参数为自动缩放和填满窗口。

测试画布程序的运行效果如图 9-7 所示。

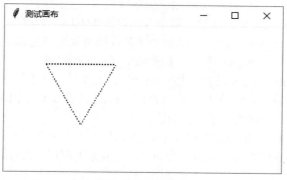

图 9-7　测试画布

调用画布的不同方法就可以绘制多种图形。以下练习包含一系列绘图方法的具体演示，程序文件 test_canvas2.pyw 的内容如代码 9-7 所示。

代码 9-7　测试画布 2　C09\test_canvas2.pyw

```
01   """测试画布：各种绘图方法
02   """
03   import tkinter as tk
04   import math
05   
06   
07   def main():
08       root = tk.Tk()
09       root.title("测试画布：各种绘图方法")
```

```
10      root.geometry("500x280")
11      canvas = tk.Canvas(root, bg="white")
12      # 画矩形方法
13      canvas.create_rectangle(30, 30, 120, 80, fill="#ff0", outline="#009")
14      # 画椭圆方法（也可用于画圆）
15      canvas.create_oval(
16          160, 30, 230, 100, outline="#f33", fill="#3f3", width=2)
17      # 画扇形方法
18      canvas.create_arc(260, 30, 330, 100, start=0, extent=135, width=2)
19      points = [360, 30, 410, 50, 480, 90, 400, 90, 430, 80]
20      # 画多边形方法
21      canvas.create_polygon(points, outline="#333", fill="#f0c")
22      image = tk.PhotoImage(width=400, height=100)   # 定义图像部件
23      canvas.create_image((260, 160), image=image)   # 创建位图方法
24      for x in range(500):                            # 在图像部件中添加像素点
25          y = int(50 + 50 * math.sin(x/10))
26          image.put("{red red} {red red}", (x, y))
27      text = "Beautiful is better than ugly"
28      # 创建文本方法
29      canvas.create_text((260, 240), font=(None, 20, "bold"), text=text)
30      canvas.pack(expand=tk.YES, fill=tk.BOTH)
31      root.mainloop()
32
33
34  if __name__ == "__main__":
35      main()
```

以上程序使用了如下一些绘图方法。

❏ 第 13 行用 create_rectangle() 方法绘制矩形（指定左上角和右下角的坐标）。
❏ 第 15 行用 create_oval() 方法绘制圆形（指定外接矩形左上角和右下角的坐标）。
❏ 第 18 行用 create_arc() 方法绘制扇形（即圆或椭圆保留指定起止角度的部分）。
❏ 第 21 行用 create_polygon() 方法绘制多边形（指定所有端点的坐标）。
❏ 第 23 行用 create_image() 方法创建位图——指定要显示的图像部件（PhotoImage）。
❏ 第 24 行开始的循环语句使用图像部件的 put() 方法将 500 个由 4 个红色像素构成的正方形点放入位图的指定坐标，画出一条正弦曲线。
❏ 第 29 行用 create_text() 方法在画布中显示文本。

灵活使用上述几种方法即可在画布上绘制出任意复杂的图形，程序运行效果如图 9-8 所示。

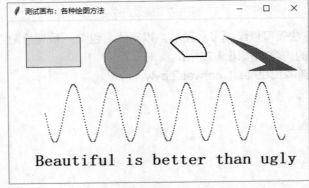

图 9-8　测试画布：各种绘图方法

读者还需要了解的一点是：画布上的图形也是对象，可以被引用并进行操作。以下练习是在画布上创建一个"小球"并允许使用方向键控制它的移动，程序文件 test_canvas3.pyw 的内容如代码 9-8 所示。

代码 9-8　测试画布 3 C09\test_canvas3.pyw

```
01  """测试画布：对象的移动
02  """
03  import tkinter as tk
04  import math
05
06
07  def main():
08      def leftMove(e):     # 左移小球
09          if canvas.coords(ball)[0] > 0:
10              canvas.move(ball, -10, 0)
11
12      def rightMove(e):    # 右移小球
13          if canvas.coords(ball)[2] < 500:
14              canvas.move(ball, 10, 0)
15
16      def upMove(e):       # 上移小球
17          if canvas.coords(ball)[1] > 0:
18              canvas.move(ball, 0, -10)
19
20      def downMove(e):     # 下移小球
21          if canvas.coords(ball)[3] < 280:
22              canvas.move(ball, 0, 10)
23
24      root = tk.Tk()
25      root.title("测试画布：对象的移动")
26      root.geometry("500x280")
27      canvas = tk.Canvas(root, bg="white")
28      ball = canvas.create_oval(230, 120, 270, 160, fill="red")
29      canvas.pack(expand=tk.YES, fill=tk.BOTH)
30      # 按方向键时调用相应的函数
31      root.bind('<Left>', leftMove)
32      root.bind('<Right>', rightMove)
33      root.bind('<Up>', upMove)
34      root.bind('<Down>', downMove)
35      root.mainloop()
36
37
38  if __name__ == "__main__":
39      main()
```

以上程序的主函数中嵌套定义了 4 个移动小球的函数 leftMove()、rightMove()、upMove()和 downMove()，并且把在窗口中按左、右、上、下方向键的事件绑定到相应的函数中。

在这些移动小球的函数中，首先调用画布的 coords()方法获取小球的坐标，即由形状外框左上角和右下角坐标值构成的四元素列表。例如，leftMove()函数会判断列表第 0 项是否大于 0，即小球左边缘的水平坐标是否还未碰到画布左边缘，如果大于 0 则调用画布的 move()方法将小球向左（x 轴负方向）移动 10 个像素。其他函数中也进行类似的判断和移动即可实现按键盘方向键任意移动小球的功能。

程序运行效果如图 9-9 所示。

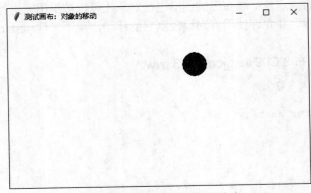

图 9-9 测试画布：对象的移动

9.2.2 创建动画

Canvas 部件也可以用来创建动画。实现动画有多种方式，例如，Canvas 部件的 after() 方法可以在指定的时间之后执行特定的函数，通过递归调用就能产生连续的动画效果。以下练习在画布上创建了一个小球并在画布上随机移动，在碰到窗口边缘时发生反弹，程序文件 test_canvas4.pyw 的内容如代码 9-9 所示。

代码 9-9　测试画布 4　C09\test_canvas4.pyw

```
01  """测试画布：动画效果
02  """
03  import tkinter as tk
04  from random import randint
05
06
07  def main():
08      def randMove(shape, tx=1, ty=1):      # 随机移动 shape
09          pos = canvas.coords(shape)         # shape 在画布中的坐标
10          if pos[0] < 0 or pos[2] > 500:    # shape 坐标超出画布边缘则相应运动方向反转
11              tx = -tx
12          if pos[1] < 0 or pos[3] > 300:
13              ty = -ty
14          # 随机设置位移量并移动形状
15          dx = randint(0, 5) * tx
16          dy = randint(0, 5) * ty
17          canvas.move(shape, dx, dy)
18          # 50 毫秒之后再次调用 randMove() 函数
19          canvas.after(50, lambda: randMove(shape, tx, ty))
20
21      root = tk.Tk()
22      root.title("测试画布：动画效果")
23      root.resizable(False, False)
24      canvas = tk.Canvas(root, width=500, height=300, bg="white")
25      canvas.pack(expand=tk.YES, fill=tk.BOTH)
26      ball = canvas.create_oval(0, 0, 30, 30, fill="red")
27      randMove(ball)
28      root.mainloop()
29
30
```

```
31  if __name__ == "__main__":
32      main()
```

对以上程序中主要语句的说明如下。

- 第 8 行起定义一个随机移动函数 randMove(),定义的形参为形状 shape、水平运动方向 tx、垂直运动方向 ty。
- 第 9 行获取 shape 在画布中的坐标。
- 第 10 行起判断 shape 的水平和垂直位置,如果超出画布边缘则令相应运动方向反转。
- 第 15 行起随机设置 shape 的水平和垂直位移量并调用画布的 move() 方法移动 shape。
- 第 19 行指定 50 毫秒之后再次调用 randMove() 函数,如此 shape 将连续移动下去,直到窗口被关闭。

实例 9-2 方块螺旋图案

本节的实例是绘制一个方块螺旋图案,类似于之前实例 4-4 中使用 turtle 模块绘制的彩色螺旋图案。程序文件 tk_spiral.pyw 的内容如代码 9-10 所示。

代码 9-10 绘制方块螺旋图案 C09\tk_spiral.pyw

```
01  """绘制方块螺旋图案
02  """
03  import tkinter as tk
04  import math
05  from random import randint
06
07
08  def main():
09      def rotate(points, angle, axis):        # 旋转任意多边形
10          angle = math.radians(angle)         # 通过三角函数进行端点变换
11          cos_val = math.cos(angle)
12          sin_val = -math.sin(angle)
13          ax, ay = axis
14          new_points = []
15          for x_old, y_old in points:
16              x_old -= ax
17              y_old -= ay
18              x_new = x_old * cos_val - y_old * sin_val
19              y_new = x_old * sin_val + y_old * cos_val
20              new_points.append([x_new + ax, y_new + ay])
21          return new_points
22
23      root = tk.Tk()
24      root.resizable(False, False)
25      canvas = tk.Canvas(root, width=640, height=480, bg="white")
26      canvas.pack(expand=tk.YES, fill=tk.BOTH)
27      # 定义初始正方形端点
28      s = [[310, 230], [330, 230], [330, 250], [310, 250]]
29      # 循环绘制 150 个正方形
30      for i in range(0, 300, 2):
31          points = [
32              [s[0][0] - i, s[0][1] - i],
33              [s[1][0] + i, s[1][1] - i],
34              [s[2][0] + i, s[2][1] + i],
35              [s[3][0] - i, s[3][1] + i],
```

```
36                ]
37            points = rotate(points, i, (320, 240))
38            r = randint(0, 15)
39            g = randint(0, 15)
40            b = randint(0, 15)
41            color = "#%x%x%x" % (r, g, b)
42            canvas.create_polygon(points, outline=color, fill="", width=2)
43    root.mainloop()
44
45
46  if __name__ == "__main__":
47      main()
```

对实例程序中关键语句的说明如下。

❑ 第9行起定义了一个将任意多边形对象旋转任意角度的函数rotate()——通过三角函数来计算所有端点围绕某个轴心旋转特定角度后相应的新坐标值。请注意math模块三角函数所使用的是弧度，对于角度值需要先调用radians()函数来转为弧度。

❑ 第28行定义了由初始正方形4个端点组成的列表。

❑ 第30行起循环绘制150个正方形，每个正方形的4个顶点位置相对上一个正方形的各个顶点向外偏移2个像素（即边长增加4个像素），再相对上一个正方形逆时针转动2度，每个正方形线条颜色随机。

❑ 第42行使用create_polygon()方法创建正方形，fill参数设为空字符串表示无填充色。

> 🔔 小提示　本实例第41行使用了前文介绍的旧式的高效字符串格式化操作：%x是表示十六进制数的占位符，格式化结果为由#号加3位随机十六进制数组成的颜色字符串。

方块螺旋图案程序的运行效果如图9-10所示，读者可以尝试使用tkinter模块改写之前使用turlte模块的绘图程序，这将能够显著地提升程序运行速度。

图9-10　方块螺旋图案

实例 9-3 图片查看器

本节的实例是一个图片查看器，配合使用画布和图像部件来显示图片文件。程序文件 tkimage.pyw 的内容如代码 9-11 所示。

代码 9-11 图片查看器 C09\tkimage.pyw

微视频：图片查看器

```
01  """图片查看器
02  """
03  import os
04  import tkinter as tk
05  from tkinter.filedialog import askopenfilename
06  appname = "图片查看器"
07
08
09  def main():
10      def show(image):                    # 显示图片
11          canvas.delete("all")
12          cw, ch = canvas.winfo_width(), canvas.winfo_height()
13          canvas.create_image((cw//2, ch//2), image=image)
14
15      def c_open():                       # 打开图片文件
16          nonlocal image
17          filename = askopenfilename(
18              filetypes=[("图片文件", "*.png *.gif"),])
19          if filename:
20              root.title(f"{os.path.basename(filename)} - {appname}")
21              image = tk.PhotoImage(file=filename)
22              show(image)
23
24      def c_zoomin():                     # 放大图片
25          nonlocal image, x
26          if x < 4:
27              x += 1
28              image = image.zoom(2)
29              show(image)
30
31      def c_zoomout():                    # 缩小图片
32          nonlocal image, x
33          if x > 1:
34              x -= 1
35              image = image.subsample(2)
36              show(image)
37
38      root = tk.Tk()
39      root.geometry("600x480")
40      root.title(appname)
41      toolbar = tk.Frame(root, bd=1, relief=tk.RAISED)    # 创建工具栏
42      toolbar_open = tk.Button(toolbar, text="打开(Ctrl+O)", command=c_open)
43      toolbar_open.pack(side=tk.LEFT)
44      toolbar_zoomin = tk.Button(toolbar, text="放大(+)", command=c_zoomin)
45      toolbar_zoomin.pack(side=tk.LEFT)
46      toolbar_zoomout = tk.Button(toolbar, text="缩小(-)", command=c_zoomout)
```

```
47        toolbar_zoomout.pack(side=tk.LEFT)
48        toolbar.pack(side=tk.TOP, fill=tk.X)
49        canvas = tk.Canvas(root)
50        image = tk.PhotoImage()
51        x = 1                          # 图片放大倍数
52        canvas.pack(expand=tk.YES, fill=tk.BOTH)
53        root.bind('<Control-o>', lambda e: c_open())
54        root.bind('<KP_Add>', lambda e: c_zoomin())
55        root.bind('<KP_Subtract>', lambda e: c_zoomout())
56        tk.mainloop()
57
58
59    if __name__ == "__main__":
60        main()
```

以上程序关键语句说明如下。

❑ 第 10 行起的显示图片函数 show()，在画布中心创建图像。

❑ 第 15 行起的打开文件函数 c_open()，显示打开文件对话框，并基于用户所选择的图片文件创建 PhotoImage 对象。

❑ 第 24 行起的放大函数 c_zoomin()，使用 PhotoImage 对象的 zoom() 方法生成放大后的新图像。

❑ 第 31 行起定义的缩小函数 c_zoomout()，使用 PhotoImage 对象的 subsample() 方法将放大后的图像复原。

❑ 第 41 行创建了一个框架对象 Frame，以 Frame 对象作为容器生成一个工具栏，其中放置 3 个按钮，设置 command 参数为打开、放大和缩小函数；此外也为组合键 Ctrl+O 和小键盘的加号键与减号键绑定对应的函数。

图片查看器程序运行效果如图 9-11 所示。

图 9-11　图片查看器

> **小提示**：请注意 tkinter 的 PhotoImage 部件所支持的图片格式只有 PNG 和 GIF 等，并不能显示其他常见图片格式如 JPG、BMP 等。本书第 14 章的综合实例将会介绍如何使用第三方包来编写功能更完善的图片查看器。

9.3 多窗口管理

复杂的 GUI 程序可能由一个以上的窗口组成。本节将讲解如何使用 tkinter 来编写多窗口程序，以及如何实现在不同窗口之间的切换和数据传递。

9.3.1 Toplevel 部件

许多 GUI 程序会包含多个窗口，要在 tkinter 开发的程序中创建一个以上的窗口，可以使用"顶层"窗口部件 Toplevel。单个应用程序可以有多个 Toplevel 窗口，但应该只有一个 Tk 窗口。关闭 Toplevel 窗口不会退出程序，而关闭 Tk 窗口则会销毁所有窗口部件并退出程序。

以下示例程序运行时可单击根窗口的 2 个按钮分别打开不同的 Toplevel 窗口，程序文件 tktoplevel.pyw 的内容如代码 9-12 所示。

代码 9-12　多窗口管理 C09\tktoplevel.pyw

```
01  """多窗口管理
02  """
03  import tkinter as tk
04
05
06  def top(num):    # 定义顶层窗口
07      win = tk.Toplevel()
08      win.geometry("360x200")
09      label = tk.Label(win, text=f"{num}号窗口", font=(None, 18))
10      label.pack()
11
12
13  def main():
14      root = tk.Tk()
15      root.geometry("400x240")
16      # 定义网格布局的列权重以保持 2 列宽度相同
17      root.grid_columnconfigure(0, weight=1)
18      root.grid_columnconfigure(1, weight=1)
19      label = tk.Label(root, height=3, text="多窗口管理", font=(None, 18, "bold"))
20      label.grid(row=0, column=0, columnspan=2)
21      # 添加 2 个按钮，单击时分别打开不同的顶层窗口
22      button1 = tk.Button(root, text="1号窗口", command=lambda: top(1))
23      button1.grid(row=1, column=0, ipadx=10)
24      button2 = tk.Button(root, text="2号窗口", command=lambda: top(2))
25      button2.grid(row=1, column=1, ipadx=10)
26      root.mainloop()
27
28
29  if __name__ == "__main__":
30      main()
```

多窗口管理程序的运行效果如图 9-12 所示。

图 9-12　多窗口管理

Toplevel 窗口也可以从属于其他 Toplevel 窗口，下面的示例程序是在打开的 Toplevel 窗口中加入按钮，单击将打开新的子窗口。程序文件 tktoplevel2.pyw 的内容如代码 9-13 所示。

代码 9-13　多窗口管理 2　C09\tktoplevel2.pyw

```python
01  """多窗口管理：层级关系
02  """
03  import tkinter as tk
04  
05  
06  def top(parent):      # 定义从属于指定父窗口的子窗口
07      x, y = parent.winfo_x(), parent.winfo_y()
08      win = tk.Toplevel(parent)
09      win.geometry(f"360x200+{x+20}+{y+5}")
10      label1 = tk.Label(win, text=f"当前窗口 ID: {id(win)}", font=(None, 16))
11      label1.pack()
12      label2 = tk.Label(win, text=f"父窗口 ID: {id(parent)}", font=(None, 18))
13      label2.pack()
14      # 添加按钮，单击时打开子窗口
15      button = tk.Button(win, text="打开子窗口", command=lambda: top(win))
16      button.pack()
17  
18  
19  def main():
20      root = tk.Tk()
21      root.title("多窗口管理：层级关系")
22      root.geometry("400x240")
23      root.grid_columnconfigure(0, weight=1)
24      root.grid_columnconfigure(1, weight=1)
25      label = tk.Label(
26          root, height=3, text=f"根窗口 ID: {id(root)}", font=(None, 18, "bold"))
27      label.grid(row=0, column=0, columnspan=2)
28      button1 = tk.Button(root, text="1号窗口", command=lambda: top(root))
29      button1.grid(row=1, column=0, ipadx=10)
30      button2 = tk.Button(root, text="2号窗口", command=lambda: top(root))
31      button2.grid(row=1, column=1, ipadx=10)
32      root.mainloop()
33  
34  
35  if __name__ == "__main__":
36      main()
```

以上程序在创建 Toplevel 窗口的函数中增加了显示当前窗口 ID 和父窗口 ID 的功能，方便查看窗口之间的层级关系。读者可以发现当关闭父窗口时，从属于它的下级窗口也会全部关闭。程序运行效果如图 9-13 所示。

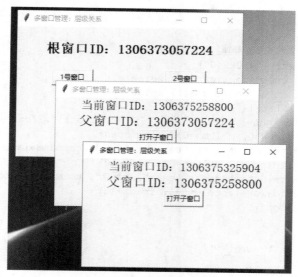

图 9-13　多窗口管理：层级关系

9.3.2　多窗口的切换

多窗口的应用程序往往还需要进行窗口切换，即控制各个窗口的显示和隐藏，例如，在用户启动程序时首先显示一个登录窗口，在其中输入正确的账号和密码时将隐藏登录窗口并显示主界面窗口。

下面的示例程序是在显示 Toplevel 窗口的函数开头调用父窗口的 withdraw()方法隐藏父窗口，并添加了事件处理函数 onClose()；当关闭子窗口时又会调用父窗口的 deiconify()方法恢复父窗口的显示。程序文件 tktoplevel2.pyw 的内容如代码 9-14 所示。

代码 9-14　多窗口管理 3　C09\tktoplevel3.pyw

```
01  """多窗口管理：显示与隐藏
02  """
03  import tkinter as tk
04
05
06  def top(parent):                    # 定义子窗口
07      def onClose():                  # 定义关闭事件处理函数
08          win.destroy()               # 销毁子窗口
09          parent.deiconify()          # 恢复父窗口
10
11      parent.withdraw()               # 隐藏父窗口
12      x, y = parent.winfo_x(), parent.winfo_y()
13      win = tk.Toplevel(parent)
14      win.geometry(f"360x200+{x+20}+{y+5}")
15      label1 = tk.Label(win, text=f"当前窗口 ID: {id(win)}", font=(None, 16))
16      label1.pack()
17      label2 = tk.Label(win, text=f"父窗口 ID: {id(parent)}", font=(None, 18))
18      label2.pack()
```

```
19      button = tk.Button(win, text="打开子窗口", command=lambda: top(win))
20      button.pack()
21      win.protocol("WM_DELETE_WINDOW", onClose)   # 关闭窗口时调用 onClose() 函数
22
23
24  def main():
25      root = tk.Tk()
26      root.title("多窗口管理：显示与隐藏")
27      root.geometry("400x240")
28      root.grid_columnconfigure(0, weight=1)
29      root.grid_columnconfigure(1, weight=1)
30      label = tk.Label(
31          root, height=3, text=f"根窗口 ID: {id(root)}", font=(None, 18, "bold"))
32      label.grid(row=0, column=0, columnspan=2)
33      button1 = tk.Button(root, text="1号窗口", command=lambda: top(root))
34      button1.grid(row=1, column=0, ipadx=10)
35      button2 = tk.Button(root, text="2号窗口", command=lambda: top(root))
36      button2.grid(row=1, column=1, ipadx=10)
37      root.mainloop()
38
39
40  if __name__ == "__main__":
41      main()
```

有关 tkinter 的使用就暂且介绍到此。Python 还有其他一些更"高级"的 GUI 工具包，它们是以第三方包的形式提供的。例如，Spyder 所使用的 PyQt5 就包含更多种类的可视化部件，能够创建更美观的图形用户界面。读者可以在实际开发时选择使用适合需求的其他 GUI 工具包。

实例 9-4 实用工具集

本节的实例是一个实用工具集程序，可以用作开发者的日常工作台。程序主窗口中显示一系列的按钮，单击即可打开某个实用工具程序。程序文件 tools.pyw 的内容如代码 9-15 所示。

代码 9-15 实用工具集 C09\tools.pyw

```
01  """实用工具集
02  """
03  import os
04  import tkinter as tk
05  import subprocess as sp
06  import webbrowser as wb
07  mytools = {      # 个人工具字典
08      "颜色列表": lambda: sp.Popen("python ../C06/colorstable.pyw", shell=True),
09      "简易记事本": lambda: sp.Popen("python mynotepad.pyw", shell=True),
10      "图片查看器": lambda: sp.Popen("python tkimage.pyw", shell=True),
11  }
12  links = {        # 网络链接字典
13      "Python 官方文档": lambda: wb.open("https://docs.python.org/zh-cn/"),
14      "Python 包索引": lambda: wb.open("https://pypi.org/"),
15      "Spyder 官方文档": lambda: wb.open("https://docs.spyder-ide.org/"),
16  }
17  index = {        # 分类字典
18      "个人工具": mytools,
19      "网络链接": links,
20  }
21
```

```
22
23  def main():
24      pydir = os.path.dirname(os.path.abspath(__file__))
25      os.chdir(pydir)
26      root = tk.Tk()
27      root.title("实用工具集")
28      font = ("Courier", 12)
29      for k, v in index.items():            # 迭代所有分类
30          label = tk.Label(root, text=k, font=("Courier", 18, "bold"))
31          label.pack()
32          frame = tk.Frame(root, bd=1)
33          r, c = 0, 0                       # 网格布局的行列号
34          for n, f in v.items():            # 迭代每个分类的所有工具
35              button = tk.Button(frame, width=20, font=font, text=n, command=f)
36              button.grid(row=r, column=c, sticky="ew", padx=5, pady=5)
37              c += 1
38              if c > 2:                     # 每放 3 个按钮换一行
39                  c = 0
40                  r += 1
41          frame.pack(fill=tk.X)
42      root.mainloop()
43
44
45  if __name__ == "__main__":
46      main()
```

以上程序使用字典来存放所有工具程序的信息，可以方便地修改和扩展：字典键为程序名称，值为运行相应程序的函数调用。对于可执行程序是使用 subprocess 模块的 Popen()类型构造器；对于网络链接则是使用 webbrowser 模块的 open()函数，通过默认的 Web 浏览器打开相应在线资源页面。

实用工具集程序的运行效果如图 9-14 所示。

图 9-14　实用工具集

> **小提示**　在 Python 中使用字典将字符串映射到函数是一种很灵活的技巧，常被用来模拟其他编程语言中的 switch...case 分支结构。

Python 的基础知识部分到此已全部结束，从第 10 章起将开始进阶部分的内容，包括自定义类与面向对象编程、异常处理与代码测试、多任务并发以及多环境管理等。

思考与练习

1. 如何使用 tkinter 中的可视化部件？
2. 如何使用 tkinter 处理交互事件？
3. 如何使用 tkinter 绘制图形？

4. 如何使用 tkinter 开发多窗口应用？

5. 使用 tkinter 编写一个贷款计算器程序：输入贷款总额、年利率和还款年限，单击"开始计算"按钮即显示每月还款额和还款总额。程序运行效果如图 9-15 所示。

图 9-15 贷款计算器程序

6. 使用 tkinter 改写之前的实例 6-3 "颜色名称展示"程序：从文件中读取颜色数据，显示每种颜色方块和颜色名称。

第10章 面向对象编程

Python 的类提供了"面向对象编程"的所有标准特性，如封装、继承和重载等；Python 的类天然是动态的，它们在运行时创建，并可以在创建后被修改。在本章里将介绍如何在程序中自定义类，并创建自定义类的实例。

本章主要涉及以下几个知识点。
- ❑ 自定义类与面向对象编程的概念。
- ❑ 类的层级结构与不同类成员的区别，类方法与实例方法的使用。
- ❑ 迭代器与生成器的使用。

10.1 自定义类

本节将描述基本的类定义语法。类提供了一种组合数据和功能的特别机制，每个类都具有独立的命名空间，可以被视为是对所创建命名空间内容的包装器。

10.1.1 类的定义语句

之前的章节已经介绍过，在 Python 中"一切皆对象"。每个对象都具有特定的类型，读者在编程时也可以创建自己的类型，以便生成该类型的新对象。

Python 通过 class 关键字来定义新的"类"（Class）。类是用来生成对象的"模板"，对象则是其所属类的"实例"。以下的练习是在交互模式中自定义 Thing 类，并调用其默认构造器 Thing() 生成一个 Thing 类的实例对象。请注意，PEP8 规范要求自定义类名称的单词首字母应当大写。

```
In [1]: class Thing:
   ...:     """最简单的自定义类"""

In [2]: type(Thing)
Out[2]: type

In [3]: t = Thing()

In [4]: type(t)
Out[4]: __main__.Thing
```

可以看到，Thing 对象属于 type 类型，是 type 类的一个实例；t 对象属于 Thing 类型，是 Thing 类的一个实例。当读者通过编写自定义类并生成自定义类的实例对象来实现各种功能时，就可以称为"面向对象编程"(Object-Oriented Programming，OOP)。

相比传统的"面向过程编程"(Procedure-Oriented Programming，POP)，面向对象编程使用类来模拟和组织现实世界的事物，可以使得程序结构更加灵活、功能更易扩展，其代价则是会增加一些系统开销。

> 小提示　　面向过程编程(POP)和面向对象编程(OOP)具有各自的优点和缺点，Python同时支持这两种程序设计模式。本章的示例代码统一采用了 OOP 风格，读者在解决具体问题时可以根据实际情况作出适当的选择。

基于以上交互中定义的 Thing 类所生成的实例对象并不能做什么事情，下面的练习是定义一个更具体的"船"类。程序文件 ship.py 的内容如代码 10-1 所示。

代码 10-1　自定义类：船 C10\ship.py

```
01  """自定义类：船
02  """
03
04
05  class Ship:
06      """船类"""
07
08      def __init__(self, name=None):
09          """初始化船实例"""
10          self.name = name          # 船名
11          self.crew = 0             # 船员人数
12
13      def join(self, number):
14          """船员加入"""
15          self.crew += number
16          return self.crew
```

Ship 类定义了一个特殊的"初始化"方法 __init__()，当调用 Ship 类构造器生成一个类实例时该方法会被自动调用，其中的代码块为所生成的实例添加了新的"属性"。读者之前已经接触了对象属性的概念，所谓实例属性就是实例对象的"成员变量"，如 Ship 类的实例包含 name 和 crew 两个数据属性。从现实概念来理解，任何船都有船名和船员人数这 2 个数据，但每艘船又有各自的具体数据值。

以下代码在交互模式中导入 ship 模块中的 Ship 类，并调用 Ship 类构造器创建实例对象 s1，然后通过 s1 引用实例的 name 和 crew 属性。

```
In [5]: from C10.ship import Ship

In [6]: s1 = Ship("郑和")  # 创建自定义类的实例

In [7]: s1.name
Out[7]: '郑和'

In [8]: s1.crew = 200
```

除了实例属性，类还可以定义新的实例方法，让实例对象能够做更多的事情。例如，Ship 类还有一个"船员加入"方法 join()。以下交互再创建了 Ship 类的另一个实例 s2，然后调用 join() 方法来改变实例的 crew 属性值。

```
In [9]: s2 = Ship("戚继光")
```

```
In [10]: s2.join(100)
Out[10]: 100

In [11]: s2.crew
Out[11]: 100
```

实例属性和实例方法是在类当中定义的 2 种最常见的成员变量。Python 规定内部使用的特殊类成员的名称都以 2 个下画线开始和结束，其他类成员的名称可以由开发者任意选择——通常的约定是属性使用名词，而方法使用动词。

在下面的交互中需要理解一个关键的细节概念：作为 Ship 类成员的__init__()和 join()属于函数，而作为 Ship 类的实例对象成员的__init__()和 join()则属于方法。

```
In [12]: type(Ship.__init__)
Out[12]: function

In [13]: type(s2.__init__)
Out[13]: method
```

类当中定义的函数默认都有额外的首个形参，约定名称为"self"，它会指向所生成的实例对象以便操作其成员。每个函数都对应一个实例方法，实例方法没有 self 形参。这样在 Ship 类中作为函数定义的__init__()和 join()各有 2 个形参，而当实例对象调用__init__()和 join()方法时却只需传入一个参数（__init__()也可以不传入任何参数，因为在定义时为 name 指定了默认值）。

以下 14 号交互中 Ship 类调用 join()函数，读者可以发现这种写法和之前 10 号交互中 Ship 类的实例调用 join()方法的效果是完全等价的。

```
In [14]: Ship.join(s2, 100)
Out[14]: 200

In [15]: s2.crew
Out[15]: 200
```

Python 专门提供了 4 个内置函数 getattr()、setattr()、hasattr()和 delattr()，分别用于获取、设置、检测和删除对象属性。以下交互为 Ship 类的实例 s2 动态添加了一个新的"吨位"实例属性 tonnage，然后又将其删除。

```
In [16]: setattr(s2, "tonnage", 9000)        # 设置属性

In [17]: getattr(s2, "tonnage")              # 获取属性
Out[17]: 9000

In [18]: delattr(s2, "tonnage")              # 删除属性

In [19]: hasattr(s2, "tonnage")              # 检测属性
Out[19]: False
```

除了实例属性和实例方法，类定义还可以包含其他种类的成员变量，读者将会在后文中继续深入了解。

10.1.2　类的层级结构

在这一节中，请读者再次导入 ship 模块中的 Ship 类，并使用 help()函数查看其帮助信息。示例代码如下。

```
In [1]: from C10.ship import Ship
```

```
In [2]: help(Ship)
Help on class Ship in module C10.ship:

class Ship(builtins.object)
 |  Ship(name=None)
 |
 |  船类
 |
 |  Methods defined here:
 |
 |  __init__(self, name=None)
 |      初始化船实例
 |
 |  join(self, number)
 |      船员加入
 |
 |  ----------------------------------------------------------------------
 |  Data descriptors defined here:
 |
 |  __dict__
 |      dictionary for instance variables (if defined)
 |
 |  __weakref__
 |      list of weak references to the object (if defined)
```

可以看到帮助信息中除了有__init__()和join()，还有 2 个被称为"数据描述器"的特殊成员变量__dict__和__weakref__。以下交互分别引用了 Ship 对象和 s1 对象的__dict__。

```
In [3]: Ship.__dict__
Out[3]:
mappingproxy({'__module__': 'C10.ship',
              '__doc__': '船类',
              '__init__': <function C10.ship.Ship.__init__(self, name=None)>,
              'join': <function C10.ship.Ship.join(self, number)>,
              '__dict__': <attribute '__dict__' of 'Ship' objects>,
              '__weakref__': <attribute '__weakref__' of 'Ship' objects>})

In [4]: s1 = Ship()

In [5]: s1.__dict__
Out[6]: {'name': None, 'crew': 0}
```

可以看到它们属于字典类型，Ship.__dict__的元素是 type 类实例 Ship 的所有实例属性，而 s1.__dict__的元素是 Ship 类实例 s1 的所有实例属性。

对象之所以拥有不必用户自定义而默认存在的特殊成员，是因为面向对象编程的一个重要机制"继承"（Inherit）。定义类时可以在类名后加括号指定所要继承的"基类"，新类将成为基类所派生的"子类"。继承能够将复杂的系统有机地组织起来，所有类都是同一个庞大家族的成员。

在定义类时如果不指定基类，就默认此类为最基础的 object 类的子类。如果程序中要访问的成员变量在类中找不到，则转往该类的基类中继续查找；如果基类本身又继承了另一个类，则此规则将递归地执行，一直上溯到 object 类为止。以下交互使用 dir()函数列出 object 类的所有属性并尝试引用它们。Python 中的任何对象都会继承这些特殊属性。

```
In [7]: dir(object)
```

```
Out[7]:
['__class__',
 '__delattr__',
 '__dir__',
 '__doc__',
 '__eq__',
 '__format__',
 '__ge__',
 '__getattribute__',
 '__gt__',
 '__hash__',
 '__init__',
 '__init_subclass__',
 '__le__',
 '__lt__',
 '__ne__',
 '__new__',
 '__reduce__',
 '__reduce_ex__',
 '__repr__',
 '__setattr__',
 '__sizeof__',
 '__str__',
 '__subclasshook__']
```

请注意 object 类没有 __dict__ 属性，因此也不能添加实例属性。调用 object()构造器将会创建一个最基本的对象。示例代码如下。

```
In [8]: o = object()

In [9]: o.__doc__
Out[9]: 'The most base type'
```

子类会继承基类的现有成员，子类定义的新成员如果与基类成员同名，就会覆盖掉基类成员，这种机制称为"重载"（Override）。例如，下面的示例定义了"船"类的 2 个子类——"飞艇"类和"星舰"类，程序文件 ships.py 的内容如代码 10-2 所示。

代码 10-2　自定义类：船类的子类 C10\ships.py

```
01  """自定义类：船类的子类
02  """
03  from ship import Ship
04
05
06  class Airship(Ship):
07      """飞艇类"""
08
09      def __init__(self, name=None):
10          """初始化飞艇类实例"""
11          super().__init__(name)
12          self.passengers = 0          # 乘客
13
14
15  class Starship(Ship):
16      """星舰类"""
17      count = 0                        # 类属性：星舰类实例总数
18
```

```
19      def __init__(self, name=None, shipclass=None):
20          """初始化星舰类实例"""
21          super().__init__(name)
22          self.shipclass = shipclass        # 舰级
23          self.__class__.count += 1
24
25      def __del__(self):
26          """删除星舰类实例"""
27          self.__class__.count -= 1
```

以上程序中的 Airship 和 Starship 这 2 个类都重新定义了 __init__() 方法,这样就会覆盖基类 Ship 的 __init__() 方法,所以要先通过 super() 函数来调用基类的 __init__() 方法以便继承到原有的实例属性 name 和 crew,然后再执行额外初始化操作,如定义新的实例属性。

> **小提示**　内置的 super() 函数实际上是一种特殊类型,这种类型的对象可以"委托"指定的类来负责处理对象的方法调用,而在类定义中不带参数地调用 super() 就是将方法调用委托给当前类的基类。

以下交互创建了一个 Airship 类实例,可以看到对象包含 2 个继承自 Ship 类的实例属性 name 和 crew,以及新定义的实例属性 passengers。

```
In [10]: import os
    ...: os.chdir("C10")

In [11]: from ships import Airship, Starship

In [12]: as1 = Airship()

In [13]: vars(as1)    # 查看对象的成员变量
Out[13]: {'name': None, 'crew': 0, 'passengers': 0}
```

请注意 13 号交互使用了方便的内置 vars() 函数来查看实例属性字典。

以下交互创建了一个 Starship 类实例,其中包含新的实例属性 shipclass。请注意,Starship 类还包含另一种类的成员变量 count。这样直接在类层次上定义的属性称为"类属性",它的值通过类名称引用,由所有实例共享。Starship 类的代码重载了 __init__(),每次创建实例时让类属性 count 值加 1,因此 16 号交互返回 count 值为 1。

```
In [14]: ss1 = Starship("蓝色空间", "恒星级")

In [15]: vars(ss1)
Out[15]: {'name': '蓝色空间', 'crew': 0, 'shipclass': '恒星级'}

In [16]: Starship.count
Out[16]: 1
```

以下交互创建了第 2 个 Starship 类实例,这时 Sharship.count 的值就将变为 2。

```
In [17]: ss2 = Starship("终极规律", "恒星级")

In [18]: Starship.count
Out[18]: 2
```

读者可以注意到 Starship 类还重载了另一个特殊成员 __del__(),当有实例被删除时让 count 值减 1,这样就实现了对类实例数量的即时统计。

```
In [19]: del ss2
```

```
In [20]: Starship.count
Out[20]: 1
```

> 小提示　任何 Python 对象都有一个"引用计数",记录对象被几个变量所引用。用 del 语句删除一个变量就会使相应对象的"引用计数"减 1,当对象的引用计数变为 0 时将会调用__del__(),不再被引用的对象最终会被解释器自动销毁。

Python 提供了一些与类继承相关的内置函数,如 isinstance()函数可以判断一个对象是否为特定类(包括其子类)的实例。示例代码如下。

```
In [21]: isinstance(ss1, Starship)   # 实例检测
Out[21]: True

In [22]: from ship import Ship

In [23]: isinstance(ss1, Ship)
Out[23]: True
```

可以看到 ss1 是 Starship 类的实例,同时也是 Ship 类的实例——想要确定对象是一艘"船"就应该使用 isinstance()函数,而不能写成"type(ss1)==Ship"。

issubclass()函数则可以判断一个类是否为特定类的子类。

```
In [24]: issubclass(Starship, Ship)   # 子类检测
Out[24]: True

In [25]: issubclass(Starship, Airship)
Out[25]: False

In [26]: issubclass(Starship, object)
Out[26]: True
```

可以看到 Starship 类是 Ship 类的子类,但不是 Airship 类的子类。issubclass()可以沿着继承树一直上溯下去,因此所有类都是 object 类的子类。

10.1.3 特征属性

之前的章节中介绍了实例属性和类属性,这些类成员变量都是可以随意改变的。在实际编写程序时,读者可能需要对某些属性设置特定的限制,这样的功能可以通过定义"特征属性"(Property)来实现。

Python 内置的 property 类型可以为属性指定专门的"获取" getter()、"设置" setter()和"删除" deleter()方法,这些方法将在执行对应的属性操作时被调用。通常的写法是将 property 作为方法 x() 的装饰器,方法 x()就会成为特征属性 x 的获取方法;再编写以 x.setter 和 x.deleter 装饰的同名方法 x(),就可分别定义特征属性 x 的设置和删除方法。

下面的示例定义了"船"类的子类"邮轮"类,用来演示特征属性的使用,程序文件 shipx.py 的内容如代码 10-3 所示。

代码 10-3　自定义类:特征属性 C10\shipx.py

```
01  """自定义类:特征属性
02  """
03  from ship import Ship
04
05
```

```
06    class Cruiseship(Ship):
07        """邮轮类"""
08
09        def __init__(self, name=None, tonnage=10000):
10            """初始化邮轮类实例"""
11            super().__init__(name)
12            self._passengers = 0                    # 乘客
13            self._tonnage = tonnage                 # 吨位
14
15        @property                                   # 特征属性获取方法
16        def passengers(self):
17            return self._passengers
18
19        @passengers.setter                          # 特征属性设置方法
20        def passengers(self, val):
21            if val < 0 or val > 10000:
22                print("无效的乘客数（应在0～10000之间）")
23            else:
24                self._passengers = val
25
26        @property
27        def tonnage(self):
28            return self._tonnage
```

对以上程序中关键语句的说明如下：

❏ 第 9 行起为 Cruiseship 类实例的初始化方法——请注意其中定义的 2 个实例属性名称都以一个下画线开头，Python 约定这样的名称是类的"私有变量"，不应在类的外部被引用。

❏ 第 15 行起定义了"乘客"特征属性 passengers 的获取方法 passengers()。

❏ 第 19 行起定义了 passengers 的设置方法，只允许赋值为 0～10000 范围内的数。

❏ 第 26 行起定义了"吨位"特征属性 tonnage 的获取方法 tonnage()。

以下交互创建了 Cruiseship 的实例 cs，可以看到当对实例的"乘客"特征属性 passengers 赋值时将会自动调用设置方法进行处理。

```
In [1]: from shipx import Cruiseship

In [2]: cs = Cruiseship("海洋绿洲", 200000)

In [3]: cs.passengers = 15000
无效的乘客数（应在0～10000之间）

In [4]: cs.passengers = 5000

In [5]: cs.passengers
Out[5]: 5000
```

请读者注意：示例程序中的"吨位"特征属性 tonnage 只有获取方法而没有设置方法，因此 tonnage 是一个"只读属性"。以下交互尝试修改 tonnage 属性，将会引发"属性错误"，提示该属性是不可改变的。

```
In [6]: cs.tonnage
Out[6]: 200000

In [7]: cs.tonnage = 100000
Traceback (most recent call last):
```

```
  File "<ipython-input-7-d8a8fa04249a>", line 1, in <module>
    cs.tonnage = 100000

AttributeError: can't set attribute
```

> **小提示**　Python 中的"私有变量"只是约定而非限制，被视为私有的变量仍然可通过外部引用来访问或修改。Python 还有一种"名称改写"机制：如果在类内部定义形式为 __spam 的标识符（至少 2 个前缀下画线，至多 1 个后缀下画线），则将被改写为 _classname__spam 的形式。名称改写有助于在类重载时避免内部名称被覆盖。

实例 10-1　桌面计算器

本节的实例是一个以 OOP 风格编写的桌面计算器程序，用户可以使用键盘或鼠标输入。程序文件 simpcalc.pyw 的内容如代码 10-4 所示。

代码 10-4　桌面计算器 C10\simpcalc.pyw

```
01  """桌面计算器
02  """
03  import tkinter as tk
04
05
06  class Calc(tk.Tk):
07      """计算器窗体类"""
08      btnlist = [
09          "C", "M->", "->M", "/",
10          "7", "8", "9", "*",
11          "4", "5", "6", "-",
12          "1", "2", "3", "+",
13          "+/-", "0", ".", "="]
14
15      def __init__(self):
16          """初始化计算器窗体"""
17          super().__init__()
18          self.title("桌面计算器")
19          self.memory = 0        # 暂存数值
20          self.entry = tk.Entry(
21              self, width=24, borderwidth=4, relief=tk.SUNKEN, justify="right",
22              bg="LightCyan1", font=("Consolas", 18))
23          self.entry.pack(padx=12, pady=(12, 0))
24          frame = tk.Frame(self)
25          frame.pack(pady=8)
26          r, c = 0, 0
27          for b in self.__class__.btnlist:
28              button = tk.Button(
29                  frame, text=b, width=5, pady=10,
30                  command=lambda x=b: self.click(x))
31              button.grid(row=r, column=c, padx=8, pady=6)
32              c += 1
33              if c > 3:
34                  c = 0
35                  r += 1
36          # 按下任意键时执行 keypress() 方法
```

```python
37            self.bind_all("<Key>", self.keypress)
38
39    def keypress(self, event):
40        """处理键盘事件"""
41        key = "=" if event.char == "\r" else event.char.upper()
42        if key in self.__class__.btnlist:
43            self.click(key)
44
45    def click(self, key):
46        """处理鼠标单击"""
47        if key == "=":                      # 输出结果
48            exp = self.entry.get()
49            if exp:
50                self.entry.delete(0, tk.END)
51                self.entry.insert(0, str(eval(exp)))
52        elif key == "C":                    # 清空输入框
53            self.entry.delete(0, tk.END)
54        elif key == "->M":                  # 存入数值
55            self.memory = self.entry.get()
56            self.title("M=" + self.memory)
57        elif key == "M->":                  # 取出数值
58            if self.memory:
59                self.entry.insert(tk.END, self.memory)
60        elif key == "+/-":                  # 正负翻转
61            if self.entry.get()[0] == "-":
62                self.entry.delete(0)
63            else:
64                self.entry.insert(0, "-")
65        else:                               # 其他键
66            self.entry.insert(tk.END, key)
67
68
69 if __name__ == "__main__":
70    Calc().mainloop()
```

可以看到本实例程序代码的主体是一个自定义的计算器窗体类 Calc，它继承自 tkinter 模块的 Tk 类。使用类属性 btnlist 保存需要显示的所有按钮名称，使用实例属性 memory 和 entry 分别表示计算器的暂存数值和显示屏，无需在不同方法间引用的对象则保存为普通变量。

对实例程序中关键语句的说明如下。

❏ 第 15 行起的__init__()方法负责初始化窗体界面。
❏ 第 27 行起循环添加按钮并指定按钮命令。
❏ 第 37 行绑定所有键盘事件。
❏ 第 39 行开始的 keypress()方法负责处理键盘事件，从传入的事件对象得到被按下键盘对应的字符，如果字符在按钮名称列表之内就调用 click()方法处理（为了方便使用，将回车键也视作等号键）。
❏ 第 45 行开始的 click()方法根据按钮名称执行不同的操作，如当按下等号键时就对输入框中的文本求值并显示计算结果。

当程序作为模块运行时将创建计算器窗体类，并调用 mainloop()方法启动主事件循环，效果如图 10-1 所示。根据需求定义自己的类，再通过属性和方法来组织数据和功能，这就是面向对象的方式。

图 10-1　桌面计算器程序

10.2　类的高级特性

本节将介绍有关 Python 类的一些高级特性，包括类方法与静态方法的概念，以及如何定义并使用迭代器与生成器。

10.2.1　类方法与静态方法

"类方法"与"静态方法"都是从属于类对象的成员，这两者与 10.1.1 节中实例方法的关键区别就在于对它们的调用是在类对象上进行而不是在类的实例对象上进行。

类方法所对应的函数会把当前类对象作为第一个传入参数（约定名称为"cls"），定义类方法是使用内置的装饰器函数 classmethod()，以"@classmethod"的形式放在函数定义之前即可。

静态方法所对应的函数则没有额外的参数，除了要通过类来引用，其他方面都与普通的函数一样。定义静态方法要使用另一个内置的装饰器函数 staticmethod()。

以下示例中定义的"战舰"类 Warship 包含有一个类方法和一个静态方法，程序文件 someship.py 的内容如代码 10-5 所示。

代码 10-5　自定义类：类方法与静态方法　C10\someship.py

```
01  """自定义类：类方法与静态方法
02  """
03  from ship import Ship
04
05
06  class Warship(Ship):
07      """战舰类"""
08      number = 0   # 类属性：战舰数量
09
10      @classmethod
11      def build(cls, number):
12          """建造多艘战舰"""
13          insts = []
14          for _ in range(number):
15              cls.number += 1
16              inst = cls()
17              inst.number = f"{cls.number:03}"
```

```
18              insts.append(inst)
19          return insts
20
21      @staticmethod
22      def test():
23          """测试"""
24          fleet = Warship.build(3)
25          for i in fleet:
26              print(f"新建战舰：舷号{i.number}")
27          print(f"现有战舰共计{Warship.number}艘。")
28
29
30  if __name__ == "__main__":
31      Warship.test()
```

对以上程序各行语句的说明如下。

- 第 10 行开始定义"建造多艘战舰"类方法 build()，首个形参 cls 将指向所属类 Warship。
- 第 13 行新建一个列表 insts 用于保存多个实例。
- 第 14 行起执行指定次数的循环。
- 第 15 行将类属性 cls.number 加 1。
- 第 16 行调用类构造器创建类实例 inst。
- 第 17 行添加实例属性 number，格式说明符"03"表示在输出的字符串开头填充 0 以保证长度为 3。
- 第 18 行将实例加入实例列表。
- 第 19 行返回实例列表。请注意，本方法的语句体中有局部变量 number、类属性 number 和实例属性 number，它们所指的对象各不相同。
- 第 21 行开始定义了一个静态方法 test()，批量建造多艘战舰并输出信息。

程序运行结果如下所示。

```
新建战舰：舷号 001
新建战舰：舷号 002
新建战舰：舷号 003
现有战舰共计 3 艘。
```

实际上所有 Python 类都有一个特殊的静态方法__new__()，调用类构造器时会首先执行__new__()方法来生成类的实例，然后再执行__init__()方法来初始化实例。因此想要控制类实例的生成过程，通常的做法是直接重载__new__()方法（并且不需要加"@staticmethod"装饰）。表 10-1 对自定义类时最常用的基本定制方法进行了总结。

表 10-1　　　　　　　　　　　　　类的基本定制方法

方法名称	功能说明
object.__new__(cls[, ...])	创建一个 cls 类的新实例。这是一个静态方法（因为是特例所以不需要显式地声明）
object.__init__(self[, ...])	初始化类的新实例。此方法在实例被创建之后，被返回给调用者之前调用
object.__del__(self)	在实例即将被销毁前（即引用计数变为零时）调用
object.__repr__(self)	通过 repr()函数调用以输出对象的标准字符串表示，可以根据返回的字符串来重建对象，此方法通常被用于调试

续表

方法名称	功能说明
object.__str__(self)	通过 str()、format() 和 print() 函数调用以输出对象的非正式字符串表示
object.__bytes__(self)	通过 bytes() 函数调用以生成对象的字节串表示，返回值应为 bytes 类型
object.__format__(self, format_spec)	通过 format() 函数、str.format() 方法等字符串格式化操作调用以生成对象的格式化字符串表示，format_spec 为格式说明
object.__lt__(self, other) object.__le__(self, other) object.__eq__(self, other) object.__ne__(self, other) object.__gt__(self, other) object.__ge__(self, other)	这些方法用于实现比较运算，分别对应于比较运算符 <、<=、==、!=、>、>=
object.__hash__(self)	通过 hash() 函数调用来生成对象的哈希值，该方法应当返回一个整数，对象的哈希值相同则比较结果也相同
object.__bool__(self, other)	通过 bool() 函数调用以生成对象的布尔值，该方法应当返回 True 或 Flase

除了以上基本定制方法，读者如果想要自定义模拟 Python 内置类型的类，还需要定义对应类型所必须的特殊方法来实现特定的操作。例如，如果一个类定义了 __getitem__() 方法，则对这个类的实例 x 执行 x[i] 就等同于 type(x).__getitem__(x, i)，即支持元素抽取操作。

> 小提示　想了解可以在类中定义的所有特殊方法名称，请查看官方文档语言参考部分的"数据模型"说明页面。

实例 10-2　绘制不对称勾股树

本节的实例是以 OOP 风格编写程序，来绘制一棵不对称的勾股树（基于"勾三股四弦五"的特殊直角三角形，即两个锐角分别为 37°和 53°）。程序文件 tkdrawtree.pyw 的内容如代码 10-6 所示。

代码 10-6　绘制不对称勾股树 C10\tkdrawtree.pyw

```
01  """绘制不对称的勾股树
02  """
03  import tkinter as tk
04  import math
05
06
07  class App(tk.Tk):
08      def __init__(self):            # 初始化界面
09          super().__init__()
10          self.geometry("800x500")
11          self.canvas = tk.Canvas(background="white")
12          self.canvas.pack(fill=tk.BOTH, expand=1)
13          block = [(400, 350), (500, 350), (500, 450), (400, 450)]
14          self.ptree(block, 8)
```

```python
15
16       @staticmethod                    # 静态方法：平移多边形
17       def move(points, x, y):
18           new_points = []
19           for x_old, y_old in points:
20               x_new = x_old - x
21               y_new = y_old - y
22               new_points.append([x_new, y_new])
23           return new_points
24
25       @staticmethod                    # 静态方法：旋转和缩放多边形
26       def rotate(points, angle, axis, scale=1):
27           angle = math.radians(angle)
28           cos_val = math.cos(angle)
29           sin_val = -math.sin(angle)
30           ax, ay = axis
31           new_points = []
32           for x_old, y_old in points:
33               x_old -= ax
34               y_old -= ay
35               x_new = (x_old * cos_val - y_old * sin_val) * scale
36               y_new = (x_old * sin_val + y_old * cos_val) * scale
37               new_points.append([x_new + ax, y_new + ay])
38           return new_points
39
40       def ptree(self, block, depth):    # 递归绘制勾股树的构成单元
41           if depth:
42               # 下方块：边长 1
43               self.canvas.create_polygon(block, outline="red", fill="yellow")
44               # 左上方块：边长 4/5，以左下角为轴心左转 37 度
45               lb = self.move(
46                   block, block[3][0] - block[0][0], block[3][1] - block[0][1])
47               lb = App.rotate(lb, 37, lb[3], 0.8)
48               self.ptree(lb, depth - 1)
49               # 右上方块：边长 3/5，以右下角为轴心右转 53 度
50               rb = self.move(
51                   block, block[3][0] - block[0][0], block[3][1] - block[0][1])
52               rb = App.rotate(rb, -53, rb[2], 0.6)
53               self.ptree(rb, depth - 1)
54
55
56   if __name__ == '__main__':
57       App().mainloop()
```

以上程序所用算法比之前绘制对称勾股树的实例要更复杂一些：首先画出第一个下方块，再对下方块端点做平移、旋转和缩放变换得到新端点，分别画出左上方块和右上方块，然后递归执行到指定的深度。

程序窗体类包含 2 个静态方法：第 16 行起定义的 move() 方法实现端点平移；第 25 行起定义的 rotate() 方法实现端点旋转，与之前绘制方块螺旋图案的实例一样通过三角函数来得到端点的新坐标，这里只是增加了按指定比例缩放大小的功能。

最终绘制的不对称勾股树如图 10-2 所示。

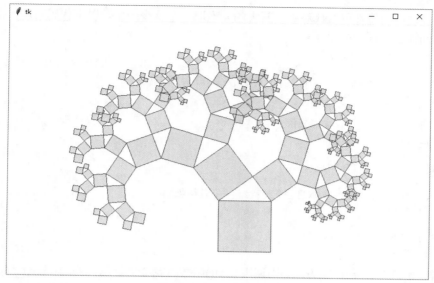

图 10-2 不对称勾股树

10.2.2 迭代器与生成器

读者现在应该已经熟悉了"迭代"这一概念,许多数据类型都支持迭代。可迭代对象的判断依据是看其成员中有没有__iter__()方法,只要对象定义了__iter__()方法,就能使用内置的 iter()函数返回对象的"迭代器"(Iterator)。Python 迭代操作的统一机制是先把可迭代对象转换成迭代器,然后调用内置的 next()函数逐个取出迭代器中的元素,如果没有元素可取,则停止迭代并抛出 StopIteration 异常。以下代码演示了如何手动获取并操作迭代器。

```
In [1]: s = "迭代"

In [2]: hasattr(s, "__iter__")      # hasattr()函数判断对象有无特定属性
Out[2]: True

In [3]: i = iter(s)                 # iter()函数使用可迭代对象的__iter__()方法返回迭代器

In [4]: type(i)
Out[4]: str_iterator

In [5]: next(i)                     # next()函数返回迭代器里的下一个元素
Out[5]: '迭'

In [6]: next(i)
Out[6]: '代'

In [7]: next(i)                     # 迭代器里的元素耗尽后将停止迭代,抛出异常
Traceback (most recent call last):

  File "<ipython-input-7-a883b34d6d8a>", line 1, in <module>
    next(i)

StopIteration
```

多数时候开发者都会使用 for 语句来进行循环迭代,在解释器内部自动完成上述操作——迭

代器是一次性使用的特殊可迭代对象,其中的元素取一个就少一个。以下代码对迭代器使用成员运算符 in,同样也是逐个取出元素。

```
In [8]: i = iter("ab")

In [9]: "a" in i        # 取出 1 个元素即满足条件,结束迭代
Out[9]: True

In [10]: "b" in i       # 后面的元素还存在
Out[10]: True

In [11]: i = iter("ab")

In [12]: "b" in i       # 取出 2 个元素才满足条件结束迭代
Out[12]: True

In [13]: "a" in i       # 前面的元素已取走
Out[13]: False
```

迭代器一定包含 __next__()方法,当调用 next()函数时就会执行迭代器的 __next__()方法。以下示例中定义了一个迭代器类 Power2n,逐个输出 2 的正整数次幂,程序文件 tnpower.py 的内容如代码 10-7 所示。

代码 10-7 迭代器类:2 的正整数次幂 C10\tnpower.py

```
01  """迭代器: 2 的正整数次幂"""
02
03
04  class Power2n:
05      """2 的正整数次幂数列迭代器类"""
06
07      def __init__(self, n):
08          self.n = n              # 数列长度
09          self.cur = 1            # 当前幂次
10
11      def __iter__(self):         # 可迭代对象必须实现__iter__()方法来返回迭代器
12          return self
13
14      def __next__(self):         # 迭代器必须实现__next__()方法来返回下一个元素
15          if self.n >= self.cur:
16              result = 2 ** self.cur
17              self.cur += 1
18              return result
19          else:
20              raise StopIteration()
21
22
23  if __name__ == "__main__":
24      p = Power2n(10)
25      print(*p)
```

以上程序演示了迭代器类的基本框架:作为可迭代对象必须实现 __iter__()方法来返回迭代器对象(即返回实例自身);作为迭代器又必须实现 __next__()方法来返回下一个元素。

程序末尾的测试代码调用这个类的构造器创建迭代器实例,并将其中的元素解包为 print()函数的参数打印出来,最终运行结果如下所示。

2 4 8 16 32 64 128 256 512 1024

迭代器初始化时不会把所有元素都载入内存,而是等__next__()方法被调用时返回一个元素,这样无论要迭代多少次,所消耗的内存空间都保持不变。

迭代器很好用,但定义起来较烦琐,为此 Python 又提供了特殊的"生成器迭代器",或者称为"生成器"(Generator)。同样输出 2 的正整数次幂数列,以下示例改用生成器函数来实现,程序文件 tnpower2.py 如代码 10-8 所示。

代码 10-8　生成器函数:2 的正整数次幂 C10\tnpower2.py

```
01  """生成器:2 的正整数次幂"""
02  
03  
04  def Power2n(n):
05      """2 的正整数次幂数列生成器"""
06      for i in range(1, n + 1):
07          yield 2 ** i
08  
09  
10  if __name__ == "__main__":
11      p = Power2n(10)
12      print(*p)
```

可以看到生成器函数很像普通函数,只是改用 yield 关键字而非 return 来返回值,这样返回的就是一个生成器对象。生成器是特殊的迭代器,会自动实现迭代方法,并自动处理迭代异常。当调用生成器的__next__()方法时,将执行对应生成器函数直到 yield 语句返回一个值并离开生成器函数,下次调用时会从生成器函数的离开位置之后继续执行返回下一个值。

生成器函数已经相当简洁,不过 Python 还提供了更为紧凑的"生成器推导式"语法,类似于列表推导式。生成器推导式基于可迭代对象经过简单运算推导出新的生成器。因此,想要输出 2 的正整数次幂数列,其实只要一行语句就够了。示例代码如下。

```
In [14]: l = [2**n for n in range(1, 11)]           # 列表推导式

In [15]: l
Out[15]: [2, 4, 8, 16, 32, 64, 128, 256, 512, 1024]

In [16]: import sys

In [17]: sys.getsizeof(l)                           # 查看对象占用字节数
Out[17]: 192

In [18]: g = (2**n for n in range(1, 11))           # 生成器推导式

In [19]: type(g)
Out[19]: generator

In [20]: sys.getsizeof(g)
Out[20]: 120

In [21]: l = [2**n for n in range(1, 21)]

In [22]: g = (2**n for n in range(1, 21))

In [23]: sys.getsizeof(l)
```

```
Out[23]: 264

In [24]: sys.getsizeof(g)              # 生成器对象大小是固定的
Out[24]: 120
```

可以看到列表会随元素的增加而消耗更多内存,而生成器迭代器的大小却保持不变,因此生成器迭代器更适用于需要迭代海量数据的情况。

实例 10-3 曼德布罗分形图

本节的实例是绘制一个曼德布罗分形图。程序文件 txmandelbrot.pyw 的内容如代码 10-9 所示。

代码 10-9 绘制曼德布罗分形图 C10\txmandelbrot.pyw

```
01  """绘制曼德布罗分形图
02  """
03  import tkinter as tk
04  import time
05
06
07  class App(tk.Tk):
08      def __init__(self):
09          super().__init__()
10          # 复数取值范围
11          xa, xb, ya, yb = -2.25, 0.75, -1.25, 1.25
12          # 显示窗口大小
13          x, y = 600, 500
14          canvas = tk.Canvas(width=x, height=y)
15          canvas.pack()
16          self.img = tk.PhotoImage(width=x, height=y)
17          canvas.create_image((0, 0), image=self.img, anchor=tk.NW)
18          # 计算并显示图像
19          t1 = time.process_time()
20          pixels = type(self).mandelbrot_image(xa, xb, ya, yb, x, y)
21          self.img.put(pixels)
22          print("运行耗时: {}秒。".format(time.process_time() - t1))
23
24      @staticmethod
25      def mandelbrot_pixel(c):
26          """返回曼德布罗平面像素点对应索引号"""
27          maxiter = 256
28          z = complex(0.0, 0.0)
29          for i in range(maxiter):
30              z = z * z + c
31              if abs(z) >= 2.0:
32                  return i
33          return 256
34
35      @classmethod
36      def mandelbrot_image(cls, xa, xb, ya, yb, x, y):
37          """返回曼德布罗平面图像字符串"""
38          colors = ["#%02x%02x%02x" % (     # 索引号 0-255 对应不同颜色
39                  int(255 * ((i / 255) ** 8)) % 64 * 4,
40                  int(255 * ((i / 255) ** 8)) % 128 * 2,
41                  int(255 * ((i / 255) ** 8)) % 256) for i in range(255, -1, -1)]
```

```
42         colors.append("#000000")         # 索引号 256 对应黑色
43         # 计算复平面坐标对应的像素点
44         xm = [xa + (xb - xa) * kx / x for kx in range(x)]
45         ym = [ya + (yb - ya) * ky / y for ky in range(y)]
46         # 生成图像字符串
47         return " ".join((("{" + " ".join(
48             colors[cls.mandelbrot_pixel(complex(i, j))]
49             for i in xm)) + "}" for j in ym))
50
51
52 if __name__ == "__main__":
53     App().mainloop()
```

以上程序用到了实例方法、类方法、静态方法、列表推导式和生成器推导式，并导入 time 模块来查看运行耗时。绘图区 30 万像素点的颜色需要逐一计算，每个点执行最多 256 次迭代，因此总的计算量相当大，在一般计算机上运行需要花费数秒的时间。曼德布罗分形图程序运行效果如图 10-3 所示。

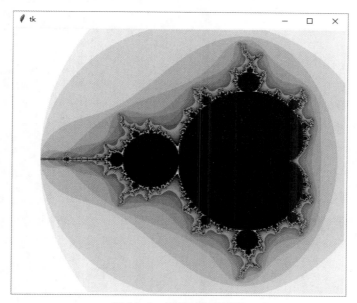

图 10-3　曼德布罗分形图

> **曼德布罗集合**
>
> "曼德布罗集合"（Mandelbrot Set）是在自平方变换 $f_c(z) = z n^2 + c$ 下不发散的复数值 c 的集合：对于复平面上的一点 c，从 z=0 开始对 $f_c(z)$ 进行迭代：$z_{n+1} = z_n + c\ (n = 0, 1, 2, ...)$。重复迭代步骤以确定结果是否收敛（如迭代 256 次后复数绝对值与原点的距离不大于 2），收敛域就是曼德布罗集合——曼德布罗集合的主要部分包含在实部 -2.25～0.75，虚部 -1.25～1.25 的复平面区域中。
>
> 曼德布罗集合是最令人着迷的分形图之一，很难想象如此简单的公式能产生如此复杂的图形，无论如何放大也无法穷尽其所包含的细节。

Python 自定义类与面向对象编程还包含更多的语言特性，本章的内容就暂且讲解到此，读者可以在今后的实践过程中继续深入探究相关知识与概念。

思考与练习

1. 如何编写自定义类？
2. 如何使用类的继承机制？
3. 类成员可分为哪几种？
4. 如何运用面向对象程序设计风格？
5. 将第9章习题中的贷款计算器程序改写为面向对象程序设计风格。
6. 将第9章实例中的简易记事本改写为面向对象程序设计风格。

第 11 章 可靠性设计

Python 提供了多种异常处理和代码测试相关的语言特性。异常处理可以使程序在发生运行错误的情况下不至于崩溃退出；代码测试可以在开发过程中及时发现程序的设计缺陷和漏洞。这些机制的目的是最大限度地保障程序功能的可靠性。

本章主要涉及以下几个知识点。
- 程序可靠性与程序错误的概念。
- 错误和异常处理机制。
- 代码测试与相关模块的使用。

11.1 错误与异常

开发者在编写程序时需要预先考虑可能发生的各种错误。Python 与许多其他编程语言一样，都提供了内置错误与异常的回溯、捕获和处理机制。

11.1.1 错误的类型

开发者在编程时常常要和各种错误信息打交道。Python 解释器发现程序的错误时，会抛出"异常"（Exception）来提示错误。这种情况可能发生于"编译时"和"运行时"这两个不同的阶段：Python 程序在运行之前要先编译为"字节码"，如果编译未通过就不会开始运行。以下交互演示了这 2 种不同类别的错误。

```
In [1]: print(2/3)
   ...: print(2///3)            # 将引发编译时错误
   ...: print("结束")
  File "<ipython-input-1-90ecc1ce7c0b>", line 2
    print(2///3)
             ^
SyntaxError: invalid syntax


In [2]: print(2/3)
   ...: print(2/0)              # 将引发运行时错误
   ...: print("结束")
   ...:
0.6666666666666666
Traceback (most recent call last):
```

```
    File "<ipython-input-2-7d58b37c849b>", line 2, in <module>
      print(2/0)
ZeroDivisionError: division by zero
```

上面 1 号交互的第 2 行语句不符合 Python 语法，编译因此中断并抛出"语法错误"（SyntaxError）异常，这就属于"编译时"错误；通过了编译的程序在运行期间仍可能出现导致程序中止的问题，例如上面 2 号交互的程序在语法上没有问题，第 1 行语句也正常执行了，但第 2 行语句中除数为零的运算违反数学法则，运行因此中止并抛出"除零错误"（ZeroDivisionError）异常，这就属于"运行时"错误。

使用 Python 内置的 compile() 和 exec() 函数，读者可以更好地区分程序代码的编译和运行这 2 个过程——下面的 4 号交互调用 compile() 函数将传入的源代码编译为"字节码"，第 2 个参数指定源代码文件名（可以为空），第 3 个参数指定编译模式（通常为""exec"）；5 号交互调用 exec() 函数执行已编译的字节码。

```
In [3]: src = """
   ...: x, y = 10, 20
   ...: print("10 * 20 =", x * y)
   ...: """

In [4]: exe = compile(src, "", "exec")        # 将源代码编译为字节码

In [5]: exec(exe)                              # 执行字节码
10 * 20 = 200
```

运行时错误无法完全避免，如用户输入的数据不完整、打开的文件格式不正确或连接的网络不通畅等，都可能导致运行时错误。读者应该预先考虑到各种异常情况，增加相应的代码来处理运行时错误以避免程序意外中止。所有异常对象都是特定异常类的实例，最基本的异常类是 BaseException，通常在编程中需要处理的异常类都继承自 BaseException 的子类 Exception。示例代码如下。

```
In [6]: SyntaxError.mro()
Out[6]: [SyntaxError, Exception, BaseException, object]

In [7]: ZeroDivisionError.mro()
Out[7]: [ZeroDivisionError, ArithmeticError, Exception, BaseException, object]
```

此外，读者还可以使用 raise 语句直接"引发"异常，或使用 assert 语句来"断言"一个条件，当违反条件时将引发异常。

```
In [8]: raise Exception("发生了错误")
Traceback (most recent call last):

  File "<ipython-input-5-2b67d8d306dd>", line 1, in <module>
    raise Exception("发生了错误")

Exception: 发生了错误

In [9]: a = 20
   ...: assert a <= 10, "数值过大"
   ...:
Traceback (most recent call last):
```

```
File "<ipython-input-6-58c21e2f5947>", line 2, in <module>
    assert a <= 10, "数值过大"
```
AssertionError: 数值过大

11.1.2 异常处理语句

Python 中提供 try 语句来处理异常:"尝试"执行可能出错的代码,如有"异常"就转而执行特定的应对代码——提醒用户再次输入、检查文件或重新连网等,使程序能够顺畅地运行。

下面的示例是一个简单的命令行界面计算器,根据输入的算式输出答案,使用 eval() 函数能把字符串作为表达式来求值,但是用户可能输入不合法的表达式,导致运行时错误的发生,因此需要使用 try 语句来处理异常:尝试执行 try 代码段,如无异常则执行之后的语句,如有异常就转而执行 except 代码段,这样即使用户输入错误的内容,程序也不至于崩溃。程序文件 calcex.py 的内容如代码 11-1 所示。

代码 11-1　带有异常处理的计算器 C11\calcex.py

```
01  """带有异常处理的命令行界面计算器
02  """
03
04
05  def main():
06      ans = ""
07      while True:
08          ask = input("输入算式或回车退出: ")
09          if ask == "":
10              break
11          try:
12              ans = eval(ask)
13          except Exception as ex:  # 捕获抛出的异常
14              ans = repr(ex)
15          print(ans)
16
17
18  if __name__ == "__main__":
19      main()
```

以上程序第 11 行开始 try 语句,当第 12 行对输入求值引发异常时,第 13 行的 except 子句将捕获抛出的 Exception 类(包括其所有继承者)实例并赋值给变量 ex,并在第 14 行用 repr() 函数返回对象的字符串表示(包括类型及提示信息),通知用户具体发生了什么问题再继续运行。

编程时可以在 try 语句中使用多个 except 子句,捕获不同类型的异常进行分别处理,如输出自定义的提示信息。此外还可以添加一个 finally 子句,在其中编写无论是否发生异常都要"最终"执行的代码。下面的示例为命令行界面计算器的异常处理添加了多个 except 子句和 1 个 finally 子句,程序文件 calcex2.py 的内容如代码 11-2 所示。

代码 11-2　带有异常处理的计算器 2 C11\calcex2.py

```
01  """带有异常处理的命令行界面计算器2:多个 except 子句和 1 个 finally 子句
02  """
03
04
05  def main():
06      ans = ""
07      while True:
```

```
08            ask = input("输入算式或回车退出: ")
09            if ask == "":
10                break
11            try:
12                ans = eval(ask)
13            except SyntaxError:              # 处理语法错误
14                ans = "语法不正确"
15            except ZeroDivisionError:        # 处理除零错误
16                ans = "除数不能为零"
17            except Exception as ex:          # 处理其他错误
18                ans = repr(ex)
19            finally:
20                print(ans)
21
22
23  if __name__ == "__main__":
24      main()
```

11.1.3 可靠性设计风格的选择

需要说明的是，在很多情况下并不一定要使用 try 语句。以下是一个接受用户输入数字的示例，程序文件 getnum.py 的内容如代码 11-3 所示。

代码 11-3 接受用户输入：使用 try 语句处理异常 C11\getnum.py

```
01  """接受用户输入：使用 try 语句处理异常
02  """
03
04
05  def main():
06      ans = ""
07      while True:
08          ask = input("请输入一个数字或回车退出: ")
09          if ask == "":
10              break
11          try:
12              # 断言字符串代表数字，断言为假时引发异常
13              assert ask.replace(".", "", 1).isdigit(), "输入的不是数字"
14              ans = eval(ask)
15          except Exception as ex:
16              ans = "错误: " + repr(ex)
17          finally:
18              print(ans)
19
20
21  if __name__ == "__main__":
22      main()
```

以上程序的目的是让用户输入一个数字(十进制的整数或小数)，为避免用户输入任意表达式，因此使用 assert 语句断言字符串是表示一个数字，当断言为假时引发异常并由 except 子句捕获这个异常。但相比上述处理方式，在这里更方便的做法是直接使用 if 语句对用户输入进行预先检测，程序文件 getnum2.py 的内容如代码 11-4 所示。

代码 11-4 接受用户输入：使用 if 语句避免异常 C11\getnum2.py

```
01  """接受用户输入：使用 if 语句避免异常
```

```
02      """
03
04
05  def main():
06      ans = ""
07      while True:
08          ask = input("请输入一个数字或回车退出: ")
09          if ask == "":
10              break
11          elif ask.replace(".", "", 1).isdigit():  # 字符串是否代表数字
12              ans = eval(ask)
13          else:
14              ans = "输入无效！"
15          print(ans)
16
17
18  if __name__ == "__main__":
19      main()
```

以上程序第 11 行通过字符串的相关方法来判断用户输入的是否为一个数字，检测通过时才会调用 eval() 函数求值，这样就没有必要再使用 try 语句来捕获异常了。

代码 11-3 和代码 11-4 分别对应了 2 种不同的编程风格："EAFP" 和 "LBYL"。EAFP 编程风格会假定所需要的变量或属性存在，并捕获可能发生的异常，其特点是大量运用 try 语句；而 LBYL 编程风格则会在执行操作前先对相关前提条件进行检查，其特点是大量运用 if 语句。

> **小提示** 所谓 EAFP 就是"求原谅好于求许可"（Easier to Ask for Forgiveness than Permission）的英文缩写，而 LBYL 则是"先观察再起跳"（Look Before You Leap）的英文缩写。

总而言之，开发者在具体编程中应当做好统筹设计，采用最适合实际情况的方式来处理各种潜在的错误，保证程序稳定、可靠地运行。

实例 11-1 随机获取图片

本节的实例是测试一个在线随机图片 API：访问指定的"岁月小筑"网址会返回一张随机图片的网址，然后调用默认浏览器打开，如图 11-1 所示。

图 11-1 随机获取图片程序

随机获取图片程序文件 getpic.py 的内容如代码 11-5 所示。

代码 11-5　随机获取图片 C11\getpic.py

```
01  """随机图片 API 测试程序
02  从"岁月小筑"获取一张随机图片的网址并用浏览器打开
03  """
04  from urllib.request import urlopen
05  import webbrowser
06  url = "http://img.xjh.me/random_img.php?return=url"
07  
08  
09  def main():
10      try:
11          # 请求图片 API 网址，得到图片网址
12          pic = urlopen(url).read().decode()
13          # 使用浏览器打开图片网址
14          webbrowser.open("http:" + pic)
15      except Exception as ex:
16          print(repr(ex))
17  
18  
19  if __name__ == "__main__":
20      main()
```

以上程序导入了标准库的 urllib 模块以访问网络资源，并导入了 webbrowser 模块操作浏览器。urllib 和浏览器一样使用 HTTP 协议与网络服务器进行通信，作为客户端自动向特定的服务器发出"请求"（Request），服务器则返回相应的"响应"（Response）信息，通过这种机制即可在网络上实现各种不同类型数据的传输。

对实例程序中关键语句的说明如下。

❏ 第 12 行调用 urllib.request 子模块中的 urlopen()函数打开指定的"统一资源定位"（URL）地址得到一个响应对象；调用响应对象的 read()方法返回字节数据；调用字节数据的 decode()方法解码得到图片的 URL 地址。

❏ 第 14 行调用 webbrowser 模块的 open()函数打开默认浏览器显示图片。

❏ 第 15 行起捕获可能发生的异常并打印错误信息——网络操作可能因连接中断等意外情况而引发异常，所以访问在线资源的代码应该用 try 语句加以保护。

> **开放 API**
>
> 🔔 小提示
>
> API 是"应用编程接口"（Application Programming Interface）的英文缩写，其作用是让外部开发者可以调用程序的特定功能，且无需关心程序内部的细节。
>
> 在互联网时代，把网络服务封装成一系列数据接口开放出去供第三方开发者使用，这就叫作开放 API。从更广泛的意义上讲，任何网站都是 API，开发者可以编写程序从网站中获取所需要的信息，就像调用本地函数返回结果一样。

11.2　代码测试

在实际开发中应当对程序代码进行测试和性能分析。Python 标准库中的 doctest 模块和 unittest 模块可分别用来进行文档测试和单元测试；cProfile/profile 模块可提供有关程序运行性能的统计数据。

11.2.1 文档测试模块 doctest

许多 Python 程序的文档字符串中都包含有示例代码，说明模块如何使用。标准库的文档测试模块 doctest 可以自动找出文档字符串中带有官方交互模式提示符的代码，并测试它们能否正确地执行。如果输出内容与文档字符串中的输出内容一致表明测试成功，否则将提示测试失败。通过文档测试可以确认代码修改是否影响原有功能的实现，也可以保证模块文档的内容不过时。文档测试是测试 Python 代码最为便捷的方式之一。

下面的示例是一个计算质数的模块，其中包含 2 个函数，程序文件 prime.py 的内容如代码 11-6 所示。

代码 11-6　带有文档测试的质数模块 C11\prime.py

```
01  """质数模块
02  示例:
03  >>> isprime(1)
04  False
05  >>> [x for x in genprimes(1, 50)]
06  [2, 3, 5, 7, 11, 13, 17, 19, 23, 29, 31, 37, 41, 43, 47]
07  """
08  import math
09
10
11  def isprime(n):
12      """检测数字是否为质数
13      示例:
14      >>> isprime(2)
15      True
16      >>> isprime(98)
17      False
18      """
19      if type(n) == int and n > 1:
20          return all(n % x for x in range(2, int(math.sqrt(n) + 1)))
21      else:
22          return False
23
24
25  def genprimes(start, end):
26      """返回指定区间内质数的生成器
27      示例:
28      >>> genprimes(1, 100)
29      <generator object genprimes.<locals>.<genexpr> at 0x...>
30      """
31      return (x for x in range(start, end) if isprime(x))
32
33
34  if __name__ == "__main__":
35      import doctest  # 导入 doctest 模块执行文档测试
36      doctest.testmod(optionflags=doctest.ELLIPSIS)
```

以上程序在运行模块时就会执行文档测试。文档测试的默认设置为输出错误信息，如果测试成功则不会有任何输出。以下 2 号交互在运行模块命令中添加了参数 "-v"，表示要输出全部信息，这时即可看到整个测试过程——总共进行了 3 项测试，输出内容与预设完全一致。

```
In [1]: %run -m prime
```

```
In [2]: %run -m prime -v
Trying:
    isprime(1)
Expecting:
    False
ok
Trying:
    [x for x in genprimes(1, 50)]
Expecting:
    [2, 3, 5, 7, 11, 13, 17, 19, 23, 29, 31, 37, 41, 43, 47]
ok
Trying:
    genprimes(1, 100)
Expecting:
    <generator object genprimes.<locals>.<genexpr> at 0x...>
ok
Trying:
    isprime(2)
Expecting:
    True
ok
Trying:
    isprime(98)
Expecting:
    False
ok
3 items passed all tests:
   2 tests in __main__
   1 tests in __main__.genprimes
   2 tests in __main__.isprime
5 tests in 3 items.
5 passed and 0 failed.
Test passed.
```

请注意以上程序的 genprimes() 方法返回一个生成器，交互模式下的输出信息会包含一个表示对象内存地址的十六进制数。这个数值在每次运行时是不确定的，因此示例代码中需要以省略符表示，并在执行测试模块函数时传入可选参数 optionflags 值为 doctest.ELLIPSIS 指定允许使用省略符。

11.2.2 单元测试模块 unittest

"单元测试"是一种更为常见的代码测试形式，其通过编写专门的程序，根据预设的测试用例来验证代码的各个组件能否正常工作，所实现的功能是否符合设计预期。

Python 标准库提供了单元测试模块 unittest 用来编写单元测试程序。单元测试程序的主体应该是一个继承自 unittest 模块中 TestCase 类的自定义类，其中包含名称以"test"开头的测试方法，对应于预设的测试用例。TestCase 类提供了许多条件判断方法用来确定输出是否符合预期。下面的示例就是一个质数模块的单元测试程序，程序文件 test_prime.py 的内容如代码 11-7 所示。

代码 11-7　质数模块的单元测试程序 C11\test_prime.py

```
01  """测试质数模块
02  """
03  import unittest
```

```
04  import prime
05
06
07  class TestPrime(unittest.TestCase):
08      def test_isprime(self):     # 测试 isprime()函数
09          self.assertTrue(prime.isprime(37))
10          self.assertFalse(prime.isprime(37.5))
11
12      def test_genprimes(self):   # 测试 genprimes()函数
13          code = [x for x in prime.genprimes(1, 50)]
14          out = [2, 3, 5, 7, 11, 13, 17, 19, 23, 29, 31, 37, 41, 43, 47]
15          self.assertEqual(code, out)
```

以上程序中的 TestPrime 类定义了 2 个测试函数 test_isprime()和 test_genprimes()，其中包含几种常用的判断方法。

- 第 9 行使用 assertTrue()方法断言传入参数为真值。
- 第 10 行使用 assertFalse()方法断言传入参数为假值。
- 第 15 行使用 assertEqual()方法断言传入的 2 个参数值相等。

每个单元测试方法中的所有判断都成立则测试成功。相比文档测试只包含使用示例，单元测试的用例能够覆盖更多特殊情况，执行效率也更高。

读者可以在程序中调用 unittest.main()函数来进行单元测试，更为推荐的做法是在命令行中运行 unittest 模块，这样可以一次执行多个单元测试程序。以下交互同样在运行模块命令中添加了参数"-v"输出详细信息，可以看到 2 个测试方法均执行成功。

```
In [1]: %run -m unittest test_prime -v
test_genprimes (test_prime.TestPrime) ... ok
test_isprime (test_prime.TestPrime) ... ok

----------------------------------------------------------------------
Ran 2 tests in 0.003s

OK
```

在实际工作中，开发者应当为各功能模块编写单元测试程序。单元测试所选择的用例要包含常见的输入组合、边界条件和可能错误等。代码发生改动就应当运行单元测试，确保模块的更新不会破坏原有功能。

11.2.3　性能分析模块 cProfile/profile

判定程序代码的质量优劣，还需要进行的一项重要工作就是"性能测试"或称"性能分析"（Profiling）。通过性能分析可以统计程序执行的详细时间消耗情况，帮助读者了解影响效率提升的瓶颈在什么地方，从而有针对性地对程序加以优化。

Python 标准库中的性能分析工具主要有 2 个模块——cProfile 和 profile，它们所提供的接口完全相同，区别在于前者用 C 语言实现而后者用纯 Python 实现。在多数情况下推荐使用 cProfile 模块，profile 模块适用于特定受限制的系统，或是需要自定义性能分析器的特殊场合。

接下来请读者尝试使用 cProfile 模块，对 11.2.1 节中质数的模块代码进行性能分析，只需在交互模式中执行以下语句即可。

```
In [1]: import cProfile

In [2]: from prime import genprimes
```

```
In [3]: cProfile.run("[x for x in genprimes(1, 10000)]")
        158754 function calls in 0.048 seconds

   Ordered by: standard name

   ncalls  tottime  percall  cumtime  percall filename:lineno(function)
        1    0.000    0.000    0.048    0.048 <string>:1(<listcomp>)
        1    0.000    0.000    0.048    0.048 <string>:1(<module>)
     9999    0.017    0.000    0.045    0.000 prime.py:11(isprime)
   127524    0.014    0.000    0.014    0.000 prime.py:20(<genexpr>)
        1    0.000    0.000    0.000    0.000 prime.py:25(genprimes)
     1230    0.003    0.000    0.048    0.000 prime.py:31(<genexpr>)
     9998    0.012    0.000    0.025    0.000 {built-in method builtins.all}
        1    0.000    0.000    0.048    0.048 {built-in method builtins.exec}
     9998    0.002    0.000    0.002    0.000 {built-in method math.sqrt}
        1    0.000    0.000    0.000    0.000 {method 'disable' of '_lsprof.Profiler' objects}
```

以上 3 号交互调用 cProfile 模块的 run() 方法来执行代码段（输出 1～10000 范围内的所有质数列表），得到的性能分析信息首先是一个汇总值：共计执行了 158754 次函数调用，耗时 0.048 秒。然后是按每个函数的标准名称排列的详细数据，具体含义说明如下。

（1）ncalls：函数调用次数。
（2）tottime：函数总计调用耗时。
（3）percall：函数每次调用耗时，即 tottime/ncalls。
（4）cumtime：函数包括其子函数累计调用耗时。
（5）percall：函数包括其子函数每次调用耗时，即 cumtime/ncalls。
（6）filename:lineno(function)：每个函数的标准名称，即文件名:行号:(函数名)。

可以看到执行代码段时，prime.py 第 11 行判断是否质数的函数 isprime() 总共调用了 9999 次，累计耗时 0.045 秒，是最主要的耗时操作。

当然除了针对代码段，也可以针对一个程序文件执行性能分析，如以下交互使用 IPython 的 run 命令运行 profile 模块，并指定了要分析的目标程序 prime.py。

```
In [4]: %run -m profile prime.py
        43707 function calls (43446 primitive calls) in 0.197 seconds
...（以下省略）...
```

以上简要介绍了 Python 标准库的 cProfile/profile 模块。此外，还有许多第三方包或专业 IDE 也提供了更易用的性能分析工具，读者可以在需要时再深入了解。

实例 11-2　批量下载图片

本节的实例是一个批量下载图片的"网络爬虫"程序：在百度图片搜索指定关键词并批量下载图片到本机的指定目录中。程序文件 webcrawler.py 的内容如代码 11-8 所示。

代码 11-8　批量下载图片 C11\webcrawler.py

```
01  """批量下载图片
02  说明：
03      创建类实例调用 getlinks() 方法获取图片链接列表，调用 savefile() 方法将链接保存为文件
04  示例：
05      >>> from webcrawler import Crawler
06      >>> c = Crawler()
07      >>> links = c.getlinks("高清动漫")
```

```
08  搜索词条 高清动漫
09  >>> len(links) > 0
10  True
11  """
12  from urllib.request import build_opener, install_opener, urlopen, urlretrieve
13  from urllib.parse import quote, urlparse
14  import os
15  import re
16  bdimg = "https://image.baidu.com/search/flip?tn=baiduimage&word="
17
18
19  class Crawler:
20      """百度图片爬虫"""
21
22      def __init__(self):
23          """初始化爬虫实例，设置图片保存目录"""
24          pydir = os.path.dirname(os.path.abspath(__file__))
25          self.imgdir = os.path.join(pydir, "img")
26          if not os.path.exists(self.imgdir):
27              os.mkdir(self.imgdir)
28          self.cnt = 0
29
30      def getlinks(self, word):
31          """获取链接列表"""
32          links = []
33          print("搜索词条", word)
34          try:
35              # 向百度图片搜索提交指定关键字获取结果网页
36              html = urlopen(bdimg + quote(word)).read().decode()
37              # 使用正则表达式从搜索结果网页源代码中提取原始图片链接
38              links = re.findall(r'"objURL":"(.+?)"', html)
39          except Exception as ex:
40              print("发生错误", repr(ex))
41          return links
42
43      def savefile(self, url):
44          """将链接保存为文件"""
45          imgfile = os.path.join(self.imgdir, quote(url, ""))
46          if not os.path.exists(imgfile):
47              print("保存文件", url)
48              try:
49                  res = urlparse(url)
50                  # 为HTTP请求构建特定的报头
51                  # 部分网站会检查客户端是否提供必要信息
52                  domain = res.hostname.split(".", 1)[1]
53                  opener = build_opener()
54                  opener.addheaders = [
55                          ("User-Agent", "Mozilla/5.0"),
56                          ("Referer", f"{res.scheme}://www.{domain}/")]
57                  install_opener(opener)
58                  urlretrieve(url, imgfile)    # 将链接目标保存为文件
59                  self.cnt += 1
60              except Exception as ex:
61                  print("发生错误", repr(ex))
62
63
```

```
64    if __name__ == "__main__":
65        c = Crawler()
66        links = c.getlinks("国画")
67        for i in links:
68            c.savefile(i)
69        print(f"运行结束,共下载{c.cnt}个文件")
```

这个实例程序同样是通过 urllib 对网络资源进行访问,其中使用了包模块下属不同子模块的多个函数,包含了实现网络爬虫功能所需的一些基本技巧。

- 第 19 行起定义爬虫类 Crawler,对所有属性和方法进行封装。
- 第 22 行起重载实例初始化方法 __init__(),设置图片保存目录和下载计数器。
- 第 30 行起定义获取链接列表方法 getlinks(),向百度图片搜索提交指定关键字获取结果网页,使用正则表达式从搜索结果网页源代码中提取全部原始图片链接并作为列表返回。
- 第 43 行起定义保存图片文件方法 savefile(),请注意部分网站会检查客户端 HTTP 请求是否提供了特定的信息,其中最常见的字段有表示客户端名称的 User-Agent 和表示访问来源的 Referer 等,因此该方法为下载图片的请求添加了这两个必要的字段。

图片爬虫程序运行时将创建爬虫实例,调用实例的方法搜索图片链接并逐个下载到程序所在文件夹的 img 子目录。批量下载图片程序的运行结果如图 11-2 所示。

图 11-2 批量下载图片程序的运行结果

批量下载图片程序模块的文档字符串包含了示例代码,可以用 doctest 模块执行文档测试,检验爬虫能否正确获取到图片列表。

```
In [1]: import webcrawler

In [2]: import doctest

In [3]: doctest.testmod(webcrawler)
```

```
Out[3]: TestResults(failed=0, attempted=4)
```

> **小提示** 对于网络爬虫之类模拟浏览器功能的程序编写来说，读者应该善用浏览器所提供的各种附加功能。多数浏览器都支持右键单击网页选择查看实际的 HTML 源代码，这可以用来分析确定所需内容的提取规则；按快捷键 F12 则可以打开"开发者工具"，其中包含大量实用的功能，例如，可以通过"网络"面板查看每个 HTTP 请求和响应的详细信息，如图 11-3 所示。

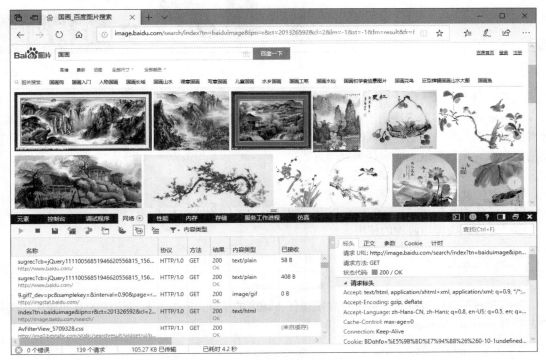

图 11-3 浏览器的开发者工具

在实际工作中编写的程序可能出现各种各样的问题，开发者应当灵活运用不同的错误与异常处理机制，进行充分地代码测试与性能分析，以确保应用程序符合设计需求，能够稳定并且高效地运行。

思考与练习

1. 程序错误可分为哪几种？如何实现异常处理？
2. 如何使用文档测试模块？
3. 如何使用单元测试模块？
4. 如何使用性能分析模块？
5. 为第 10 章实例中的桌面计算器程序添加异常处理代码，当输入不合法（如以零作为除数）时在显示屏上输出相应的错误提示。
6. 为第 10 章习题中的贷款计算器程序添加文档测试和单元测试代码。

第 12 章 任务调度

Python 提供了多种模块用于支持并发执行代码，消除无谓的等待时间，提高程序运行效率。读者应当根据具体应用的种类（CPU 密集型或 IO 密集型）和偏好的编程风格（抢占式或事件驱动的协作式）来选择适当的多任务处理方式。

本章主要涉及以下几个知识点。
- 时间处理与定时操作。
- 任务调度与并发执行的概念以及不同种类的多任务处理方式。
- 进程、线程与协程的使用。

12.1 时间操作

获取和转换时间数据是计算机程序实现任务调度的基础，Python 标准库中的时间操作相关模块主要有 time 和 datetime 等。

12.1.1 时间模块 time

本书之前的实例中已经使用过标准库的 time 模块，该模块包含了各种基本时间处理函数，如 time()函数会读取计算机的系统时钟并返回一个 float 类型的"UNIX 纪元时间戳"（Timestamp），即当前时间距离国际标准时间 1970 年 1 月 1 日 0 点的秒数。示例代码如下。

```
In [1]: import time

In [2]: timestamp = time.time()   # 获取当前时间戳

In [3]: timestamp
Out[3]: 1563232345.5362413
```

使用 localtime()函数，可以得到指定时间戳对应的本地时间。例如，上述时间戳对应于北京时间 2019 年 7 月 16 日 7 时 12 分 25 秒（星期二）。

```
In [4]: time.localtime(timestamp)   # 时间戳对应的本地时间
Out[4]: time.struct_time(tm_year=2019, tm_mon=7, tm_mday=16, tm_hour=7, tm_min=12, tm_sec=25, tm_wday=1, tm_yday=197, tm_isdst=0)
```

以上交互返回的时间对象中的 **tm_wday** 属性表示周序号（请注意星期一的序号为 0），**tm_yday** 表示是当年的第几天（1 月 1 日为第 1 天），**tm_isdst** 表示是否夏令时。

使用 gmtime()函数则可以得到指定时间戳对应的国际标准时间（UTC）或称"格林威治平均时间"（GMT），比北京时间慢 8 小时（如果不带参数地调用 localtime()和 gmtime()函数，则会得到当前时间对象）。示例代码如下。

```
In [5]: time.gmtime(timestamp)   # 时间戳对应的国际标准时间
Out[5]: time.struct_time(tm_year=2019, tm_mon=7, tm_mday=15, tm_hour=23, tm_min=12,
tm_sec=25, tm_wday=0, tm_yday=196, tm_isdst=0)
```

因此如果想知道 UNIX 纪元起始点对应的国际标准时间，可以在调用 gmtime()函数时传入 0 作为参数。示例代码如下。

```
In [6]: time.gmtime(0)
Out[6]: time.struct_time(tm_year=1970, tm_mon=1, tm_mday=1, tm_hour=0, tm_min=0,
tm_sec=0, tm_wday=3, tm_yday=1, tm_isdst=0)
```

> **小提示** UTC 和 GMT 通常不加区分地译为"国际标准时"。按照更严谨的说法，UTC 是世界时间标准的名字，GMT 则是零度经线所在时区的名字。

调用 ctime()函数可以将时间戳转换为一个表示本地时间的字符串。示例代码如下。

```
In [7]: time.ctime(timestamp)   # 时间戳对应的本地时间字符串
Out[7]: 'Tue Jul 16 07:12:25 2019'
```

请注意，ctime()是 Python 3.7 新增加的函数，在之前的版本中，用户需要先用 localtime()或 gmtime()将时间戳转换为时间对象，然后调用另一个函数 asctime()来得到同样的结果。示例代码如下。

```
In [8]: time.asctime(time.localtime(timestamp))
Out[8]: 'Tue Jul 16 07:12:25 2019'
```

如果想要定制输出时间字符串，可以使用 strftime()函数。

```
In [10]: time.strftime("%Y-%m-%d %H:%M:%S", time.gmtime(0))
Out[10]: '1970-01-01 00:00:00'
```

上面 strftime()函数的第一个参数为指定格式的字符串，6 个以百分号打头的占位符分别表示年、月、日、时、分、秒对应的数字。与 strftime()函数相对应的还有 strptime()函数，它会根据指定格式解析字符串来获得一个时间对象。示例代码如下。

```
In [11]: time.strptime("Tue Jul 16 07:12:25 2019")
Out[11]: time.struct_time(tm_year=2019, tm_mon=7, tm_mday=16, tm_hour=7, tm_min=12,
tm_sec=25, tm_wday=1, tm_yday=197, tm_isdst=-1)
```

可以看到 strptime()函数默认可以解析的字符串形式就是 ctime()所返回的字符串形式，如果再传入一个时间格式字符串，则可以解析任意形式的时间字符串。

```
In [12]: time.strptime("1970年1月1日0时", "%Y年%m月%d日%H时")
Out[12]: time.struct_time(tm_year=1970, tm_mon=1, tm_mday=1, tm_hour=0, tm_min=0,
tm_sec=0, tm_wday=3, tm_yday=1, tm_isdst=-1)
```

时间格式字符串中允许的全部占位符如表 12-1 所示，读者可以自行练习以熟悉它们的具体含义。

表 12-1　　　　　　　　　　　　　　　时间占位符

时间占位符	含义说明
%a	本地化的缩写星期名称
%A	本地化的完整星期名称

时间占位符	含义说明
%b	本地化的缩写月份名称
%B	本地化的完整月份名称
%c	本地化的适当日期和时间表示
%d	十进制数[01, 31]表示的日期
%H	十进制数[00, 23]表示的小时（即 24 小时制）
%I	十进制数[01, 12]表示的小时（即 12 小时制）
%j	十进制数[001, 366]表示的年内日期序号
%m	十进制数[01, 12]表示的月份
%M	十进制数[00, 59]表示的分钟
%p	本地化的 AM 或 PM
%S	十进制数[00, 61]表示的秒（通常只使用 0~59，60 用于表示闰秒，61 为目前未使用的保留值）
%U	十进制数[00, 53]表示的年内星期序号 （以周日作为每星期的起始，年内第一个周日之前视为第 0 周）
%w	十进制数[0, 6]表示的星期内日序号
%W	十进制数[00, 53]表示的年内星期序号 （以周一作为每星期的起始，年内第一个周一之前视为第 0 周）
%x	本地化的适当日期表示
%X	本地化的适当时间表示
%y	十进制数[00, 99]表示的不带世纪的年份
%Y	十进制数表示的完整年份
%z	时区偏移量以格式+HHMM 或-HHMM 形式的 UTC/GMT 正或负时差表示 其中 H 表示小时数字，M 表示分钟数字（[-23:59, +23:59]）
%Z	时区名称（不带时区则不包含字符）
%%	表示%字符

另外，在 time 模块中还有一个 sleep()函数，可以让程序"休眠"指定的秒数再继续执行，例如以下交互将会花费 10 秒钟时间。

```
In [13]: for i in range(1, 11):
   ...:     time.sleep(1)
   ...:     print(f"{i}秒", end=" ")
1秒 2秒 3秒 4秒 5秒 6秒 7秒 8秒 9秒 10秒
```

如果想要确定一段程序的运行时间，可以在代码块的首尾分别获取时间并相减。比较相对时间推荐使用以下 2 个函数更为精确高效：perf_counter()函数返回当前系统开机运行的秒数，process_time()函数返回当前进程实际运行的秒数（休眠时间不算在内）。示例代码如下。

```
In [14]: t = time.time()
   ...: time.sleep(5)
   ...: print(time.time()-t)
5.002017259597778

In [15]: t = time.perf_counter()
```

```
   ...: time.sleep(5)
   ...: print(time.perf_counter()-t)
5.000831686000026

In [16]: t = time.process_time()
   ...: time.sleep(5)
   ...: print(time.process_time()-t)
0.0
```

12.1.2 日期时间模块 datetime

如果想要更方便地实现日期和时间的显示和运算，则应导入 datetime 模块。该模块主要包含 datetime 类型，其中的类方法 fromtimestamp()或 utcfromtimestamp()可以将时间戳转换为表示对应地方时或国际标准时的 datetime 对象。示例代码如下。

```
In [1]: import time

In [2]: from datetime import datetime

In [3]: t = time.time()

In [4]: datetime.fromtimestamp(t)   # 地方时（北京时间）
Out[4]: datetime.datetime(2019, 7, 16, 7, 46, 30, 81952)

In [5]: datetime.utcfromtimestamp(t)   # 国际标准时（与北京时间相差8小时）
Out[5]: datetime.datetime(2019, 7, 15, 23, 46, 30, 81952)
```

datetime 对象包含 int 类型的 year、month、day、hour、minute、second 和 microsecond 属性，对应年、月、日、时、分、秒和微秒。编程中可以调用 datetime 类构造器返回 datetime 对象，也可以调用类方法 now()或 utcnow()返回表示当前地方时或国际标准时的 datetime 对象。示例代码如下。

```
In [6]: d = datetime.now()

In [7]: str(d)   # datetime 转字符串，返回标准时间格式
Out[7]: '2019-07-16 07:47:20.912344'
```

datetime 模块提供了 timedelta 类型用来表示时间差。timedelta 类的构造器接受关键字参数 weeks、days、hours、minutes、seconds、milliseconds 和 microseconds 指定时间差是多少周、日、时、分、秒、毫秒和微秒。没有年和月是因为其长度不固定。timedelta 对象可以与 datetime 对象做加减，也可以与另一个 timedelta 对象相加减，还可以乘以或除以 int 或 float 类型的数值。示例代码如下。

```
In [8]: from datetime import timedelta

In [9]: d1000 = d + timedelta(days=1000)   # 1000 天之后的日期

In [10]: str(d1000)
Out[10]: '2022-04-11 07:47:20.912344'
```

datetime 模块还包含 timezone 类型来表示时区，datetime 对象要加上 timezone 类型的 tzinfo 属性才能无歧义地定位时间点。timezone 类构造器的参数是表示与零时区时差的 timedelta 对象，也可以引用 time.timezone 变量从系统时钟得到国际标准时减当前地方时的秒数，该值取反就是当前时区的时差。示例代码如下。

```
In [11]: from datetime import timezone

In [12]: d0 = datetime(1970, 1, 1, 0, tzinfo=timezone.utc)    # UNIX 纪元零时的 datetime

In [13]: d0
Out[13]: datetime.datetime(1970, 1, 1, 0, 0, tzinfo=datetime.timezone.utc)

In [14]: print(d0)          # UNIX 纪元零时包含时区的标准时间格式
1970-01-01 00:00:00+00:00

In [15]: d0.timestamp()     # UNIX 纪元零时的时间戳
Out[15]: 0.0

In [16]: d = datetime.now()     # 当前本地时的 datetime，不包含时区信息

In [17]: d
Out[17]: datetime.datetime(2019, 7, 16, 7, 50, 21, 856025)

In [18]: d = d.replace(tzinfo=timezone(timedelta(seconds=-time.timezone)))    # 加上时区信息，从系统时钟获取

In [19]: print(d)           # 当前本地时包含时区的标准时间格式
2019-07-16 07:50:21.856025+08:00

In [20]: d.astimezone(timezone(timedelta(hours=9)))    # 转换为东九区时
Out[20]: datetime.datetime(2019, 7, 16, 8, 50, 21, 856025, tzinfo=datetime.timezone(datetime.timedelta(seconds=32400)))
```

与 time 模块中的同名函数类似，在编程时可以指定格式字符串，用 datetime 类的 strptime() 类方法将日期字符串转为 datetime 对象，也可以用 strftime() 实例方法将 datetime 实例对象转为日期字符串。示例代码如下。

```
In [21]: datetime.strptime("1970年1月1日0时", "%Y年%m月%d日%H时")
Out[21]: datetime.datetime(1970, 1, 1, 0, 0)

In [22]: import locale

In [23]: locale.setlocale(locale.LC_ALL, "zh_CN.UTF-8")
Out[23]: 'zh_CN.UTF-8'

In [24]: d.strftime("%Y年%m月%d日%H时%M分%S秒")
Out[24]: '2019年07月16日07时50分21秒'
```

请注意在 Windows 系统下调用 strftime() 方法（包括 12.1.1 节的 strftime() 函数）时如果传入包含中文的格式字符串，将会遇到编码转换问题，因此以上交互导入了标准库的区域设置模块 locale 来设置区域代码，以解决此问题。

> **小提示**　区域语言设置不仅控制着系统使用的语言编码，也会影响数字、日期时间格式和货币符号的选择等许多方面。

实例 12-1　定时批量下载图片

本节的实例改进了第 11 章编写的批量下载图片程序：每隔 1 小时运行一次网络爬虫，搜索并下载新的图片文件。程序文件 crawler.py 的内容如代码 12-1 所示。

代码 12-1　定时批量下载图片 C12\crawler.py

```
01  """定时批量下载图片
02  """
03  import os
04  import sys
05  import time
06
07
08  def main():
09      pydir = os.path.dirname(os.path.abspath(__file__))
10      base = os.path.split(pydir)[0]
11      sys.path.insert(0, base)          # 将练习项目主目录插入模块搜索目录列表
12      from C11.webcrawler import Crawler
13      while True:
14          c = Crawler()
15          links = c.getlinks("国画")
16          for i in links:
17              c.savefile(i)
18          print(f"本轮任务结束，共下载{c.cnt}个文件")
19          print("进入休眠……")
20          for _ in range(3600):         # 休眠一小时
21              time.sleep(1)
22
23
24  if __name__ == "__main__":
25      main()
```

以上实例程序相当简短，因为它导入了第 11 章的 webcrawler 模块来实现代码复用。需要注意的是，在默认情况下解释器只会在当前工作目录和 Python 安装目录中搜索要导入的模块，因此本实例代码第 11 行将练习项目的主目录插入到模块搜索目录列表 sys.path 的开头，这样就能导入练习项目的所有模块了。当应用程序需要默认路径以外的软件包时就可以使用这个技巧。

另外读者还可以注意到代码第 20 行起用 3600 次 sleep(1) 而非 sleep(3600) 来实现休眠一小时，以便能随时按 Ctrl+C 组合键来中止程序（如果是用 Spyder 集成开发环境，也可以在 IPython 面板中右键单击选择 Quit 结束运行）。

实例 12-2　整点提醒

本节的实例是一个整点提醒程序：每到整点就弹出一个显示时间的窗口来提醒用户，如图 12-1 所示。

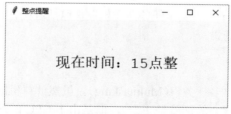

图 12-1　整点提醒程序的运行结果

实例程序文件 notice.pyw 的内容如代码 12-2 所示。

代码 12-2　整点提醒 C12\notice.pyw

```
01  """整点提醒
```

```
02  """
03  import tkinter as tk
04  import time
05  from datetime import datetime, timedelta
06
07
08  def notice(hour):                                           # 弹出提醒窗口
09      root = tk.Tk()
10      root.title("整点提醒")
11      root.geometry("400x160")
12      label = tk.Label(root, text=f"现在时间：{hour}点整", font=("Courier", 20))
13      label.place(relx=0.5, rely=0.5, anchor=tk.CENTER)
14      root.after(30000, root.destroy)                         # 30000 毫秒后销毁窗口
15      root.lift()
16      root.mainloop()
17
18
19  if __name__ == "__main__":
20      while True:
21          dt = datetime.now() + timedelta(hours=1)  # 下一个整点执行任务
22          dt = dt.replace(minute=0, second=0, microsecond=0)
23          while datetime.now() < dt:
24              time.sleep(1)
25          notice(dt.hour)
```

对实例程序中关键语句的说明如下。

❏ 第 8 行起定义了弹出提醒函数 notice()，在 Tk 窗体中显示所传入的小时值。

❏ 第 13 行调用部件的 place()方法时指定坐标值为小数(0.5, 0.5)表示将标签放在窗口正中间的位置。

❏ 第 14 行调用窗体的 after()方法指定 30000 毫秒（30 秒）后调用 destroy()方法关闭窗体。

❏ 第 15 行调用 lift()方法将窗体提到最前显示。

❏ 第 21 行起灵活使用 datetime 模块的时间操作得到下一整点的 datetime 对象，以保证提醒函数会在每个整点准时被执行，这是实现定时程序的一个常用技巧。

> 小提示　如果是在 Windows 资源管理器中直接运行 notice.pyw 文件，由于不会打开命令行窗口，想强制结束程序的话需要通过系统任务管理器关闭 Python 解释器。

12.2 多任务处理

本节将介绍如何在 Python 中实现多任务并发机制，包括进程、线程与协程的使用，并讨论它们各自的特点和适合的应用场景。

12.2.1 进程的使用

现今的操作系统都支持"多任务"（Multitasking）。虽然计算机的中央处理器（CPU）在同一时刻只能运行 1 个程序（双核心的话就是 2 个），但是由于 CPU 的速度极快，每秒能执行几十亿条机器语言指令，因此系统可以划分出微秒级的时间片，通过合理的任务调度快速切换执行程序，从人类的角度看就是在同时运行了。

对于操作系统来说，任务调度和资源分配的基本单元是"进程"（Process），不同程序在不同

进程中运行。同一程序也可能会启动多个进程以高效地执行多任务，例如，浏览器同时下载多个在线资源，IDE 一边接受代码输入一边调用解释器检查语法等。任务切换时需要记住各自进行到了哪一步，这种信息就称为"上下文"（Context）。

在 Windows 系统中右键单击任务栏选择"任务管理器"即可显示当前进程列表，如图 12-2 所示。我们可以看到即使未打开任何应用，也有大量进程正在后台运行。

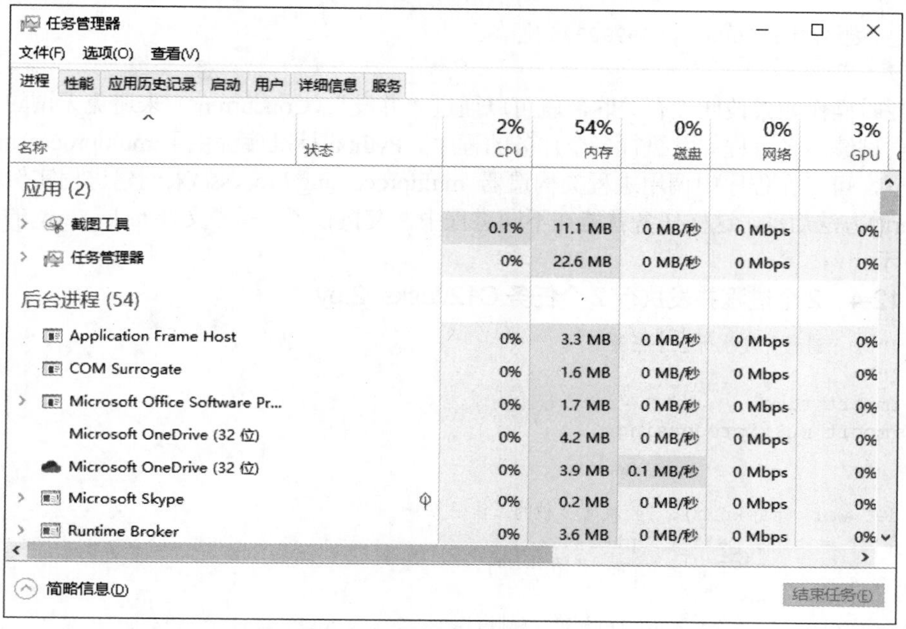

图 12-2　Windows 系统的任务管理器

在之前章节中所编写的代码都是单线运行的，如下面的示例程序依次执行了 2 个工作任务，程序文件 tasks_1.py 的内容如代码 12-3 所示。

代码 12-3　2 个任务依次执行 C12\tasks_1.py

```
01  """2 个任务依次执行
02  """
03  import time
04
05
06  def work(tasknum):      # 耗时 3 秒的工作任务
07      t = time.perf_counter()
08      print(f"任务{tasknum}开始……")
09      time.sleep(3)
10      print(f"任务{tasknum}完成! 耗时{time.perf_counter() - t}秒。")
11
12
13  def main():             # 依次执行 2 个工作任务
14      work(1)
15      work(2)
16
17
18  if __name__ == "__main__":
19      t = time.perf_counter()
20      main()
```

185

```
21     print(f"主程序耗时{time.perf_counter() - t}秒。")
```

以上程序中的工作任务函数 work()中使用 time.sleep(3)来模拟耗时 3 秒的操作,这样依次执行 2 个任务的总耗时就是 6 秒。程序运行结果如下。

```
任务1 开始……
任务1 完成! 耗时 3.0185625689999998 秒。
任务2 开始……
任务2 完成! 耗时 3.0008498049999996 秒。
主程序耗时 6.020425788 秒。
```

多个耗时操作如果彼此没有关联,就可以通过"并发"(Concurrent)来避免无谓的等待。下面请读者尝试编写多进程并发执行多个任务的程序。Python 标准库提供了 multiprocessing 模块来实现多进程,可以在程序中调用进程类构造器 multiprocessing.Process()来创建进程实例,再调用实例的 start()方法启动,这样任务就能在不同进程中并发执行了。程序文件 tasks_2.py 的内容如代码 12-4 所示。

代码 12-4 2 个进程并发执行 2 个任务 C12\tasks_2.py

```
01    """2 个进程并发执行 2 个任务
02    """
03    import time
04    import multiprocessing
05
06
07    def work(tasknum):    # 耗时 3 秒的工作任务
08        t = time.perf_counter()
09        print(f"任务{tasknum}开始……")
10        time.sleep(3)
11        print(f"任务{tasknum}完成! 耗时{time.perf_counter() - t}秒。")
12
13
14    def main():      # 在不同进程中执行工作任务
15        multiprocessing.Process(target=work, args=(1,)).start()
16        multiprocessing.Process(target=work, args=(2,)).start()
17
18
19    if __name__ == "__main__":
20        t = time.perf_counter()
21        main()
22        print(f"主程序耗时{time.perf_counter() - t}秒。")
```

以上程序用 2 个进程并发执行 2 个任务,在 3 秒之后同时完成,而在默认进程中执行的主程序因为没有耗时操作所以率先结束了。程序运行结果如下。

```
主程序耗时 0.06413474699999999 秒。
任务1 开始……
任务2 开始……
任务1 完成! 耗时 2.993581393 秒。
任务2 完成! 耗时 2.993595187 秒。
```

> **小提示**   如果希望等其他进程都完成再退出主程序,需要在调用进程实例的 start()方法后再调用进程实例的 join()方法来"合并"子进程。另外,Spyder 的交互终端可能不会输出子进程中打印的内容,如果出现这种情况可以在命令行窗口中执行以上示例程序。

12.2.2 线程的使用

在单个进程内部也可以同时运行多个子任务,称为"线程"(Thread)。线程相比进程更为轻量,建立和释放速度更快。通常耗时操作可分为 2 种:如密码破解需要 CPU 进行大量运算,这称为"CPU 密集型应用";而网络爬虫主要处理数据的输入和输出(Input/Output),这称为"IO 密集型应用"。前者宜采用多进程,后者则宜采用多线程。

使用线程要引入标准库的 threading 模块,具体写法与使用进程类似。以下就是一个使用多线程并发执行多个任务的示例,程序文件 tasks_3.py 的内容如代码 12-5 所示。

代码 12-5　多线程并发执行多个任务 C12\tasks_3.py

```
01  """多线程并发执行多个任务
02  """
03  import time
04  import threading
05  import sys
06
07
08  def work(tasknum):    # 耗时 3 秒的工作任务
09      t = time.perf_counter()
10      sys.stdout.write(f"任务{tasknum}开始……\n")
11      time.sleep(3)
12      sys.stdout.write(f"任务{tasknum}完成!耗时{time.perf_counter() - t}秒。\n")
13
14
15  def main():      # 在不同进程中执行工作任务
16      threading.Thread(target=work, args=(1,)).start()
17      threading.Thread(target=work, args=(2,)).start()
18
19
20  if __name__ == "__main__":
21      t = time.perf_counter()
22      main()
23      print(f"主程序耗时{time.perf_counter() - t}秒。")
```

使用多线程要注意所谓"线程安全"问题。例如,当多个线程都想用 print()输出信息时,可能会因为没有抢到资源而出现异常,因此以上程序的工作函数输出信息用的是线程安全的 sys.stdout.write()。程序运行结果如下。

```
任务 1 开始……
任务 2 开始……
主程序耗时 0.0009290429999999975 秒。
任务 2 完成!耗时 3.008762067 秒。
任务 1 完成!耗时 3.0092474399999998 秒。
```

> **小提示**　与 12.2.1 节多进程的情况类似,如果希望等其他线程都完成再退出主程序,同样需要调用线程实例的 start()方法后再调用线程实例的 join()方法来"合并"线程。

12.2.3 协程的使用

Python 3.4 新增了一种更适合 IO 密集型应用的语言特性"异步 IO"(Asynchronous I/O),在不开多进程或多线程的情况下也能实现多任务并发。简单来说,当程序发起一个普通 IO 操作时,它会"阻塞"(Block)当前任务的执行直到操作结束;而所谓异步 IO 就是不等待 IO 操作结束就继续执行，具体实现方式则是通过创建一个内部事件循环来轮番处理所有任务的状态。

异步 IO 调度任务的基本单元称为"协程"（Coroutine）。函数之类的程序构件可统称为子程序或"例程"（Routine），一般都是从起点进入从终点退出；而协程是一种特殊例程，在进入后可以多次中断转往其他操作再返回（其实就是之前介绍过的生成器），这样就能有任意多个任务在事件循环中被切换执行了。

线程与协程对应着 2 种不同的并发编程方式：线程采用"抢占式"调度，由操作系统负责任务调度以确保每个线程的执行机会；而协程则是事件驱动的"协作式"调度，由开发者负责任务调度，一个协程必须主动让出资源进入等待状态，其他协程才有机会执行。协作式调度在语言层面的实现，避免了在系统层面进行上下文切换的额外消耗（当然这会增加编程的代码量）。

通过异步 IO 实现多任务并发，需要引入 Python 标准库的 asyncio 模块并使用 async/await 语句。

（1）async def 语句定义协程函数用来返回协程对象；async with 语句指定异步上下文管理器用来生成可等待对象。

（2）asyncio.create_task()/.gather()方法将一个/多个协程打包为任务排入计划日程。

（3）await 语句指定任务或其他可等待对象并返回执行结果。

（4）asyncio.get_event_loop()方法在主程序中获取事件循环来运行作为顶层入口的协程函数。

> **小提示**　　async 和 await 是 Python 3.7 新增加的 2 个保留关键字。如果为之前 Python 版本编写的程序中有用到它们作为标识符，则需要进行修改才能兼容 Python 3.7。

以下就是一个使用多协程并发执行多个任务的示例，程序文件 tasks_4.py 的内容如代码 12-6 所示。

代码 12-6　多协程并发执行多个任务 C12\tasks_4.py

```
01  """多协程并发执行多个任务
02  """
03  import time
04  import asyncio
05
06
07  async def work(tasknum):                                # 耗时 3 秒的异步工作任务
08      t = time.perf_counter()
09      print(f"任务{tasknum}开始……")
10      await asyncio.sleep(3)
11      print(f"任务{tasknum}完成！耗时{time.perf_counter() - t}秒。")
12
13
14  async def main():                                       # 异步执行 2 个工作任务
15      tasks = asyncio.gather(work(1), work(2))
16      await tasks
17
18
19  if __name__ == "__main__":
20      t = time.perf_counter()
21      loop = asyncio.get_event_loop()                     # 获取事件循环
22      asyncio.run_coroutine_threadsafe(main(), loop)      # 运行主协程函数
23      # 直接执行脚本时用下面这句运行主协程函数
24      # loop.run_until_complete(main())
25      # 在 Python 3.7 中用下面这一句即可，不必再去获取事件循环
```

```
26      # asyncio.run(main())
27      print(f"主程序耗时{time.perf_counter() - t}秒。")
```

以上程序第 22 行运行主协程函数的语句采用的是更为通用的写法,下面被注释掉的写法更为简洁,但在 Spyder 中将会报错,因为 Spyder 已启动了事件循环。程序运行结果如下。

```
任务 1 开始……
任务 2 开始……
任务 1 完成!耗时 3.0036561820000003 秒。
任务 2 完成!耗时 3.0038537950000004 秒。
主程序耗时 3.019819151 秒。
```

另外,请注意本示例的任务函数改用 asyncio.sleep()函数来模拟异步 IO 耗时操作,因为 time.sleep()函数会阻塞事件循环。协程版程序中的任何操作都需要异步执行才有效果,也就是说并非所有任务都可以通过多协程来实现并发。

在实际开发中,协程通常会与进程配合使用,这样既可发挥异步 IO 的执行效率,又能充分利用 CPU 的多个核心。

实例 12-3 并发版定时批量下载图片

本节的实例是对之前定时批量下载图片程序的进一步改进,通过并发执行多个图片的下载操作来减少耗时。该实例使用了 Python 标准库的并发执行模块 concurrent.futures,这个模块主要包含"线程池执行器"ThreadPoolExecutor 和"进程池执行器"ProcessPoolExecutor 这 2 个类,它们是对 threading 和 multiprocessing 的更高层级抽象,可以用来更方便地编写多线程和多进程应用。

实例程序文件 xcrawler.py 的内容如代码 12-7 所示。

代码 12-7 并发版定时批量下载图片 C12\xcrawler.py

```
01  """并发版定时批量下载图片
02  """
03  import os
04  import sys
05  import time
06  from concurrent.futures import ThreadPoolExecutor
07
08
09  def main():
10      pydir = os.path.dirname(os.path.abspath(__file__))
11      base = os.path.split(pydir)[0]
12      sys.path.insert(0, base)
13      from C11.webcrawler import Crawler
14      while True:
15          t = time.perf_counter()
16          c = Crawler()
17          links = c.getlinks("高清动漫")
18          # 使用线程池执行器并发执行 30 个下载任务
19          with ThreadPoolExecutor(max_workers=30) as executor:
20              executor.map(c.savefile, links, timeout=5)
21          print(f"本轮任务结束,共下载{c.cnt}个文件")
22          print(f"共耗时{time.perf_counter() - t}秒,进入休眠……")
23          for _ in range(3600):    # 休眠 1 小时
24              time.sleep(1)
25
26
27  if __name__ == "__main__":
```

```
28      main()
```

对实例程序中关键语句的说明如下。
- 第 6 行从 concurrent.futures 模块导入线程池执行器类 ThreadPoolExecutor。
- 第 19 行调用 ThreadPoolExecutor()构造器创建线程池执行器对象 executor，传入 max_workers 参数指定最多同时开 30 个线程来执行任务。
- 第 20 行调用 executor 的 map()方法，将指定的方法应用于保存在列表中的所有链接，timeout 参数表示每个任务限时 5 秒——这将立即并发执行下载图片操作，如果任务总数多于允许的线程数，线程池执行器会将任务合理地分配给各个线程。

读者可以尝试为之前的实例 12-1 程序添加计时代码来进行对比，就能发现采用并发执行方式后，程序的运行效率将有显著提升。

针对任务调度机制的改进是近年来 Python 版本更新的重要发展方向，相关语言特性还在不断被加入。读者也应当重点关注这方面的信息，以便在编程时更好地发挥现代多核心处理器的优势，实现代码的高效并发运行。

思考与练习

1. 如何处理时间与日期信息？
2. 如何理解多任务并发？
3. 如何使用进程、线程与协程？
4. 如何基于标准库模块编写实用的多任务并发应用？
5. 改进本章实例 12-2 中的整点提醒程序，每到整点时自动播放一段音乐。

> 小提示： 使用标准库 winsound 模块中的 PlaySound()函数即可播放声音文件。

6. 参考本章实例，编写一个并发版网络资源下载程序，自动批量获取自己感兴趣的某一种在线内容。

第13章 环境管理

Python 程序运行在特定的 Python 环境当中，Python 运行环境可以是完整的安装版本，也可以是基于某个安装版本的虚拟环境。开发者在实际开发中应当为应用项目创建单独的虚拟环境，以方便管理、维护以及移植应用项目到正式运行程序的"生产环境"中。

本章主要涉及以下几个知识点。
- Python 运行环境的选择与配置。
- 虚拟环境的创建与激活。
- 生产环境的管理与维护。
- Python 与其他编程语言环境的协同与配合。

13.1 多环境配置

在实际工作中可能需要使用不同的 Python 版本，同一台计算机上的多个发行版本将作为不同的独立环境而存在。基于特定发行版本还可以创建多个虚拟环境，读者可以在多个环境之间方便地进行切换。

13.1.1 安装版环境

在同一个操作系统中允许安装多个 Python 主要发行版本（如 3.6、3.7），它们各自以解释器、标准库和第三方包构成独立的运行环境。例如，对于 Windows 来说，当在命令提示符下输入 python 命令时，系统将按以下顺序寻找对应的可执行文件：当前路径、系统路径、Path 环境变量指定的路径。如果在这些地方都找不到，则系统将显示错误提示："'python' 不是内部或外部命令，也不是可运行的程序或批处理文件"。

现在请读者尝试在已安装了 Python 3.7 的系统中再安装一个 Python 发行版本，例如，Python 3.8。截止到 2019 年 7 月，Python 3.8 尚处于开发阶段，还未正式发布，但官方已提供了"预览版"用于学习和测试，读者可以在官网的相应页面下载最新的 Python 预览版。

> 💡 **小提示** 请注意 Python 3.8 预览版主要用于学习和测试，可能还存在稳定性和兼容性等方面的问题，不推荐在实际工作中使用。

安装 Python 3.8 预览版时请保持默认设置，不要勾选添加环境变量。安装完成后"开始"菜单中将增加 Python 3.8 程序组，单击其中的菜单项即可打开 Python 3.8 版本的解释器或 IDLE。以下交互演示了 Python 3.8 新增的语言特性"赋值表达式"（PEP572），赋值表达式使用":="运算符为变量赋值，同时会将所赋的值作为表达式的返回值。

```
>>> s = "123456789abcdef"
>>> if (n := len(s)) > 10:   # 使用赋值表达式
...     print(f"字符串长度为{n}，长度应小于10")
...
字符串长度为15，长度应小于10
```

上面的例子如果是在3.8之前版本中，就需要调用2次len()函数。3.8版新的语法使代码更为简洁。":="运算符的优先级比其他所有运算符都低，因为其两个字符的组合看起来像是海象的眼睛和长牙，而获"海象运算符"的昵称。

以下交互演示了Python 3.8的另一个新增语言特性"仅限位置参数"（PEP570），在形参表中以正斜杠来指定之前的参数不允许使用关键字的形式传入。

```
>>> def power(base, exp, /):   # 使用仅限位置参数
        return base ** exp
...
>>> power(2, 10)
1024
>>> power(exp=10, base=2)
Traceback (most recent call last):
  File "<stdin>", line 1, in <module>
TypeError: power() got some positional-only arguments passed as keyword arguments: 'base, exp'
```

> **小提示**：读者可以查看在线版官方文档的"Python 3.8有什么新变化"说明页了解关于Python 3.8的更多详情。

另外需要注意的一点是：不同发行版本的第三方包并不通用，例如，想在Python 3.8中使用Spyder，就必须使用Python 3.8版的pip命令来重新安装Spyder。而如果想在命令提示符窗口中运行特定版本的Python，就必须在命令前面加上路径，或者用cd命令切换路径到相应安装目录，或者将路径添加到名为Path的环境变量当中。

Windows系统设置环境变量的具体方法是：右键单击桌面上的计算机图标选择"属性">"高级系统设置">"环境变量..."，编辑Path环境变量中的Python安装目录（以及该目录下的Scripts子目录，其中有第三方包的命令文件，如pip.exe）如图13-1所示，完成后重新打开命令提示符窗口，则输入python命令时就将执行Path环境变量指定目录下的python.exe（除非当前路径下有别的python.exe）。

环境变量包括系统环境变量和用户变量两类，用户变量优先级更高；Path环境变量可以包含多个路径，排在前面的路径优先级更高。掌握了环境变量的使用方法，用户即可自由地设置默认的Python解释器。

Windows版安装包从Python 3.3开始增加了一个"启动器"（PEP397），对应可执行文件py.exe放在系统路径下（即C:\Windows），通过附带命令参数就能运行不同版本，这样就不必再设置环境变量。示例代码如下。

```
py                          # 运行默认Python版本，通常为最新安装的版本
py -3.7                     # 运行Python 3.7
py -3.8                     # 运行Python 3.8
py -0p                      # 显示安装的Python版本列表和对应路径
py -3.7 -m idlelib.idle     # 运行Python 3.7的idle模块
py -3.8 -m pip list         # 运行Python 3.8的pip模块
py -h                       # 显示帮助信息
```

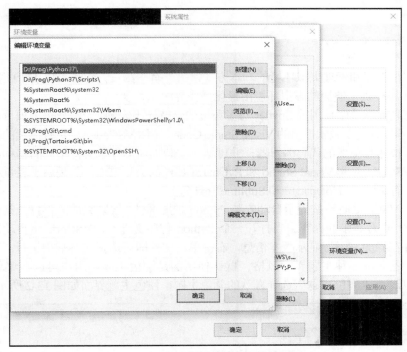

图 13-1　Windows 系统编辑环境变量

当在 Windows 资源管理器中双击 Python 程序文件的时候其实是运行了 Python 启动器，用户可以创建 C:\Windows\py.ini 文件来配置启动器选项，如改变默认 Python 版本。

```
[defaults]
python=3.7
```

通过以上几种技巧，读者可以方便地使用不同的 Python 版本，在熟悉新版本语言特性的同时又不影响旧版本的稳定运行。

13.1.2　虚拟环境

除了 13.1.1 节所介绍的安装版环境，读者还可以基于特定版本的 Python 创建"虚拟环境"，即额外复制一份该版本的解释器，沿用其标准库，并能独立安装第三方包。例如，如果使用某个安装了 Spyder 的 Python 版本创建虚拟环境，这个虚拟环境默认是没有 Spyder 的。利用这样的机制能够为不同应用提供专属运行环境，令软件部署与维护更为方便可靠。

Python 3.3 新增了一个 venv 模块（PEP405）专门用来管理虚拟环境（之前版本需要安装第三方包，如 virtualenv）。下面请读者基于 Python 3.7 创建一个用于游戏开发的虚拟环境 vGame：首先新建一个专门目录如 D:\Venv 来保存虚拟环境，使用资源管理器进入该目录，在地址栏输入 cmd 打开命令提示符，然后运行以下命令。

```
py -3.7 -m venv vGame
```

该命令将在当前路径下生成虚拟环境目录 vGame。现在用户就可以切换路径到 vGame\Scripts 子目录，输入 python 命令运行解释器，pip 命令安装软件包，activate 命令激活此虚拟环境（命令提示符前将显示其名称），deactivate 命令退出虚拟环境。

所谓激活虚拟环境其实就是将虚拟环境目录的 Scripts 子目录加入环境变量，这样在任何位置输入命令时都会优先到那里查找。运行以下命令激活 vGame 虚拟环境并安装游戏开发工具包

pygame。

```
vGame\Scripts\activate
pip install pygame
```

以上介绍了创建和管理虚拟环境的基本方式，另外有些第三方包也可以用于配置虚拟环境，许多专业 IDE 还提供了便捷的虚拟环境图形化操作界面。

由于本书之前章节中使用的 Spyder 对多环境的支持还不完善，无法为每个项目单独配置运行环境，因此推荐读者使用微软推出的 Visual Studio Code（简称 VSCode）来进行后续的练习。VSCode 是一款小巧、快速且免费的代码编辑器，并可通过安装扩展插件来支持不同的编程语言。

请注意 VSCode 并非 Visual Studio 和 PyCharm 那样的大型 IDE，而是属于轻量级的代码编辑器（类似的还有 Atom、Notepad++和 Sublime Text 等）。

首次启动 VSCode 时请按提示自动安装 Python 扩展插件，安装完成后再打开某个项目文件夹（如 D:\pyAbc）查看其中的内容。当打开一个 Python 程序文件时，VSCode 将自动调用系统默认 Python 环境并在界面左下方显示版本信息，右键单击文件即可选择在终端中运行。

VSCode 还支持多种主题界面风格，默认使用的是深色主题。用户可以在菜单栏单击"文件"＞"首选项"＞"颜色主题"选择喜欢的颜色主题，浅色主题界面如图 13-2 所示。

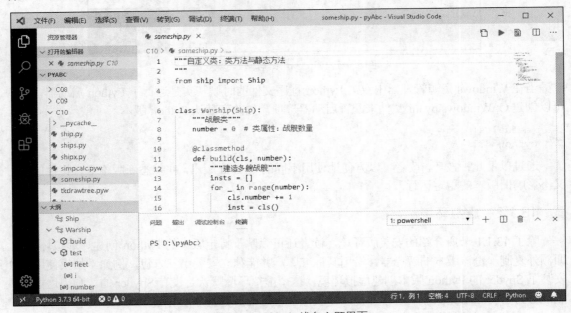

图 13-2　VSCode 浅色主题界面

请注意 VSCode 默认使用的终端程序是 powershell 而不是 cmd，用户需要首先输入以下命令以允许执行 powershell 脚本。

```
Set-ExecutionPolicy RemoteSigned -Scope CurrentUser
```

在 VSCode 菜单栏选择"文件"＞"首选项"＞"设置"可以修改默认设置，单击界面右上角的"打开设置"图标可以直接编辑 JSON 格式的设置文件 settings.json。以下的用户设置示例代码将 Python 环境指向 3.7 安装版的绝对路径，指定查找虚拟环境的目录（用户单击界面左下方版本信息时将列出安装版环境和此目录下的虚拟环境供选择切换），并启用代码格式化和代码 PEP8 规范检查。

```
{
    "code-runner.runInTerminal": true,
    "python.formatting.provider": "yapf",
    "python.formatting.yapfPath": "D:\\Prog\\Python37\\Scripts\\yapf.exe",
    "python.linting.pep8Enabled": true,
    "python.linting.pep8Path": "D:\\Prog\\Python37\\Scripts\\pycodestyle.exe",
    "python.linting.pylintEnabled": false,
    "python.pythonPath": "D:\\Prog\\Python37\\python.exe",
    "python.venvPath": "D:\\Venv"
}
```

"代码格式化"(Formatting)是指将程序代码修改为统一的格式,而"代码检查"(Linting)则是指对程序代码是否符合语法和规范进行检查。请注意要在 3.7 版环境中使用 pip 命令安装相应的第三方包 yapf 和 pycodestyle,并设置同名可执行程序的绝对路径,这样可以在切换不同环境时共享这些基本功能,而不必在其他环境中重复安装。

> **小提示** 以上设置的第一行代码指定 Code Runner 在终端中运行程序。Code Runner 是一个 VSCode 扩展插件,推荐读者在扩展面板中搜索并安装,它会在界面右上角添加一个快捷运行程序的按钮(最新 Python 扩展插件已直接集成了此功能)。

实例 13-1 贪吃蛇小游戏

本节的实例是基于第三方游戏开发工具包 pygame 来编写一个经典的"贪吃蛇"小游戏。这次请读者尝试使用 VSCode 作为代码编辑器。首先在菜单栏单击"文件">"打开文件夹"并选择练习项目中本章的目录 D:\pyAbc\C13,然后新建程序文件 game.pyw,其文件内容如代码 13-1 所示。

代码 13-1 贪吃蛇小游戏 C13\game.pyw

```
01  """贪吃蛇小游戏"""
02  import pygame as pg
03  from random import randrange
04  red, black, bgcolor = (255, 0, 0), (0, 0, 0), (200, 200, 200)
05  screen_width, screen_height = 500, 500
06
07
08  class Snake:
09      def __init__(self):                                         # 初始化类实例
10          pg.init()                                               # 初始化 pygame
11          self.score = 0                                          # 游戏得分
12          self.clock = pg.time.Clock()
13          self.display = pg.display.set_mode((screen_width, screen_height))
14          body, head = [[250, 250], [240, 250], [230, 250]], [250, 250]
15          food = [randrange(1, 50) * 10, randrange(1, 50) * 10]
16          self.display.fill(bgcolor)
17          self.play_game(head, body, food, 1)
18          while True:
19              self.screen_final_score()
20              for event in pg.event.get():
21                  if event.type == pg.QUIT:
22                      exit()
23
24      def met_food(self, food):                                   # 碰到食物
25          food = [randrange(1, 50) * 10, randrange(1, 50) * 10]
26          self.score += 1
27          return food
```

```python
28
29      def met_border(self, head):                                    # 碰到窗口边界
30          return any([head[0] >= 500, head[0] < 0, head[1] >= 500, head[1] < 0])
31
32      def met_self(self, body):                                      # 碰到自己
33          head = body[0]
34          return True if head in body[1:] else False
35
36      def no_way(self, body):                                        # 是否无路可走
37          head = body[0]
38          return True if self.met_border(head) or self.met_self(body) else False
39
40      def move(self, head, body, food, heading):                     # 移动
41          if heading == 1:
42              head[0] += 10
43          elif heading == 0:
44              head[0] -= 10
45          elif heading == 2:
46              head[1] += 10
47          elif heading == 3:
48              head[1] -= 10
49          if head == food:
50              food = self.met_food(food)
51              body.insert(0, list(head))
52          else:
53              body.insert(0, list(head))
54              body.pop()
55          return body, food
56
57      def draw_snake(self, body):                                    # 绘制蛇
58          for pos in body:
59              pg.draw.rect(self.display, black, pg.Rect(pos[0], pos[1], 10, 10))
60
61      def draw_food(self, food):                                     # 绘制食物
62          pg.draw.rect(self.display, red, pg.Rect(food[0], food[1], 10, 10))
63
64      def play_game(self, head, body, food, heading):                # 开始游戏
65          crashed = False
66          prev_heading, heading = 1, 1
67          while crashed is not True:
68              for event in pg.event.get():
69                  crashed = True if event.type == pg.QUIT else False
70                  if event.type == pg.KEYDOWN:
71                      if event.key == pg.K_LEFT and prev_heading != 1:
72                          heading = 0
73                      elif event.key == pg.K_RIGHT and prev_heading != 0:
74                          heading = 1
75                      elif event.key == pg.K_UP and prev_heading != 2:
76                          heading = 3
77                      elif event.key == pg.K_DOWN and prev_heading != 3:
78                          heading = 2
79              self.display.fill(bgcolor)
80              self.draw_food(food)
81              self.draw_snake(body)
82              body, food = self.move(head, body, food, heading)
83              pg.display.set_caption("贪吃蛇小游戏  当前得分: %s" % self.score)
```

```
84              pg.display.update()
85              prev_heading = heading
86              crashed = True if self.no_way(body) else False
87              self.clock.tick(3)
88
89      def screen_final_score(self):                       # 在屏幕上显示最终得分
90          font = pg.font.Font('freesansbold.ttf', 35)
91          text = font.render("Final Score: %s" % self.score, True, red, bgcolor)
92          textRect = text.get_rect()
93          textRect.center = ((screen_width / 2), (screen_height / 2))
94          self.display.blit(text, textRect)
95          pg.display.update()
96
97
98  if __name__ == "__main__":
99      Snake()
```

以上程序的代码是迄今为止的练习项目中行数最长的，但仍然相当清晰易读。本实例首次在代码中导入了来自 Python 标准库以外的第三方包的模块 pygame，可以看到基于 pygame 来开发游戏确实是非常方便的。这个实例不再具体讲解每行语句的含义，只是用来说明如何在 VSCode 中对虚拟环境进行操作。

请读者在 VSCode 中打开配置面板，选择"工作区"（Workspace）。通过"工作区设置"可以为当前项目指定单独的 Python 环境。以下代码在工作区设置文件中指定使用 13.1.2 节中创建的 vGame 虚拟环境的 Python 解释器。

```
{
    "python.pythonPath": "D:\\Venv\\vGame\\Scripts\\python.exe",
}
```

读者在主菜单中选择"视图">"命令面板"，输入"Python"并在列出的命令项中单击"Python: 创建终端"即可激活 vGame 虚拟环境，运行当前工作区的程序文件时就会使用这个虚拟环境。

贪吃蛇小游戏程序的运行效果如图 13-3 所示。

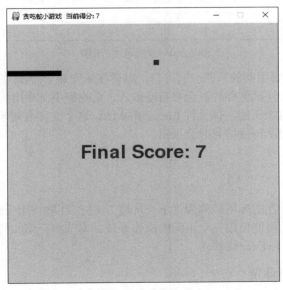

图 13-3　贪吃蛇小游戏

如果读者在资源管理器中直接双击运行 game.pyw 文件，会发现程序没有响应，因为在这种情况下是由 Python 启动器调用默认的安装版环境，而其中这个环境中并未安装 pygame。解决办法之一是在 game.pyw 的第一行添加代码，用指定虚拟环境的窗口模式 Python 解释器来运行这个小游戏程序。示例代码如下。

```
#!D:\Venv\vGame\Scripts\pythonw.exe
```

如果读者还想为这个贪吃蛇小游戏生成可执行文件，那就需要再安装一个名为 PyInstaller 的第三方包，这个工具包支持在不同操作系统平台上生成相应的可执行程序。示例代码如下。

```
pip install pyinstaller
```

接下来就可以输入以下命令生成可执行程序（"-w" 参数代表窗口模式）。

```
pyinstaller game.pyw -w
```

这将在当前路径下创建发布目录 dist\game，其中有 game.exe 和许多其他文件，如图 13-4 所示。

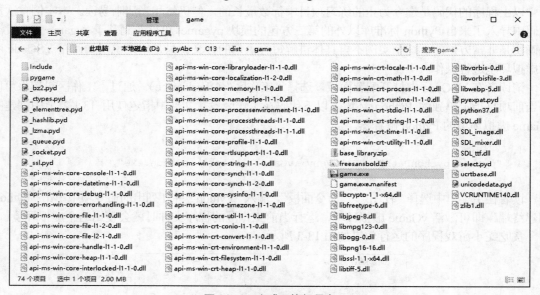

图 13-4　生成可执行程序

PyInstaller 会将所有要用到的东西一起打包，以便在未安装 Python 的系统上建立运行环境。但请注意，程序中加载的外部文件并不会被自动放入。贪吃蛇小游戏用到了一个位于 vGame\Lib\site-packages\pygame 子目录下的字体文件 freesansbold.ttf，这个文件需要手工复制到可执行文件所在的目录中，否则最后显示得分信息时会报错。

13.2　生产环境

应用程序正式运行所在的环境被称为"生产环境"，生产环境与用于编写程序的"开发环境"配置可能并不一致，甚至可能使用完全不同的操作系统。本节将介绍如何在最常见的生产环境即 Linux 系统中配置并运行 Python 软件。

13.2.1　配置生产环境

所谓"生产环境"是指应用程序正式上线运行所用的软硬件环境，多为安装了 Linux 操作系统的高性能计算机。Linux 是一种开放源代码的类 UNIX 操作系统，它的创造者是芬兰软件工程师林纳斯·托瓦兹（Linus Torvalds）。Linux 自 1994 年诞生以来凭借其优秀的设计与灵活的架构获得全世界众多公司和机构的支持，发展极为迅猛，目前已成为网络服务器和嵌入式设备上的主流系统，全球排名前 500 的超级计算机几乎全都运行 Linux。

生产环境主机通常集中放置在专用机房中，通过网络远程访问。开发者通常还会配置一个"模拟生产环境"来进行发布前的测试。Linux 可以在实体机上安装（需要有未分配的硬盘空间，安装后即可在开机时选择启动），也可以在其他操作系统管理的虚拟机上安装（如 Win10 附带的虚拟机工具 Hyper-V）。

如果读者使用的操作系统是 Windows 10，则接触 Linux 最简便的方式是打开微软应用商店直接安装。这种 Linux 是基于"适用于 Linux 的 Windows 子系统"（Windows Subsystem for Linux，WSL），启动比虚拟机更快，性能也更好。

下面请读者使用 WSL 来创建一个模拟生产环境：在 Windows 10 "开始"菜单中单击 "Windows 系统" > "控制面板" > "程序" > "启用或关闭 Windows 功能"，在项目列表中勾选"适用于 Linux 的 Windows 子系统"，单击"确定"按钮并重启操作系统。

现在进入微软应用商店搜索"Linux"即可找到多个 Linux 发行版，如图 13-5 所示。它们看起来风格各异，但都使用同样的 Linux 内核。在此推荐安装 Ubuntu，其对新手来说更为友好。下载、安装 Ubuntu 完成后可以设置固定到"开始"菜单，今后只要在"开始"菜单中单击 Ubuntu 图标即可启动。

图 13-5　微软应用商店中的 Linux 发行版

首次启动 Ubuntu 终端控制台将会花一些时间来安装组件，随后需要输入用户名和密码来创建一个账号，接下来会显示命令提示符"$"等待用户输入命令（在提示符之前会显示"用户名@主机名"），读者可以尝试输入以下命令，如图 13-6 所示。

```
$ cat /etc/issue        # 显示发行版本，如 Ubuntu 18.04.2
$ uname -a              # 显示内核版本，如 Linux 4.4.0
$ pwd                   # 显示当前路径
$ cd /                  # 切换目录路径
$ ls                    # 列出目录内容
$ df -h                 # 显示文件系统
$ python3               # 运行 Python 3 解释器，如 Python 3.6.7
```

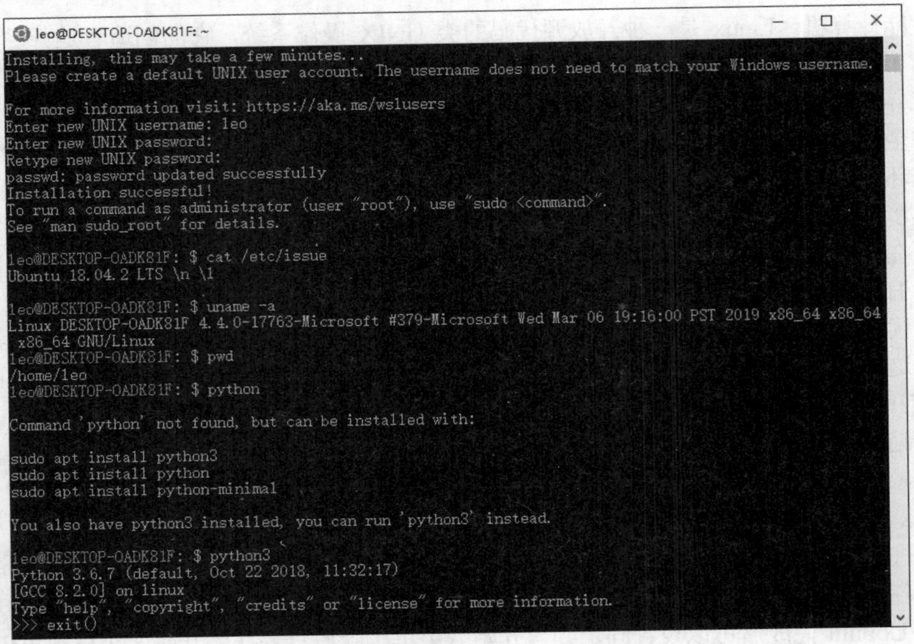

图 13-6 WSL 版 Ubuntu 终端控制台

可以看到 Ubuntu 已经自带了 Python 3.6 解释器（注意对应命令为 python 3，通常 Linux 中的 python 命令默认是指 Python 2）。多数 Linux 发行版都会集成 Python，大量系统组件也都使用 Python 编写，且出于稳定性的考虑自带 Python 版本通常并非最新版本（某些 Linux 发行版附带的甚至仍是 Python 2）。

与 Windows 系统不同，Linux 的文件系统使用正斜杠作为路径分隔符，所有路径都以根目录"/"为起点组成树形结构，如 leo 用户目录路径为"/home/leo"，输入时可以按 TAB 键自动补全命令和路径。请注意在 Linux 终端中中断运行的组合键为 Ctrl+C，复制文本的组合键为 Ctrl+Shift+C，粘贴文本的组合键则为 Ctrl+Shift+V。

读者如果需要改变用户目录以外的东西，例如，进行全局系统配置和软件安装，请在命令前加上"sudo"即以系统用户身份运行。Ubuntu 使用 apt 命令管理软件包，发行版的维护团队会对各个软件包进行测试并更新到官方 apt 源。为了加快下载速度，用户首先需要修改 apt 源列表文件。示例代码如下。

```
$ sudo cp /etc/apt/sources.list /etc/apt/sources.list.bak
$ sudo vim /etc/apt/sources.list
```

以上命令先对 apt 源列表文件做复制备份，再用文本编辑器 vim 打开。请先输入":%d"清空内容，再按"i"键进入插入模式，复制相关镜像源的配置文本并在窗口中进行粘贴，设置从中国大陆的镜像源（如腾讯云）下载软件包。

> **小提示**　许多国内互联网公司都提供了各大开源软件项目的镜像站点，读者可以对比访问速度自行选择，更多详情可访问各站点的帮助文档。

按"ESC"键退出插入模式，再输入":wq"保存并退出，接下来就可以执行 apt 命令更新和安装 Ubuntu 软件包了。示例代码如下。

```
$ sudo apt update              # 更新软件包列表
$ sudo apt list -upgradable    # 查看哪些软件包可更新
```

```
$ sudo apt upgrade python3.6          # 更新 Python 3.6，不指定名字则更新全部软件包
$ sudo apt install python3.7          # 安装 Python 3.7
$ sudo apt install python3-pip        # 安装 Python 3 的 pip
$ sudo apt install python3.7-venv     # 安装 Python 3.7 的 venv
$ python3.7 -m venv vTest             # 基于 Python 3.7 创建虚拟环境
$ source vTest/bin/activate           # 激活虚拟环境
$ which python                        # 查看当前 python 命令对应的可执行文件
```

以上命令从 apt 源更新了 Python 3.6 的维护版本，并安装了 Python 3.7。可以看到 Ubuntu 把 Python 分成多个模块，如 pip 和 venv 都是需要额外安装的。Ubuntu 自带的 Python 安装版会包含许多系统组件，不推荐用户改变默认的 Python 主要版本，也不可删除其中的任何现有模块，而应当基于安装版创建并使用虚拟环境。

请注意，激活虚拟环境的命令与在 Windows 系统下不同，激活虚拟环境后即可直接输入 python、pip 等命令而不必再带版本号。退出虚拟环境的命令仍是 deactivate。另外，还要记得修改 Python 软件包的镜像源，Ubuntu 下的全局配置文件是 /etc/pip.conf，配置方法与在 Windows 系统下相同（参见本书第 3 章）。

13.2.2 使用生产环境

在大多数情况下，开发者需要通过网络来远程访问用作生产环境的主机。下面就请读者尝试使用本机的 WSL 模拟远程操作，这需要在 Ubuntu 上配置 SSH 服务。SSH 是"安全终端"（Secure Shell）的英文缩写。首先在 Ubuntu 终端输入以下命令生成主机密钥。

```
$ sudo ssh-keygen -A
```

接下来打开 SSH 服务配置文件 /etc/ssh/sshd_config 进行编辑。示例代码如下。

```
$ sudo vim /etc/ssh/sshd_config
```

将配置文件中的 PasswordAuthentication 选项由"no"改为"yes"，即允许使用密码远程登录（默认只允许使用密钥文件），然后启动 SSH 服务（并在 Windows 系统弹出安全提示时允许服务通过防火墙）。示例代码如下。

```
$ sudo service ssh start
```

现在让 Ubuntu 终端保持运行状态，然后打开 Windows 命令提示符输入以下命令，作为指定用户远程登录指定的主机——这里的"localhost"是一个指向本机的特殊主机名。

```
ssh leo@localhost
```

首次远程登录时会显示安全提示，输入"yes"允许连接，再输入密码即可进入命令行界面，以远程连接的方式进行操作。在实际工作中所连接的可以是网络上的任何一台主机，通常使用"主机名.域名"形式的网址（或是数字形式的"IP 地址"）。

> 💡 **小提示**　除了使用 Windows 10 自带的 ssh 命令（即 OpenSSH 客户端），读者也可以安装其他方便易用的 SSH 客户端程序，如 PuTTY 和 Bitvise SSH Client 等。

接下来的练习将演示如何配置密钥文件进行远程连接，读者不必每次输入密码，连接更为便捷安全。首先在 Windows 命令提示符中输入以下命令。

```
ssh-keygen -t rsa
```

对于所有系统提示请一律按回车键确认。此操作将在当前用户目录（如 C:\Users\leo）的 .ssh 文件夹中创建密钥文件，其中 id_rsa 称为"私钥"，id_rsa.pub 称为"公钥"。用户应输入以下命令

将公钥文件复制到远程主机的用户目录下。

```
scp .ssh/id_rsa.pub leo@localhost:~/
```

下面的操作是在远程主机的终端下执行，为上传的公钥添加授权。

```
$ umask 0077   # 设置新建文件权限掩码为仅允许当前用户读写（默认为0022）
$ mkdir .ssh   # 创建当前用户的 SSH 配置目录
$ cat id_rsa.pub >> .ssh/authorized_keys   # 将指定公钥加入已授权公钥列表
```

当用户再次使用 ssh 命令远程登录时，无须输入密码即可直接进入终端界面。在实际工作中密钥文件是更为常用的认证方式，用户需要注意妥善保存自己的私钥文件，以确保系统安全。

生产环境的 Linux 主机通常不安装图形界面，需要使用字符界面的工具程序，如 vim。VSCode 提供了专门的远程开发扩展插件 Remote Development 以支持通过 SSH 远程连接 Linux 主机，开发者可以在图形界面下进行开发，在远程主机上运行程序。安装 Remote Development 插件，在界面左侧工具栏单击 "Remote-SSH" > "Configure"，选择打开用户 SSH 配置文件（如 C:\Users\leo\.ssh\config）添加主机信息。示例代码如下。

```
Host localhost
    HostName localhost
    User leo
    IdentityFile ~/.ssh/id_rsa
```

以上配置指定使用密钥文件登录远程主机。密钥文件的路径可以使用与 Linux 下相同的写法，以 "~/" 代表当前用户目录。保存配置之后，单击左侧面板主机列表中对应的连接图标即可打开一个新窗口，并连接到远程主机（注意在 Windows 系统弹出安全提示时允许服务通过防火墙）。

此时，如果选择打开目录将会列出远程主机的用户目录，选择打开终端也将打开远程主机的终端，如图 13-7 所示。

图 13-7 VSCode 连接远程主机

另外请注意，读者还需要在远程主机上也安装 Python 插件，并在远程设置文件中配置默认的 Python 解释器（如 ~/vTest/bin/python），具体操作参见 13.1.2 节。

下面的示例可以在 Linux 终端输出彩色的文本，请读者在 Linux 系统的 Python 解释器上运行。程序文件 textcolor.py 的内容如代码 13-2 所示。

代码 13-2　在终端输出彩色的文本 C13\textcolor.py

```
01  """在 Linux 终端中输出彩色文本
02  （使用第三方包 colorama 也可以在 Windows 系统中实现此效果）
03  """
04  # from colorama import init
05  # init()
06
07
08  def main():
09      print("\033[1;30m灰色文本\033[0m")
10      print("\033[1;31m红色文本\033[0m")
11      print("\033[1;32m绿色文本\033[0m")
12      print("\033[1;33m黄色文本\033[0m")
13      print("\033[1;34m蓝色文本\033[0m")
14      print("\033[1;35m品红色文本\033[0m")
15      print("\033[1;36m青色文本\033[0m")
16      print("\033[1;37m白色文本\033[0m")
17      print("\033[1;37;40m白色文本黑色背景\033[0m")
18      print("\033[1;36;41m青色文本红色背景\033[0m")
19      print("\033[1;35;42m品红色文本绿色背景\033[0m")
20      print("\033[1;34;43m蓝色文本黄色背景\033[0m")
21      print("\033[1;33;44m黄色文本蓝色背景\033[0m")
22      print("\033[1;32;45m绿色文本品红色背景\033[0m")
23      print("\033[1;31;46m红色文本青色背景\033[0m")
24      print("\033[1;30;47m灰色文本灰色背景\033[0m")
25
26
27  if __name__ == "__main__":
28      main()
```

以上程序中用特殊代码控制文本颜色的语法是 Linux 或 UNIX 终端所特有的，如果要在 Windows 系统中实现此效果则可以使用第三方包 colorama，参见被注释的第 2 行代码。程序在 VSCode 远程终端上的运行结果如图 13-8 所示。

图 13-8　在 Linux 终端输出彩色的文本

以上就是对于使用生产环境的简要说明。WSL 非常方便，但是只适合学习和测试，如果需要真正的生产环境，则需要拥有实体机房或是购买现成的云主机服务。

实例 13-2　项目进度通知

官方 Python 文档提供了最为全面和权威的 Python 帮助资源，有无数热心志愿者正在共同参与原文档的撰写以及全世界各语种版本的翻译工作，其中也包括中文版翻译项目。

本节的实例是通过网络自动获取 Python 文档翻译项目进度，每天定时发送一封通知邮件。程序文件 translating.py 的内容如代码 13-3 所示。

代码 13-3　Python 文档翻译项目进度通知 C13\translating.py

```python
01  """Python 文档翻译项目进度通知
02  """
03  import json
04  import os
05  import smtplib                                # 用于发送电子邮件的 SMTP 协议库
06  import time
07  from datetime import datetime, timedelta
08  from email.mime.text import MIMEText         # 用于处理电子邮件信息的 email 包
09  from email.header import Header
10  from email.utils import formataddr
11  from urllib.request import urlopen, Request
12  mail_to = os.environ.get("mail_to")          # 从环境变量获取电子邮件服务信息
13  mail_from = os.environ.get("mail_from")
14  smtp_host = os.environ.get("smtp_host")
15  smtp_user = os.environ.get("smtp_user")
16  smtp_pass = os.environ.get("smtp_pass")
17  url = "http://gce.zhsj.me/python/newest"
18  headers = {
19      "User-Agent": "Mozilla/5.0 (Windows NT 10.0; Win64; x64; rv:61.0) \
20      Gecko/20100101 Firefox/61.0"}
21
22
23  def automail(title, content, encoding="utf-8"):
24      """自动发送邮件"""
25      msg = MIMEText(content, "plain", encoding)
26      msg["To"] = mail_to
27      msg["From"] = formataddr(["自动邮件", mail_from])
28      msg["Subject"] = Header(title, encoding)
29      try:
30          smtp = smtplib.SMTP(smtp_host)
31          smtp.ehlo()
32          smtp.starttls()
33          smtp.login(smtp_user, smtp_pass)
34          smtp.sendmail(mail_from, mail_to, msg.as_string())
35      except Exception as ex:
36          print(repr(ex))
37
38
39  def main(t):                                  # 发送通知邮件
40      try:
41          req = Request(url=url, headers=headers)
42          data = urlopen(req).read().decode()
43          data_dict = json.loads(data)
```

```
44          message = "时间: " + t + "\n进度: " + data_dict.get("zh_CN")
45          automail("Python文档翻译进度报告", message)
46      except Exception as ex:
47          automail("程序错误报告", repr(ex))
48
49
50  if __name__ == "__main__":                          # 每天定时执行任务
51      while True:
52          main(datetime.now().strftime("%Y-%m-%d %H:%M"))
53          dt = datetime.now() + timedelta(days=1)
54          dt = dt.replace(hour=6, minute=0, second=0, microsecond=0)
55          while datetime.now() < dt:
56              time.sleep(1)
```

Python 文档中文翻译项目的组织者发布了一个专门的网址，可以返回 JSON 格式的各语种翻译进度信息。使用标准库 json 模块将 JSON 数据反序列化为字典，就能获取其中的中文翻译进度值。

以上程序还导入了实现 SMTP 协议库的 smtplib 模块用来发送电子邮件，并导入 E-mail 包下属的多个子模块用来处理电子邮件信息。邮件服务器需要开通 SMTP 服务来自动发送邮件，具体开通方式请读者参看所用电子邮箱的帮助文档。程序在获取信息时如果发生错误，也会发送包含异常信息的邮件。当然，发送邮件操作本身也可能出错，这时会将异常信息打印到标准输出。

在生产环境中运行程序要注意代码的兼容性问题，例如，本实例中没有使用"格式字符串"，因为某些服务器操作系统自带的 Python 版本可能低于 3.6，如果不想额外安装 3.6 以上的新版本，就只能用加法运算符或 format() 方法来构造特定格式的字符串。

另外还要注意代码第 12 行开始的几条赋值语句，这些电子邮件服务数据是从环境变量中获取的。请读者谨慎处理任何实际使用的账号和密码等敏感信息，推荐做法是创建一个脚本文件 run.sh，并在其中输入批处理命令（请将其中的变量值改为真实的电子邮件服务信息）。示例代码如下。

```
export mail_to=leo@123.com
export mail_from=leo@abc.com
export smtp_host=smtp.abc.com
export smtp_user=leo@abc.com
export smtp_pass=leopass
nohup python3 translating.py &
```

接下来就可以通过终端命令来执行这个脚本文件。示例代码如下。

```
$ bash run.sh
```

> **小提示**　以上脚本文件是针对 Linux 系统的，读者可以自行了解如何在 Windows 系统中使用命令来配置临时环境变量（请注意 Windows 系统有 cmd 和 powershell 这 2 种命令行终端程序，配置环境变量的命令各不相同）。

以上脚本文件首先配置了一些临时环境变量，最后一行命令指定在新的进程中运行程序（类似于之前启动 SSH 服务的方式），执行命令后只要再按回车键就将出现下一个命令提示符。用户可以退出登录，但程序仍将继续在后台运行，原本打印到标准输出的信息会被写入到 nohup.out 文件中。图 13-9 所显示的就是使用智能手机邮件客户端应用接收到的项目进度通知邮件。

图 13-9　手机邮件客户端应用接收到的项目进度通知邮件

如果想结束项目进度通知程序的运行，可以输入以下命令"杀掉"进程（假设进程的 ID 号为 12345）。

```
$ kill -9 12345
```

如果想要知道当前运行的所有包含"python"字样的命令所在进程的 ID 号，可以输入以下命令来列出进程信息。

```
$ ps aux | grep python
```

有关 Linux 的基本操作和常用命令就暂时介绍到此。除了作为服务器系统，Linux 也能很好地满足各种工作与娱乐需求，读者完全可以使用安装了"桌面环境"的 Linux 发行版作为自己的日常主力系统。

13.3　底层环境

本节将讲解 Python 所依赖的"底层环境"，即开发 Python 官方解释器所用的 C 语言环境，并介绍如何实现 Python 与其他编程语言的协同配合，以更好地发挥各自的优势。

13.3.1　Python 与 C 语言

Python 十分强大但是并非万能，开发者在实际工作中可能会用到多种编程语言，每种语言都有自己所适合的领域。对于通过 Python 入门的读者来说，推荐接触的另一种编程语言是 C 语言，它经历了半个世纪的时间考验，目前主要应用于"底层开发"。各大操作系统的内核都是用 C 语言编写的，掌握 C 语言能够更好地理解计算机的内部运行机制，且 C 语言经典的语法形式也被许多新兴编程语言所沿用。

任何文本编辑器都可以用来编写 C 语言程序，但还需要有一个"编译器"（Compiler）来将其编译为机器语言程序才能运行。Linux 发行版通常都会附带开源编译工具集 GCC 用来编译 C 语言程序；如果使用 Windows 系统，一个方便的选择是安装 MinGW-w64——这是 GCC 的 Windows 移植版本，装好后就可以在 Windows 系统下使用与 Linux 一致的命令进行编译。

GCC 是一个命令行工具，读者可以使用 VSCode 作为 C 语言程序编辑器，并通过输入命令的方式来编译 C 语言程序。首先请在 VSCode 扩展面板搜索并安装 C/C++扩展插件，并在终端面板输入以下命令查看 GCC 编译器版本，确认可以正常运行。

```
gcc --version
```

完成上述准备之后，就可以在练习项目文件夹下创建并编写第一个 C 语言程序 cHello.c，如代码 13-4 所示。

代码 13-4　第一个 C 语言程序 C13\cHello.c

```
01  /* 第一个C语言程序 */
02  #include <stdio.h>
03
04  int main(int arc, char const *argv[])
05  {
06      printf("Hello World!\n");
07      return 0;
08  }
```

对以上程序中各行语句的说明如下。

❑ 第 1 行为注释，C 语言注释可以分行，以 "/*" 开始，以 "*/" 结束。

❑ 第 2 行是包含标准输入输出库 "头文件" 的预编译指令（预编译指令实际上不属于语句）。

❑ 第 4 行是定义作为程序入口的主函数，名称必须为 main，返回值要求为整数类型，可以传入任意多个字符类型数组作为参数（请注意 C 语言的任何标识符都必须确定类型且不能改变）。

❑ 第 6 行是主函数体的第一条语句，用格式化打印函数 printf() 输出一行文本。

❑ 第 7 行 return 语句返回 0 值表示主函数正常退出。

C 语言用花括号标明层次结构，用分号表示语句结束，因此语句的缩进和分行都不是必须的。输入代码时 VSCode 会自动提示补全，右键单击选择 "格式化文件" 则可以按照统一规范对文件中的全部代码进行格式化。

完成代码编写后，在终端输入以下命令来编译源代码文件 cHello.c。

```
PS D:\pyAbc\C13> gcc cHello.c -o cHello
```

以上命令将生成一个可执行文件 cHello.exe，输入文件名即可运行。示例代码如下。

```
PS D:\pyAbc\C13> .\cHello.exe
Hello World!
```

C 语言程序的基本开发流程就是如此，除了可执行文件，读者也可以编译生成 "共享库" 文件。在 Windows 系统中称为 "动态链接库"（DLL），如同 stdio 库那样提供给其他程序使用。下面就来尝试编写一个包含累加函数的共享库，首先创建一个 "头文件" cLib.h，如代码 13-5 所示。

代码 13-5　共享库的头文件 C13\cLib.h

```
01  int accum(int);
```

这个头文件中是函数原型的声明语句，指定累加函数的参数与返回值类型。函数声明之后即可调用，否则须在定义之后方可调用。

接下来新建文件 cLib.c，包含 cLib.h 并定义累加函数 accum()，如代码 13-6 所示。

代码 13-6　共享库的主文件 C13\c_Lib.c

```
01  #include "cLib.h"
02
03  int accum(int n)
04  {
05      int result = 0;
06      int i = 1;
07      while (i <= n)
```

```
08    {
09        result += i;
10        i++;
11    }
12    return result;
13 }
```

请注意以上程序中包含自定义头文件的 include 指令应该用双引号而非尖括号,此时输入以下编译命令即可生成共享库文件 cLib.dll。

```
PS D:\pyAbc\C13> gcc .\cLib.c -shared -o cLib.dll
```

接下来再新建一个 cMyapp.c 文件,也包含 cLib.h 并调用累加函数 accum(),如代码 13-7 所示。

代码 13-7　使用共享库的程序文件 C13\cMyapp.c

```
01 #include <stdio.h>
02 #include "cLib.h"
03
04 int main()
05 {
06     int n;
07     printf("计算1 累加至n, 请输入n: ");
08     scanf("%d", &n);
09     int result = accum(n);
10     printf("1 累加至%d 的结果是%d\n", n, result);
11     return 0;
12 }
```

此时即可输入以下命令编译生成使用了 cLib.dll 库的可执行文件 cMyapp.exe(请注意要添加参数指定字符编码为 Windows 默认的 GBK 以避免中文乱码),并运行这个可执行文件。

```
PS D:\pyAbc\C13> gcc .\cMyapp.c .\cLib.dll -fexec-charset=GBK -o cMyapp
PS D:\pyAbc\C13> .\cMyapp
计算1 累加至n, 请输入n: 600
1 累加至 600 的结果是 180300
```

Python 标准库提供了一个"C 类型"模块 ctypes,可以直接操作用 C 语言开发的共享库。以下就是使用 ctypes 模块调用共享库函数的示例,程序文件 cmydll.py 的内容如代码 13-8 所示。

代码 13-8　使用 C 共享库的 Python 程序 C13\cmydll.py

```
01 """通过 ctypes 模块调用 C 语言开发的库函数
02 """
03 import os
04 from ctypes import CDLL
05 cdll = CDLL(os.path.abspath("cLib.dll"))
06 result = cdll.accum(500)
07 print(result)
```

上面的例子演示了如何配合使用 Python 和 C 语言进行开发,体现了 Python 作为"胶水语言"的灵活之处。实际上 Python 与 C 语言彼此密不可分,官方 Python 解释器就是用 C 语言编写的(称为 CPython),许多 Python 内置模块和第三方包也都在底层用 C 语言实现以保证运行效率。

如果读者想要深入学习 C 语言,那么应该再安装一个更为专业的 IDE,如免费开源的 CodeBlocks。

13.3.2　Python 与 C++语言

C++语言是对 C 语言的扩展，两者常被视为一个整体，集成于同一编译环境之中——其实只须将一个 C 程序的文件后缀由.c 改为.cpp，它就会被视为 C++程序。C++在 C 语法之上增加了许多高级特性，运行效率接近于 C 语言，而灵活性比 C 语言更高，因此其应用领域也更为广阔。

下面就来看一个 C++程序示例 cppCircle.cpp，如代码 13-9 所示。

代码 13-9　定义了圆类的 C++程序 C13\cppCircle.cpp

```
01  /* 定义了圆类的 C++程序 */
02  #include <iostream>
03  const double PI = 3.14159;              // 圆周率
04  class Circle                            // 圆
05  {
06  private:
07      double r;                           // 半径
08
09  public:
10      Circle(double r_)                   // 构造器
11      {
12          r = r_;
13      }
14      double area()                       // 计算面积
15      {
16          return PI * r * r;
17      }
18      double perimiter()                  // 计算周长
19      {
20          return 2 * PI * r;
21      }
22  };
23  int main()
24  {
25      double r;
26      std::cout << "请输入圆的半径：";
27      std::cin >> r;
28      Circle c = Circle(r);
29      std::cout << "圆的面积为： " << c.area() << std::endl;
30      std::cout << "圆的周长为： " << c.perimiter() << std::endl;
31  }
```

这段源代码中关键语句的说明如下。

❏ 第 2 行包含了 C++标准库的"输入输出流"头文件，能够更方便地读入数据并打印结果（可以对照之前 C 代码的输入输出方式）。

❏ 第 3 行定义圆周率常量，类型为双精度浮点数。注意 C++用双斜杠表示单行注释。

❏ 第 4 行起定义了"圆"类，包含 1 个私有成员变量表示半径，以及 3 个公有成员函数分别定义构造器、计算面积和计算周长（可以对照 Python 中定义类、实例属性及实例方法的语法）。

❏ 第 23 行起定义了主函数，创建圆类实例并使用其成员函数。

接下来同样是编译为可执行程序并运行，请注意 GCC 工具集编译 C++程序所使用的命令是 g++。示例代码如下。

```
PS D:\pyAbc\C13> g++ .\cppCircle.cpp -o .\cppCircle -fexec-charset=GBK
```

```
PS D:\pyAbc\C13> .\cppCircle
请输入圆的半径: 1
圆的面积为: 3.14159
圆的周长为: 6.28318
```

可以看到C++和C是相通的,在Python中同样可以使用ctypes模块来操作C++编写的共享库。

13.3.3 使用C/C++编写Python模块

除了能够开发通用共享库,C/C++还可以用来编写Python专用的共享库,也就是"扩展模块"。实际上,Python标准库和第三方包都大量采用了这种开发方式来保证模块的运行效率。在这一节中将讲解使用C/C++编写Python模块的具体过程。

使用C/C++编写Python模块需要在源代码中包含Python官方提供的头文件Python.h,如果是VSCode,请在设置文件中指定包含文件所在目录(Python安装目录下的include子目录)。示例代码如下。

```
{
    ...（以上省略）...
    "C_Cpp.default.includePath": ["D:\\Prog\\Python37\\include"],
}
```

接下来新建扩展模块源程序文件cppMymath.cpp,文件内容如代码13-10所示。

代码13-10　自定义扩展模块源程序 C13\cppMymath.cpp

```
01  /* C/C++编写 Python 扩展模块示例 */
02  #include <Python.h>
03  /* 计算斐波那契数列的项 */
04  int cFib(int n)
05  {
06      if (n < 2)
07          return n;
08      return cFib(n - 1) + cFib(n - 2);
09  }
10  /* Python()函数 */
11  static PyObject *fib(PyObject *self, PyObject *args)
12  {
13      int n;
14      if (!PyArg_ParseTuple(args, "i", &n))
15          return NULL;
16      return Py_BuildValue("i", cFib(n));
17  }
18  /* Python 方法列表 */
19  static PyMethodDef module_methods[] = {
20      {"fib", fib, METH_VARARGS, "calculates the fibonachi number"},
21      {NULL, NULL, 0, NULL}};
22  /* Python 模块 */
23  static struct PyModuleDef mymath =
24      {
25          PyModuleDef_HEAD_INIT,
26          "mymath",                /* 模块名 */
27          "mymath module",         /* 模块文档字符串 */
28          -1,                      /* 保持全局状态 */
```

```
29        module_methods};
30 /* Python 模块初始化 */
31 PyMODINIT_FUNC PyInit_mymath()
32 {
33     return PyModule_Create(&mymath);
34 }
```

以上程序其实只用到了 C 语法，对关键代码的说明如下。

- 第 2 行指令包含了官方 Python/C API 的头文件。
- 第 4 行起定义函数 cFib()实现具体功能——递归地计算斐波那契数列的项：第一项为 0，第二项为 1，之后每一项都是其前面两项的和。
- 第 10 行之后的所有函数都是按照官方规范来定义扩展模块必须提供的信息。

下面再新建一个 Python 程序 cppsetup.py 用来安装和配置扩展模块，文件内容如代码 13-11 所示。

代码 13-11 自定义扩展模块配置程序 C13\cppsetup.cpp

```
01 """扩展模块设置"""
02 from distutils.core import setup, Extension
03 mymath = Extension('mymath', sources=['cppMymath.cpp'])
04 setup(ext_modules=[mymath])
```

可以看到这个配置程序的内容非常简单，主要是导入了标准库的"分发工具集"包模块 distutils 并使用其中的类和函数来实现扩展程序的安装与配置。在 Linux 系统下，配置程序会自动调用 GCC 来编译源代码，而在 Windows 系统下则会自动调用微软的 Visual C++ Build Tools。请注意，Windows 系统不直接附带这个编译工具，需要额外安装。

> 小提示：Visual C++ Build Tools 安装程序可以通过微软官方网站提供的链接下载。

输入以下命令运行这个配置程序，就会自动调用 C/C++编译器进行编译。

```
PS D:\pyAbc\C13> python .\cppsetup.py build_ext --inplace
running build_ext
building 'mymath' extension
... （以下省略）...
```

以上程序将生成一个 mymath.cp37-win_amd64.pyd，这就是编译为原生机器码程序的 Python 扩展模块。可以看到该文件只适用于 Python 3.7 的 Windows 64 位版本，不能像 Python 程序那样直接跨平台通用，但是运行效率会比纯 Python 代码高得多。

最后，请读者在 Python 交互模式中导入并使用自定义的 mymath 扩展模块，可以看到它与 math 等官方模块的类型完全一样。

```
>>> import mymath
>>> help(mymath.fib)
Help on built-in function fib in module mymath:

fib(...)
    calculates the fibonachi number

>>> [mymath.fib(i) for i in range(10)]
[0, 1, 1, 2, 3, 5, 8, 13, 21, 34]
```

对于 Python 的底层运行环境就介绍到此，现在读者应该会对 Python 以及计算机编程技术有了更加深入的理解。

思考与练习

1. 如何配置与使用多个 Python 安装版？
2. 如何创建与切换 Python 虚拟环境？
3. 如何配置与使用运行 Linux 系统的 Python 生产环境？
4. 如何实现 Python 与其他编程语言的协同配合？
5. 参考本章实例中的贪吃蛇小游戏程序，使用 pygame 工具包编写一个小游戏。
6. 参考本章实例中的项目进度通知程序，编写一个从网络获取信息并定时发送通知邮件的程序。

第 14 章 综合实例：新版图片查看器

本书的读者现在应该已具备比较全面的 Python 编程知识，能够独立编写程序来解决实际工作中遇到的各种问题了。接下来的章节将介绍几个更为完整的 Python 综合应用实例，并会使用一些新的第三方软件包来简化开发过程。

本章主要涉及以下几个知识点。
- 桌面应用程序的开发过程。
- PyQt5 图形界面工具包的使用。
- Git 源代码管理工具的使用。

14.1 实现主要功能

在之前的章节中，读者曾使用标准库的 tkinter 工具包编写过图片查看器。本节的综合实例则是基于 PyQt5 图形界面工具包来开发一个功能更丰富的新版图片查看器程序。

14.1.1 PyQt5 应用程序框架

"新版图片查看器"综合实例由多个模块组成，虽然代码量更大，但复杂度与之前的实例相差不多。本程序使用了 Python 标准库以外的第三方包——PyQt5 来进行开发。PyQt5 是 Python 中最常用的 GUI 工具包，提供了对于通用桌面应用程序开发框架 Qt 的 Python 接口。相比自带标准库的 tkinter，PyQt5 包含更多可视化部件，并具有更现代化的外观。

> **小提示　Qt 和 PyQt5**
> Qt 是使用 C++语言编写的跨平台桌面应用程序开发框架。实际上目前存在 2 个 Qt 的 Python 接口工具包——PyQt5 和 PySide2，相对而言 PyQt5 更成熟稳定一些。

由于之前编程练习所用的 Spyder 也是基于 PyQt5 开发的，本实例程序可以直接使用默认 Python 安装版环境中已安装的 PyQt5；如果是在新建环境中运行，则需要输入以下命令来安装 PyQt5。

```
pip install pyqt5
```

PyQt5 包含多个子模块，各种可视化部件类主要是由 PyQt5.QtWidgets 模块定义的，表 14-1 列出了该模块中一些常用的可视化部件。更多可视化部件的介绍请参看 Qt 官方文档的相应说明页面。

表 14-1　　　　　　　　　　　　　　PyQt5 常用可视化部件

可视化部件	说明
QWidget	所有用户界面对象的基类
QCheckBox	带有文本标签的复选框
QComboBox	按钮与弹出列表组合框
QCommandLinkButton	命令链接按钮
QDateEdit	基于 QDateTimeEdit 的日期编辑部件
QDateTimeEdit	日期时间编辑部件
QTimeEdit	基于 QDateTimeEdit 的时间编辑部件
QDial	圆形的范围调节部件（类似速度表）
QFocusFrame	焦点框，允许在部件正常显示区域外获得焦点
QFontComboBox	字体组合框
QLabel	文本或图像显示
QLCDNumber	液晶显示器风格的数字
QLineEdit	单行文本编辑部件
QProgressBar	水平或垂直进度条
QPushButton	命令按钮
QRadioButton	带有文本标签的单选按钮
QScrollArea	另一部件内的滚动区域视图
QScrollBar	水平或垂直滚动条
QSlider	水平或垂直滑动条
QDoubleSpinBox	接受双精度浮点数的数值调节框
QSpinBox	数值调节框
QTabBar	选项卡栏
QTabWidget	选项卡部件
QToolBox	工具箱部件
QToolButton	工具按钮
QAction	可插入其他部件的抽象用户界面动作
QActionGroup	用户界面动作组
QWidgetAction	基于 Action 的定制动作容器
QDockWidget	停靠部件，可在主窗体中停靠或浮动的容器
QMainWindow	应用程序主窗口
QMdiArea	多文档界面显示区
QMdiSubWindow	多文档界面子窗口
QMenu	菜单部件，可用于菜单栏和弹出菜单
QMenuBar	水平菜单栏
QSizeGrip	顶层窗口大小调整柄
QStatusBar	水平状态栏
QToolBar	工具栏

对于较大型的 Python 项目，读者可以选择更强大更专业的 IDE（如 PyCharm），本书将继续使用轻便的 VSCode 来编写综合实例程序。请读者在菜单栏单击"文件">"打开文件夹"并选择练习项目中本章的目录 D:\pyAbc\C14，然后新建程序文件 imgview.pyw，在其中输入内容，如代码 14-1 所示。

代码 14-1　图片查看器：实现主要功能 C14\imgview.pyw

```
01  """基于 PyQt5 的图片查看器
02  """
03  from os.path import basename
04  from PyQt5.QtCore import Qt
05  from PyQt5.QtGui import QImage, QPixmap
06  from PyQt5.QtWidgets import (
07      QAction, QApplication, QFileDialog, QLabel, QMainWindow, QMenu,
08      QMessageBox, QScrollArea)
09
10
11  class Main(QMainWindow):            # 主窗体类
12      def __init__(self):             # 初始化主窗体
13          super().__init__()
14          self.name = "图片查看器"
15          self.img = QLabel()                                    # 图片标签
16          self.img.setScaledContents(True)                       # 图片可缩放
17          self.scale = 1.0                                       # 图片缩放倍数
18          self.scrollArea = QScrollArea()                        # 滚动条区域
19          self.scrollArea.setWidget(self.img)                    # 图片标签加入区域
20          self.scrollArea.setAlignment(Qt.AlignCenter)           # 区域内容居中
21          self.setCentralWidget(self.scrollArea)                 # 区域设为中心部件
22          self.initAct()                                         # 初始化动作功能
23          self.setWindowTitle(self.name)
24          self.resize(600, 480)
25          self.showMaximized()
26
27      def initAct(self):                                         # 初始化动作功能
28          self.openAct = QAction("打开", self, shortcut="Ctrl+O")
29          self.openAct.setToolTip("打开(Ctrl+O)")
30          self.openAct.triggered.connect(self.openImage)
31          self.zoominAct = QAction("放大", self, shortcut="+", enabled=False)
32          self.zoominAct.setToolTip("放大(+)")
33          self.zoominAct.triggered.connect(self.zoomin)
34          self.zoomoutAct = QAction("缩小", self, shortcut="-", enabled=False)
35          self.zoomoutAct.setToolTip("缩小(-)")
36          self.zoomoutAct.triggered.connect(self.zoomout)
37          toolbar = self.addToolBar("主工具栏")
38          toolbar.addAction(self.openAct)
39          toolbar.addAction(self.zoominAct)
40          toolbar.addAction(self.zoomoutAct)
41
42      def contextMenuEvent(self, event):                         # 右键菜单事件处理
43          menu = QMenu(self)
44          menu.addAction(self.openAct)
45          menu.addAction(self.zoominAct)
46          menu.addAction(self.zoomoutAct)
47          menu.exec_(self.mapToGlobal(event.pos()))
48
49      def openImage(self):                                       # 打开图片文件
```

```
50          fil = "图片文件 (*.png *.gif *.jpg *.jpeg *.bmp *.svg);;所有文件 (*.*)"
51          fileName, _ = QFileDialog.getOpenFileName(self, "打开文件", "", fil)
52          if fileName:
53              image = QImage(fileName)
54              if image.isNull():
55                  QMessageBox.information(self, "错误", f"无法打开{fileName}")
56                  return
57              self.setWindowTitle(f"{basename(fileName)} - {self.name}")
58              self.img.setPixmap(QPixmap.fromImage(image))
59              self.img.adjustSize()
60              self.zoominAct.setEnabled(True)
61              self.zoomoutAct.setEnabled(True)
62
63      def scaleImage(self, factor):                              # 改变图片缩放倍数
64          self.scale *= factor
65          self.img.resize(self.scale * self.img.pixmap().size())
66          self.zoominAct.setEnabled(self.scale < 8)
67          self.zoomoutAct.setEnabled(self.scale > 0.125)
68
69      def zoomin(self):                                          # 放大图片
70          self.scaleImage(2)
71
72      def zoomout(self):                                         # 缩小图片
73          self.scaleImage(0.5)
74
75
76  if __name__ == "__main__":
77      import sys
78      app = QApplication(sys.argv)
79      main = Main()
80      main.show()
81      sys.exit(app.exec_())
```

以上代码实现了与之前 tkinter 图片查看器相同的主要功能（但 PyQt5 提供了对更多图像格式的支持，如常见的 JPG 格式）。该程序主要使用了 QMainWindows 部件显示主窗口、QLabel 部件显示图像、QAction 部件定义各种动作、QMenu 定义菜单项等，用户可以通过工具栏按钮、快捷键或右键菜单打开图片文件并缩放显示。程序的运行效果如图 14-1 所示。

图 14-1　新版图片查看器主窗口

图片查看器主窗口程序对 PyQt5 应用程序的基本框架进行了完整展示，这里不再具体讲解每条语句的作用，读者可以参看官方文档继续深入学习。

14.1.2 Git 源代码管理

在实际开发中开发者总要对程序代码进行修改和更新，需要使用专门的工具来进行"源代码管理"（Source Code Management，SCM）或者叫"版本管理"，因为它适用于任何需要保留修改记录的项目。目前最为常用的源代码管理工具是 Git。

> **小提示**　Git 的作者就是 Linux 系统的创造者 Linus Torvalds。有关 Git 的详细说明可以参阅官方中文帮助文档。

在 Windows 系统下安装 Git 官方版会在资源管理器右键菜单中添加 2 个菜单项，分别可以打开图形界面的 Git GUI 和字符界面的 Git Bash 进行操作。VSCode 也直接内置了对 Git 的支持，使用起来更方便一些。单击 VSCode 界面左侧工具栏的第 3 个按钮即可打开源代码管理面板进行操作。

接下来请读者为图片查看器项目创建一个 Git 代码"存储库"（Repository）。单击源代码管理面板右上角的"初始化存储库"图标即可在工作区目录下新建存储库，读者也可以在终端面板输入如下 git 命令来初始化存储库。

```
git init
```

初始化存储库实际上就是创建了一个隐藏子目录".git"用来保存源代码管理所需的文件。这时源代码管理面板将显示存储库的更改状态：刚初始化的存储库是空的，存在一个未跟踪的文件 imgview.pyw；单击文件右侧的加号图标会将其加入暂存的更改，对应的 git 命令如下。

```
git add imgview.pyw
```

现在源代码管理面板将显示有一个暂存的更改，如图 14-2 所示。

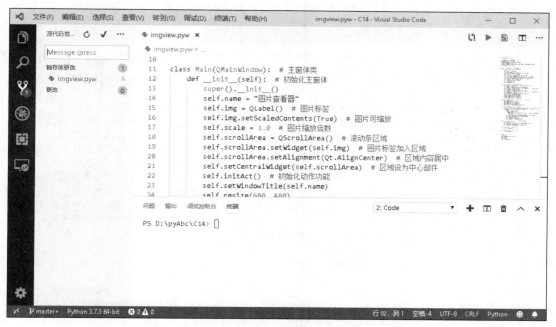

图 14-2　在 VSCode 中使用源代码管理

接下来读者可以在源代码管理面板的消息框中输入"实现主要功能"并单击面板顶部的对勾图标将暂存的更改提交到存储库,对应的 git 命令如下。

```
git commit -m "实现主要功能"
```

这时存储库就会包含第一个版本。如果尝试修改程序,源代码管理面板将会显示代码的变化情况,后续的修改不会影响到原有版本。读者可以在每实现一个功能时提交一个版本,这样就可以保留代码历史记录进行对照,并能在出现问题时恢复到某一历史版本。

以上就是 Git 源代码管理工具的基本使用方法,推荐读者安装 VSCode 扩展插件 GitLens 来更方便地查看 Git 存储库以及每个文件的修改记录。此外还有其他许多图形界面的第三方 Git 工具可供选择,如 Windows 系统下的 TortoiseGit 和 Linux 系统下的 Git-Cola。

> **小提示** 在项目开发中,我们还可以使用 GitHub 等在线 Git 服务,将项目代码推送到远程存储库作为备份或公开分享。
>
> 读者只需在 GitHub 上搜索 "silkriver/pyAbc" 即可找到本书练习项目源代码。

14.1.3 原有代码的改进

这一节中将对图片查看器的程序代码加以改进,包含两方面的内容:一是增加新的功能;二是在不改变原有功能的前提下重新调整代码的结构,这在编程术语中称为"重构"(Refactoring)。这里的重构操作是将程序分成两个模块:即原有的主程序模块 imageview 和新增的主窗体模块 main。新增模块文件 main.py 的内容如代码 14-2 所示。

代码 14-2　图片查看器:主窗体 C14\main.py

```
01  """主窗体模块"""
02  from os.path import basename
03  from PyQt5.QtCore import Qt
04  from PyQt5.QtGui import QImage, QPixmap
05  from PyQt5.QtWidgets import (QAction, QFileDialog, QLabel, QMainWindow, QMenu,
06                               QMessageBox, QScrollArea)
07
08
09  class Main(QMainWindow):                                        # 主窗体类
10      def __init__(self):                                         # 初始化主窗体
11          super().__init__()
12          self.name = "图片查看器"
13          self.img = QLabel()                                     # 图片标签
14          self.img.setScaledContents(True)                        # 图片可缩放
15          self.scale = 1.0                                        # 图片缩放倍数
16          self.scrollArea = QScrollArea()                         # 滚动条区域
17          self.scrollArea.setWidget(self.img)                     # 图片标签加入区域
18          self.scrollArea.setAlignment(Qt.AlignCenter)            # 区域内容居中
19          self.setCentralWidget(self.scrollArea)                  # 区域设为中心部件
20          self.initAct()                                          # 初始化动作功能
21          self.setWindowTitle(self.name)
22          self.resize(600, 480)
23          self.showMaximized()
24
25      def initAct(self):                                          # 初始化动作功能
26          self.openAct = QAction("打开", self, shortcut="Ctrl+O")
27          self.openAct.setToolTip("打开(Ctrl+O)")
28          self.openAct.triggered.connect(self.openImage)
```

```python
29          self.zoominAct = QAction("放大", self, shortcut="+", enabled=False)
30          self.zoominAct.setToolTip("放大(+)")
31          self.zoominAct.triggered.connect(lambda: self.scaleImage(2))
32          self.zoomoutAct = QAction("缩小", self, shortcut="-", enabled=False)
33          self.zoomoutAct.setToolTip("缩小(-)")
34          self.zoomoutAct.triggered.connect(lambda: self.scaleImage(0.5))
35          self.isizeAct = QAction("原尺寸", self, shortcut="1", enabled=False)
36          self.isizeAct.setToolTip("原尺寸(1)")
37          self.isizeAct.triggered.connect(self.initsize)
38          self.asizeAct = QAction("自适应", self, shortcut="0", enabled=False)
39          self.asizeAct.setToolTip("自适应(0)")
40          self.asizeAct.triggered.connect(self.autosize)
41          toolbar = self.addToolBar("主工具栏")
42          toolbar.addAction(self.openAct)
43          toolbar.addAction(self.zoominAct)
44          toolbar.addAction(self.zoomoutAct)
45          toolbar.addAction(self.isizeAct)
46          toolbar.addAction(self.asizeAct)
47
48      def contextMenuEvent(self, event):                  # 右键菜单事件处理
49          menu = QMenu(self)
50          menu.addAction(self.openAct)
51          menu.addAction(self.zoominAct)
52          menu.addAction(self.zoomoutAct)
53          menu.addAction(self.isizeAct)
54          menu.addAction(self.asizeAct)
55          menu.exec_(self.mapToGlobal(event.pos()))
56
57      def openImage(self):                                # 打开图片文件
58          fil = "图片文件 (*.png *.gif *.jpg *.jpeg *.bmp *.svg);;所有文件 (*.*)"
59          fileName, _ = QFileDialog.getOpenFileName(self, "打开文件", "", fil)
60          if fileName:
61              image = QImage(fileName)
62              if image.isNull():
63                  QMessageBox.information(self, "错误", f"无法打开{fileName}")
64                  return
65              self.setWindowTitle(f"{basename(fileName)} - {self.name}")
66              self.img.setPixmap(QPixmap.fromImage(image))
67              self.img.adjustSize()
68              self.updateAct()
69              self.isizeAct.setEnabled(True)
70              self.asizeAct.setEnabled(True)
71
72      def scaleImage(self, factor):                       # 改变图片缩放倍数
73          self.scale *= factor
74          self.img.resize(self.scale * self.img.pixmap().size())
75          self.updateAct()
76
77      def initsize(self):                                 # 原尺寸图片
78          self.img.adjustSize()
79          self.scale = 1.0
80          self.updateAct()
81
82      def autosize(self):                                 # 自适应图片
83          maxw, maxh = self.scrollArea.width(), self.scrollArea.height()
84          w, h = self.img.pixmap().width(), self.img.pixmap().height()
```

```
85        self.scale = min(maxw / w, maxh / h)
86        self.img.resize(self.scale * self.img.pixmap().size())
87        self.updateAct()
88
89    def updateAct(self):                              # 更新动作允许或禁用放大或缩小
90        w, h = self.img.width(), self.img.height()
91        self.zoominAct.setEnabled(max(w, h) < 10000)
92        self.zoomoutAct.setEnabled(min(w, h) > 10)
```

原有的主窗体类代码被放到新模块文件中，并新增图片恢复原尺寸和自适应窗口大小 2 个动作功能。另外，还精简了图片缩放方法并对动作的启用机制进行了修改：不再指定缩放比率的上下限，而是当显示图片的长度或宽度达到 10000 像素时禁止再放大，达到 10 像素时禁止再缩小。

现在的主程序中不再包含自定义类的代码，只需要从 main 模块导入 Main 类即可，文件内容如代码 14-3 所示。

代码 14-3 图片查看器：修改后的主程序 C14\imgview.pyw

```
01  """基于 PyQt5 的图片查看器
02  """
03  from PyQt5.QtWidgets import QApplication
04  from main import Main    # 主窗体模块
05
06
07  if __name__ == "__main__":
08      import sys
09      app = QApplication(sys.argv)
10      main = Main()
11      main.show()
12      sys.exit(app.exec_())
```

请读者再次运行主程序模块确认所有功能正常有效，可以看到改进后的程序结构变得更为清晰和易于维护。运行结果如图 14-3 所示。

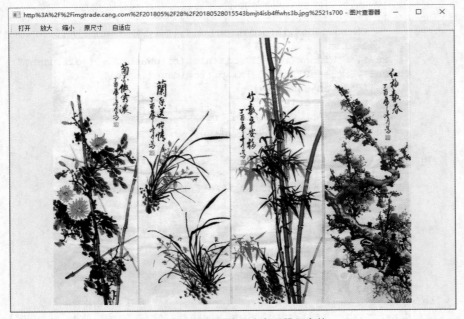

图 14-3 改进后的图片查看器主窗体

读者可能会注意到自定义模块的导入操作将在当前目录下生成"__pycache__"子目录，其中有模块源代码对应的字节码文件（.pyc），因此在源代码管理面板上将显示有 3 个文件更改。字节码文件没有必要加入源代码存储库，因此右键单击字节码文件，选择"将文件添加到.gitignore"，先让 Git 忽略该文件，然后再打开.gitignore 文件将其中的项修改为目录名"__pycache__/"，这样就能忽略项目中所有的缓存字节码文件了。

> **小提示** 可以在.gitignore 中添加多个目录和文件扩展名，如还应当忽略 VSCode 的工作区配置目录.vscode/。

接下来单击更改项右侧的加号图标，将包含.gitignore 在内的 3 个文件更改加入暂存区，输入说明信息"改进主要功能"并提交到存储库。当前工作区的更改再次被清空，现在这个开发项目就拥有了 2 个历史版本。

14.2 添加新的组件

本节将继续对新版图片查看器程序的功能进行扩展，添加一些新的组件，如在新窗口中同时展示多张图片等。

14.2.1 多图片显示模块

有时用户会希望在单个界面中查看同一目录下所有图片的缩略图：请定义一个能够显示多图片的窗体类，新建模块文件 multi.py 的内容如代码 14-4 所示。

代码 14-4 图片查看器：多图片窗体 C14\multi.py

```
01  """多图片窗体模块
02  """
03  from os import listdir
04  from os.path import abspath, dirname, join
05  from PyQt5.QtCore import Qt
06  from PyQt5.QtGui import QPixmap
07  import PyQt5.QtWidgets as qw
08
09
10  class Multi(qw.QMainWindow):            # 多图片窗体类
11      def __init__(self, imgdir):         # 初始化多图片窗体
12          super().__init__()
13          self.name = "多图片显示"
14          self.imgdir = dirname(abspath(imgdir))
15          self.initAct()
16          self.setWindowTitle(f"{self.imgdir} - {self.name}")
17          self.resize(600, 480)
18          self.showMaximized()
19          self.createLayout()
20
21      def initAct(self):                  # 初始化动作功能
22          self.openAct = qw.QAction("打开目录", self, shortcut="Ctrl+O")
23          self.openAct.setToolTip("打开目录(Ctrl+O)")
24          self.openAct.triggered.connect(self.openDir)
25          toolbar = self.addToolBar("主工具栏")
```

```python
26              toolbar.addAction(self.openAct)
27  
28      def contextMenuEvent(self, event):    # 上下文菜单事件处理
29          menu = qw.QMenu(self)
30          menu.addAction(self.openAct)
31          menu.exec_(self.mapToGlobal(event.pos()))
32  
33      def openDir(self):                      # 打开目录
34          imgdir = qw.QFileDialog.getExistingDirectory(self, "打开目录")
35          if imgdir:
36              self.imgdir = abspath(imgdir)
37              self.setWindowTitle(f"{self.imgdir} - {self.name}")
38              self.createLayout()
39  
40      def createLayout(self):                 # 创建网格布局图片显示部件
41          filetypes = (".png", ".gif", ".jpg", ".jpeg", ".bmp", ".svg")
42          img_list = []
43          for file in listdir(self.imgdir):
44              if file.lower().endswith(filetypes):
45                  img_list.append(file)
46          layout = qw.QGridLayout()
47          widget = qw.QWidget()
48          widget.setLayout(layout)
49          self.scrollArea = qw.QScrollArea()
50          self.scrollArea.setWidgetResizable(True)
51          self.scrollArea.setWidget(widget)
52          self.setCentralWidget(self.scrollArea)
53          cnt = self.width() // 200 - 1
54          for (i, img_name) in enumerate(img_list):
55              img = qw.QLabel()
56              pixmap = QPixmap(join(self.imgdir, img_name))
57              if pixmap.isNull():
58                  continue
59              img.resize(200, 200)
60              img.setPixmap(pixmap.scaled(img.size(), Qt.KeepAspectRatio))
61              img.setToolTip(img_name)
62              layout.addWidget(img, i // cnt, i % cnt)
63  
64  
65  if __name__ == "__main__":
66      import sys
67      app = qw.QApplication(sys.argv)
68      multi = Multi(".")
69      multi.show()
70      sys.exit(app.exec_())
```

以上代码使用了更多 PyQt5 部件来实现多图片显示功能。创建 Multi 类实例要向构造器传入一个目录参数，将会以网格布局显示目录中的图片；程序末尾添加了仅限运行模块时执行的代码以方便测试其功能（在完整程序中将以导入方式来使用这个模块）。多图片窗体的显示效果如图 14-4 所示。

图 14-4　多图片窗体

14.2.2　窗体切换与消息传递

14.2.1 节编写了单独的多图片窗体，显示多图片更好的做法应该是在程序的各个窗体中添加动作功能，通过工具栏按钮或快捷键方便地进行窗体切换操作。使用 PyQt5.QtCore 子模块的 pyqtSignal() 函数可以在部件之间进行消息信号的传递。读者需要在现有模块代码中添加窗体切换功能，对多图片模块文件 multi.py 的修改如代码 14-5 所示。

代码 14-5　图片查看器：多图片窗体添加切换功能 C14\multi.py

```
... ...
05    from PyQt5.QtCore import Qt, pyqtSignal
... ...
09
10    class Multi(qw.QMainWindow):              # 多图片窗体类
11        signal = pyqtSignal()
... ...
22
23        def switch(self):                     # 切换窗体
24            self.signal.emit()
... ...
25
26        def initAct(self):                    # 初始化动作功能
... ...
30            self.mainAct = qw.QAction("主窗体", self, shortcut="Ctrl+M")
31            self.mainAct.setToolTip("主窗体(Ctrl+M)")
32            self.mainAct.triggered.connect(self.switch)
... ...
35            toolbar.addAction(self.mainAct)
... ...
41
```

```
42     def openDir(self, imgdir=None):              # 打开目录
43         if not imgdir:
44             imgdir = qw.QFileDialog.getExistingDirectory(self, "打开目录")
... ...
```

对主窗体模块文件 main.py 的修改如代码 14-6 所示。

代码 14-6　图片查看器：主窗体添加切换功能 C14\main.py

```
... ...
02  from os.path import abspath, basename, dirname
03  from PyQt5.QtCore import Qt, pyqtSignal
... ...
08
09  class Main(QMainWindow):                        # 主窗体类
10      signal = pyqtSignal(str)
11
12      def __init__(self):                         # 初始化主窗体
... ...
15          self.imgdir = "."
... ...
27
28      def switch(self):                           # 切换窗体
29          self.signal.emit(self.imgdir)
30
31      def initAct(self):                          # 初始化动作功能
... ...
47          self.multiAct = QAction("多图显示", self, shortcut="Ctrl+M")
48          self.multiAct.setToolTip("多图显示(Ctrl+M)")
49          self.multiAct.triggered.connect(self.switch)
... ...
56          toolbar.addAction(self.multiAct)
... ...
66
67      def openImage(self):                        # 打开图片文件
... ...
75          self.imgdir = dirname(abspath(fileName))
... ...
```

对主程序模块文件 imgview.pyw 的修改如代码 14-7 所示。

代码 14-7　图片查看器：主程序添加切换控制 C14\imgview.pyw

```
01  """基于 PyQt5 的图片查看器
02  """
03  from PyQt5.QtWidgets import QApplication
04  from main import Main                           # 主窗体模块
05  from multi import Multi                         # 多图片窗体模块
06
07
08  class Controller:                               # 窗体切换控制器类
09      def __init__(self):
10          self.main = Main()
11          self.multi = None
12
13      def show_main(self):                        # 显示主窗体
14          self.main.signal.connect(self.show_multi)
15          if self.multi:
```

```
16              self.multi.hide()
17          self.main.show()
18
19      def show_multi(self, imgdir):                       # 显示多图片窗体
20          if not self.multi:
21              self.multi = Multi(".")
22          self.multi.signal.connect(self.show_main)
23          self.main.hide()
24          self.multi.show()
25          self.multi.openDir(imgdir)
26
27
28  if __name__ == "__main__":
29      import sys
30      app = QApplication(sys.argv)
31      controller = Controller()
32      controller.show_main()
33      sys.exit(app.exec_())
```

修改后的主程序增加了一个窗体切换控制器类，通过调用类实例的方法来显示主窗体并实现对窗体切换的控制。

14.2.3 自定义可视化部件

本节将为多图片窗体添加进一步的交互功能：当单击某个小图片时将切换至主窗体单独显示相应的大图片。由于 PyQt5 的标签部件 QLabel 并不支持鼠标单击事件处理，因此需要用一个自定义标签部件来实现此功能。对多图片窗体模块文件 multi.py 的修改如代码 14-8 所示。

代码 14-8　图片查看器：多图片窗体添加自定义部件 C14\multi.py

```
... ...
09
10  class XLabel(qw.QLabel):                                # 可单击标签类
11      clicked = pyqtSignal(str)
12
13      def mousePressEvent(self, e):
14          self.clicked.emit(self.imgfile)
15
16
17  class Multi(qw.QMainWindow):                            # 多图片窗体类
18      signal = pyqtSignal(str)
... ...
29
30      def switch(self, imgfile=None):                     # 切换窗体
31          self.signal.emit(imgfile)
... ...
56
57      def createLayout(self):                             # 创建网格布局图片显示部件
... ...
71          for (i, img_name) in enumerate(img_list):
72              img = XLabel()
73              imgfile = join(self.imgdir, img_name)
74              pixmap = QPixmap(imgfile)
... ...
80              setattr(img, "imgfile", imgfile)
81              img.clicked.connect(self.switch)
```

```
82            layout.addWidget(img, i // cnt, i % cnt)
... ...
```

以上程序设定在单击小图片时发起调用切换窗体方法并向主窗体传入相应的图片路径参数，为此也要让主窗体类的打开图片方法可以接受图片路径参数来直接打开相应图片，对主窗体模块文件 main.py 的修改如代码 14-9 所示。

代码 14-9　图片查看器：主窗体添加直接打开图片功能 C14\main.py

```
... ...
66
67    def openImage(self, fileName=None):                    # 打开图片文件
68        fil = "图片文件 (*.png *.gif *.jpg *.jpeg *.bmp *.svg);;所有文件 (*.*)"
69        if not fileName:
70            fileName, _ = QFileDialog.getOpenFileName(self, "打开文件", "", fil)
... ...
```

最后，对主程序模块文件 imgview.pyw 的修改如代码 14-10 所示。

代码 14-10　图片查看器：主程序修改显示主窗体方法 C14\imgview.pyw

```
... ...
07
08 class Controller:                                          # 窗体切换控制器类
12
13    def show_main(self, imgfile=None):                     # 显示主窗体
... ...
18        if imgfile:
19            self.main.openImage(imgfile)
... ...
```

现在这个新版图片查看器的功能已经比较完整了，当然在操作界面和性能优化等方面都还有很大的提升空间，读者可以根据实际需求不断加以改进。

本章综合实例的讲解就到此为止。桌面应用开发是一个重要的编程领域，要全面介绍相关知识和技巧需要一整本书的篇幅，读者如有兴趣可以自行参阅相关的文档资料。

思考与练习

1. 如何基于 PyQt5 编写桌面应用程序？
2. 如何使用 Git 管理开发项目的源代码？
3. 如何实现窗体的切换与消息传递？
4. 如何自定义 PyQt5 的可视化部件？
5. 继续改进新版图片查看器程序，支持更多的图片格式（如 EPS 格式）。

> **小提示**　使用第三方包 Pillow（注意模块名为 PIL，是 Python Imaging Library 的缩写）就可以处理几乎任何格式的图片。

6. 参考本章综合实例，使用 PyQt5 编写一个包含多个窗体的桌面应用程序。

第 15 章 综合实例：文章采集与展示

网络数据采集和 Web 信息服务都是 Python 的重要应用领域，Python 有大量成熟的第三方软件包可供开发者选择使用。"文章采集与展示"综合实例将基于现成的应用框架，从不同的网站获取在线文章信息，并在一个本地 Web 站点发布，来展示内容聚合页面。

本章主要涉及以下几个知识点。
- 网络应用项目的开发过程。
- 网络爬虫框架 PySpider 的使用。
- Web 应用框架 Flask 的使用。

15.1 在线文章采集

在之前的章节中，读者曾使用标准库的 urllib 模块编写过简单的网络爬虫程序。本节的综合实例将基于 PySpider 框架更快捷地创建网络爬虫程序，自动获取和保存来自网络的数据。

15.1.1 PySpider 框架

"文章采集与展示"综合实例项目需要实现的一个主要功能是从不同的网站获取感兴趣的文章标题和链接等信息并保存到本地数据库，以提供给其他功能模块进行后续处理。文章采集功能所使用的 Python 第三方包是网络爬虫框架 PySpider。它提供了现成的模板代码和 Web 管理界面，可以帮助读者快速创建网络爬虫。

本项目将通过 VSCode 远程连接 Linux 主机的方式进行开发（实际是使用本机上的 WSL 版 Ubuntu 18.04，参见 13.2 节中有关配置与生产环境的说明），读者也可以直接使用 Windows 版本的运行环境。需要注意的是，截止到 2019 年 8 月，PySpider 还未针对 Python 3.7 发布更新，因此读者需要将其安装到 Python 3.6 版本的运行环境中。

在 VSCode 左侧工具栏上单击 Remote-SSH 按钮，选择并连接到远程主机。在用户目录下新建一个 C15 文件夹（完整的路径形式如/home/leo/C15/），在当前工作区中打开此文件夹，然后输入以下终端命令安装 PySpider 所必需的系统软件包。

```
$ sudo apt install libcurl4-openssl-dev
$ sudo apt install libssl-dev
```

Linux 系统还要安装 Python 3.6 的 venv 模块，并在项目文件夹下创建虚拟环境 venv。示例代码如下。

```
$ sudo apt install python3.6-venv
$ python3.6 -m venv venv
```

> **小提示**：如果使用 Git 管理项目源代码，请注意在虚拟环境目录中添加忽略文件 .gitignore。

接下来即可输入 source 命令激活虚拟环境，或者打开菜单栏"查看">"命令面板"，输入"python"，单击列出的"Python: Select Intepreter"，选择 venv 的解释器作为当前工作区指定运行环境，这样创建终端窗口时就会自动激活虚拟环境。

现在再将 PySpider 安装到已激活的虚拟环境中。示例代码如下。

```
$ export LC_ALL=C.UTF-8
$ pip install pyspider
$ pip install wsgidav==2.4.1
```

以上命令还设置了一个必要的环境变量 LC_ALL，并在 PySpider 安装完成后重装指定版本的依赖包 WsgiDAV（因为默认安装的新版本存在兼容性问题）。

最后就可以输入如下代码来启动 PySpider 了。

```
$ pyspider
```

当终端提示启动成功后，打开浏览器输入代表本机的主机名"localhost"加端口号":5000"，就会显示网页版的 PySpider 管理界面，运行结果如图 15-1 所示。创建和管理网络爬虫的所有操作都将在此界面中进行。

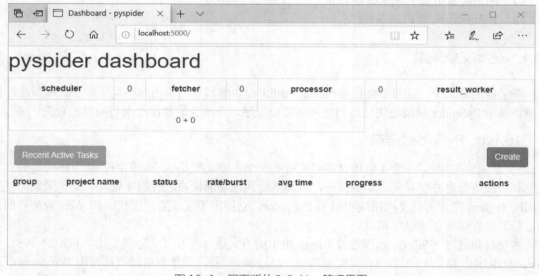

图 15-1 网页版的 PySpider 管理界面

15.1.2 编写爬虫代码

本节将以创建"科学网"文章爬虫为例讲解 PySpider 的基本操作流程——读者在之前使用标准库 urllib 编写网络爬虫时已经接触过 HTTP 的"请求"/"响应"机制：爬虫与浏览器都属于 Web 客户端，客户端向服务器发出请求信息，服务器向客户端返回响应信息。PySpider 框架使用同样的原理，只是增加了一层封装以方便开发。

爬虫程序首先需要确定请求的起始点即"索引"（Index）页面，这里选择的是科学网新闻栏的"每日全部资讯"页面。读者可以先在浏览器中打开该页面进行查看，如图 15-2 所示。

第 15 章　综合实例：文章采集与展示

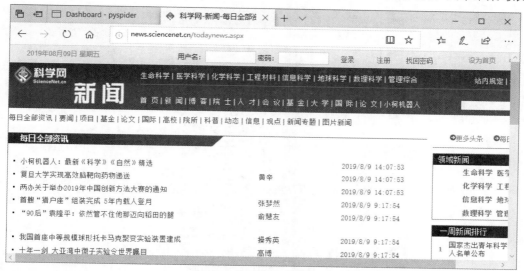

图 15-2　科学网"每日全部资讯"页面

可以看到这个页面中包含许多内容，而需要采集的部分是"每日全部资讯"区域中的文章标题、对应链接、发布日期等信息，爬虫所要做的就是从页面中自动提取需要的信息。接下来请读者在 PySpider 管理界面中单击 Create（创建）按钮打开创建新项目对话框，输入项目名称（Project Name）"sciencenet"和起始网址（Start URL(s)），单击对话框的 Create 按钮即可完成 sciencenet 项目的创建，如图 15-3 所示。

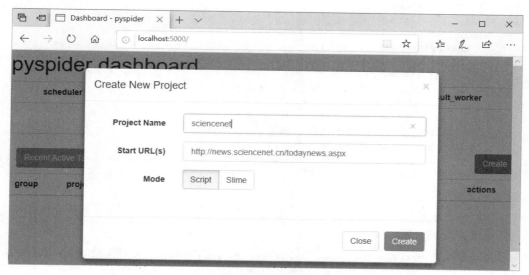

图 15-3　创建爬虫项目

爬虫项目（sciencenet）创建之后将自动转到项目调试页面，如图 15-4 所示。调试页面分为两栏，左侧显示网络请求数据，右侧显示代码编辑区。PySpider 提供了预设的程序模板，读者在此基础上进行修改，即可任意采集所需的信息。

请注意，所有爬虫程序都保存在 PySpider 自带的数据库中，这里是将代码复制到了练习项目的本章文件夹下作为备份。下面就来分析一下套用模板所生成的科学网文章爬虫程序，如代码 15-1 所示。

Python 编程：从入门到精通（微课版）

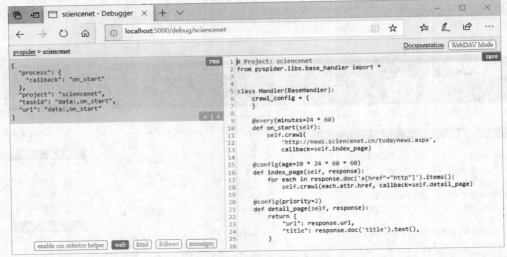

图 15-4 爬虫项目调试页面

代码 15-1 科学网爬虫：程序模板 C15\crawlers\sciencenet.py

```
01  # Project: sciencenet
02  from pyspider.libs.base_handler import *
03
04
05  class Handler(BaseHandler):
06      crawl_config = {
07      }
08
09      @every(minutes=24 * 60)
10      def on_start(self):
11          self.crawl(
12              'http://news.sciencenet.cn/todaynews.aspx',
13              callback=self.index_page)
14
15      @config(age=10 * 24 * 60 * 60)
16      def index_page(self, response):
17          for each in response.doc('a[href^="http"]').items():
18              self.crawl(each.attr.href, callback=self.detail_page)
19
20      @config(priority=2)
21      def detail_page(self, response):
22          return {
23              "url": response.url,
24              "title": response.doc('title').text(),
25          }
```

对上述程序各行语句的说明如下。

❏ 第 5 行起定义 Handler 类来封装所有的功能，爬虫项目的初始请求将自动调用 Handler 类的 on_start()方法。

❏ 第 9 行起定义 on_start()方法，every 装饰器指明该方法每 24 小时调用一次。

❏ 第 11 行起指定爬取索引页，并附带响应信息调用 index_page()方法。

❏ 第 15 行起定义 index_page()方法，config 装饰器指明该方法中的链接如果在 10 天内爬取过就不会再次爬取，用户可视需要调整配置。index_page()方法将从索引页中找出所有链接，然后逐个爬取这些详情页，并附带响应信息调用 detail_page()方法。

❑ 第 20 行起定义 detail_page()方法，config 装饰器指明任务优先级，默认值为 0，优先级高的会先安排执行。detail_page()方法将从详情页中找出页面地址和标题信息作为字典返回。这个字典对象将被自动存入数据库，这样就完成了一次爬虫任务。

下面请读者尝试进行爬虫程序的修改调试过程：调试界面左侧一开始所显示的就是项目的初始请求（PySpider 以 JSON 格式处理所有请求和响应信息），单击初始请求的 run 按钮执行请求，这时再单击下方的 follows 按钮就会提示即将开始爬取 1 个索引页链接的任务，如图 15-5 所示。

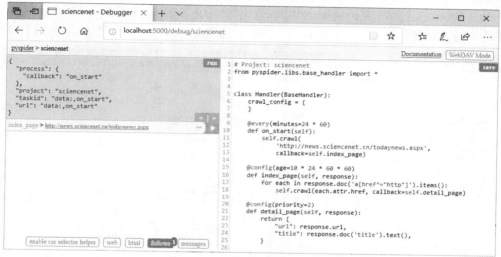

图 15-5　在调试页面执行请求

单击链接右侧的播放按钮（绿底白三角形图标）开始爬取，这时将提示找到 90 个详情页链接，如图 15-6 所示。

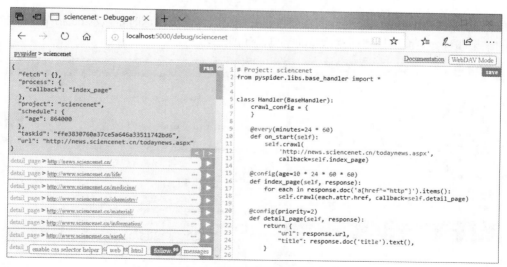

图 15-6　在调试页面执行爬取任务

以上操作找到的是索引页中的所有链接，而实际上要爬取的详情页应该是文章列表部分的链接，因此必须修改代码以便只查找符合特定规则的链接。对科学网爬虫的修改如代码 15-2 所示。

代码15-2 科学网爬虫：详情页链接规则 C15\crawlers\sciencenet.py

```
......
16      def index_page(self, response):
17          rule = '#DataGrid1>tr>td>font>table>tr>td>a[href]'
18          for each in response.doc(rule).items():
......
```

PySpider 支持通过 PyQuery 库来提取网页元素：使用响应信息生成网页所对应的 PyQuery 对象，然后向对象传入特定的规则字符串。PyQuery 规则字符串的语法与前端开发常用的 jQuery 库保持一致。从网页源代码定义的树形结构中筛选出需要的标记。

单击 save 按钮保存并再次执行请求，这时就会正确地找到 30 个详情页链接了，如图 15-7 所示。

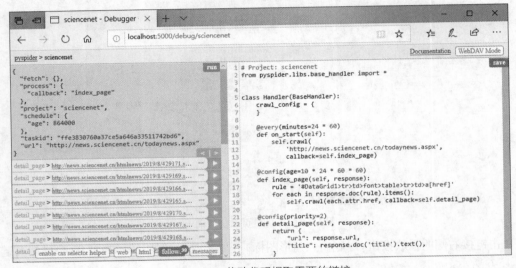

图 15-7 修改代码提取需要的链接

单击 30 个链接中任意一个对应的播放按钮开始爬取详情页，这时将显示 detail_page()方法所返回的结果即包含页面地址和标题信息的字典，如图 15-8 所示。

图 15-8 爬取详情页提取文章信息

接下来还应当修改代码以便找出其他信息,希望保存的文章信息有主题、描述(即正文的前50个字符)和日期,因此对科学网爬虫进行修改如代码15-3所示。

代码15-3　科学网爬虫:详情页处理方法 C15\crawlers\sciencenet.py

```
... ...
03  from datetime import datetime
04  import re
05
06
07  class Handler(BaseHandler):
08      crawl_config = {
09      }
10      po = re.compile(r"\d+/\d/\d+ \d+:\d+:\d+")
... ...
25      def detail_page(self, response):
26          desc = response.doc('#content1').text().split('\n', maxsplit=1)[1]
27          desc = desc.replace('\n', '')[:50] + '...'
28          date = response.doc('#content>tr>td[align="left"]>div').text()
29          date = Handler.po.search(date).group()
30          date = datetime.strptime(date, "%Y/%m/%d %H:%M:%S")
31          return {
32              "url": response.url,
33              "title": response.doc('title').text(),
34              "theme": "科学",
35              "desc": desc,
36              "date": str(date)
37          }
```

以上代码使用了 datetime 和 re 模块,以便更灵活地从网页中提取需要的信息。再次执行请求即可返回新的文章信息字典,如图15-9所示。

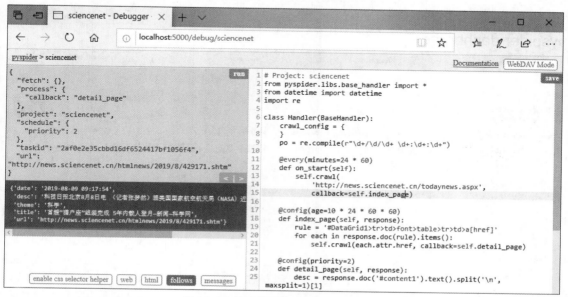

图15-9　修改代码提取文章的其他信息

现在这个爬虫已经编写完成，可以正式运行了，这需要将项目的状态由"待修改"改为"调试"（或是"运行"）。单击左上角导航链接返回主界面，在爬虫项目列表中 sciencenet 的状态由 TODO 改为 DEBUG（或是 RUNNING），如图 15-10 所示。

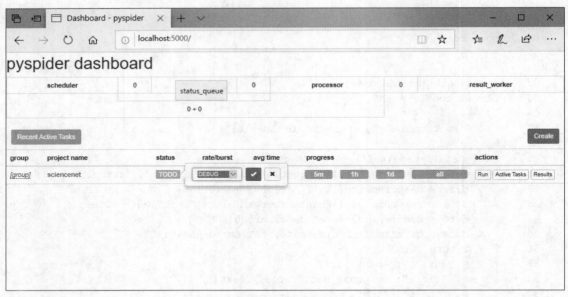

图 15-10　修改爬虫项目的状态

现在单击右侧的 Run 按钮即可开始运行项目，读者可以在主界面和终端查看运行进度提示信息，如图 15-11 所示。

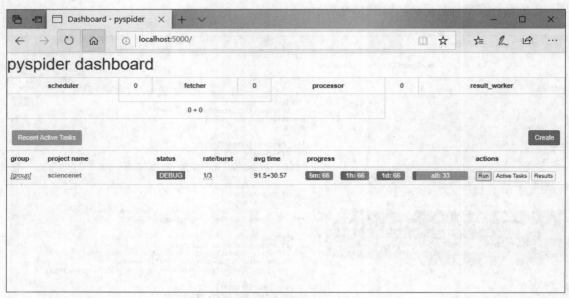

图 15-11　运行爬虫项目

爬虫项目运行完成之后，单击 Results 按钮即可查看采集到的文章数据，如图 15-12 所示。

第 15 章 综合实例：文章采集与展示

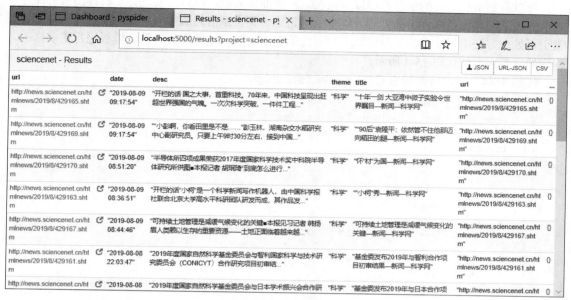

图 15-12　查看爬取结果

15.1.3　爬虫定制技巧

使用 PySpider 可以方便快捷地创建和运行多个网络爬虫，用户只需专注于如何提取出需要的信息，而不必关心任务调度和数据保存之类的普遍性问题。本节将介绍"科技行者"文章爬虫的编写过程，并结合代码讲解 PySpider 的自定义消息发送等技巧。

"科技行者"文章爬虫的请求起始点就是网站的主页，首先在浏览器中访问该页面，如图 15-13 所示。

图 15-13　科技行者主页

235

可以看到所有需要的信息都可以直接在这一页面中提取,没有必要进行爬取详情页的操作。之前的科学网爬虫是在详情页处理方法中返回记录一篇文章信息的字典对象,而当前项目则是在索引页处理方法中返回多篇文章信息各自对应的字典对象,因此需要对默认模板进行更多修改,程序的完整内容如代码15-4所示。

代码15-4 科技行者爬虫 C15\crawlers\solidot.py

```
01  # Project: solidot
02  from pyspider.libs.base_handler import *
03  from datetime import datetime
04  import re
05
06
07  class Handler(BaseHandler):
08      crawl_config = {
09      }
10      po = re.compile(r"\d+年\d+月\d+日 \d+时\d+分")
11
12      @every(minutes=24 * 60)
13      def on_start(self):
14          self.crawl('https://www.solidot.org/', callback=self.index_page)
15
16      @config(age=5)
17      def index_page(self, response):
18          for each in response.doc('div[class="block_m"]').items():
19              date = each('div[class="talk_time"]').text()
20              date = Handler.po.search(date).group()
21              date = datetime.strptime(date, "%Y年%m月%d日 %H时%M分")
22              item = {
23                  "url": each('div[class="bg_htit"]>h2>a[href]').attr.href,
24                  "title": each('div[class="bg_htit"]>h2>a[href]').text(),
25                  "theme": "科技",
26                  "desc": each('.p_mainnew').text()[:50] + "...",
27                  "date": str(date)
28              }
29              self.send_message(self.project_name, item, url=item["url"])
30
31      def on_message(self, project, msg):
32          return msg
```

以上程序主要利用了 PySpider 的消息传递机制,提取每篇文章信息的操作在索引页处理方法 index_page() 中进行:第 29 行代码调用 send_message() 方法将结果字典作为消息即时发送出去;第 31 行重载 on_message() 方法接受消息并直接返回,这样就可以在数据库中正确地添加一条记录了。

PySpider 默认使用 SQLite 来存储各类数据,SQLite 是一种流行的轻量级文件型数据库引擎,每个数据库对应一个 .db 文件。读者可以在 VSCode 中安装 SQLite 扩展插件以便直接操作 SQLite 数据库。装好插件后按 Ctrl+Shitf+P 组合键打开命令面板,输入命令"SQLite: Open Database",选择当前文件夹中 data 子目录下的某个数据库文件(如结果数据库 result.db),就会在左侧面板的 SQLITE EXPLORER 中看到数据库中的表。

每个爬虫项目都有一个对应的结果表,右键单击某个表名并选择 Show Table 即可显示表中的记录。可以看到项目采集的所有数据都以 JSON 字符串的形式保存在 result 字段当中,如图 15-14 所示。

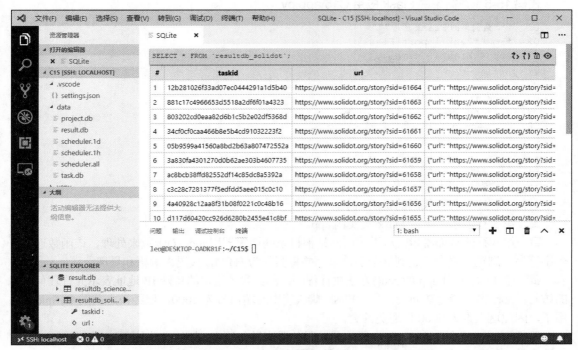

图 15-14　在 VSCode 中查看 SQLite 数据库

PySpider 支持多种不同的数据库引擎，读者在工作中可以选择更强大的服务器型数据库引擎（如 MySQL 和 MongoDB 等），并自行定制更符合实际需求的表结构。

对 PySpider 网络爬虫框架的介绍就到此为止。网络爬虫是 Python 的一个重要应用领域，在实际操作中将会涉及大量因特网应用层面的技术细节，要全面介绍相关知识和技巧需要一整本书的篇幅，读者如有兴趣可以自行参阅各种文档资料。

15.2　文章信息展示

在这一节中将使用 Flask 框架快速创建一个简易的 Web 站点，在同一页面中聚合展示之前网络爬虫采集并保存在数据库中的文章信息。

15.2.1　Flask 框架

"文章采集与展示"综合实例项目需要实现的另一个功能是以更直观的方式呈现所采集的数据——即创建 Web 站点来发布信息。同一网络中的计算机可以使用浏览器方便地查看该站点的页面；如果是发布到公网主机上，则可以在全世界的任何地方随时访问该站点。

Python 拥有许多 Web 开发框架，Flask 则是其中最为简洁灵活的一种。实际上 PySpider 的 Web 管理界面就是用 Flask 开发的，本项目的文章信息展示功能将直接使用之前已安装好的 Flask。如果是在新建环境中运行，可输入以下命令来安装 Flask。

```
$ pip install flask
```

读者可以先来看一个最简单的 Flask 应用，编写程序文件 app.py 的内容如代码 15-5 所示。

代码 15-5　最简单的 Flask 应用 C15\app.py

```
01  """最简单的Flask应用"""
02  from flask import Flask
03  app = Flask(__name__)
04
05
06  @app.route("/")
07  def index():
08      return "<h1>欢迎来访! </h1>"
09
10
11  if __name__ == "__main__":
12      app.run(host="0.0.0.0", port=8000)
```

对以上程序中各行代码的说明如下。
- 第 3 行创建了一个 Flask 类实例 app。
- 第 6 行的装饰器指定对于访问网站根目录的请求调用 index()函数来处理，该函数返回一个字符串，浏览器将会接收到这个字符串，并将其作为 HTML 代码来解析和呈现。
- 第 12 行调用 app 的 run()方法执行程序：host 参数指定的特殊 IP 地址表示允许任何来源的访问；port 参数指定访问端口号。Flask 默认使用的端口号为 5000，已经被之前的 PySpider 占用了，因此这里设为 8000 以避免冲突。

运行 app.py 就会启动 Flask 内置的开发服务器来发布站点，在浏览器中输入主机名"localhost"加端口号":8000" 即可看到 index()函数所返回的内容。

Flask 最新版本推荐通过 FLASK_APP 环境变量来指定应用程序文件，然后使用 flask run 命令来运行，而不必再调用实例的 run 方法。示例代码如下。

```
$ export LC_ALL=C.UTF-8
$ export FLASK_APP=app.py
$ flask run --host=0.0.0.0 --port=8000
```

读者可以发现 Flask 应用的代码结构相当简洁明了，下面将开始讲解的文章信息展示程序也并不复杂。

15.2.2　后端和前端代码

本节将正式开始搭建文章信息展示站点，站点只包含一个聚合最新文章信息的页面。但与之前的最简单 Flask 应用不同，这个页面的功能是由两个文件配合实现的：一个是 Python 程序文件负责生成数据，另一个是 HTML 模板文件负责呈现数据，这样后端和前端代码实现了初步的分离，使应用结构更为清晰，也便于多人分工协作。文章展示 Flask 应用的后端代码主要与服务器打交道。首先提取需要的数据，然后把数据提交给前端，程序文件 article.py 的内容如代码 15-6 所示。

代码 15-6　文章展示 Flask 应用：后端 C15\article.py

```
01  """在线文章聚合展示"""
02  from flask import Flask, render_template
03  from datetime import datetime
04  import sqlite3
05  import time
06  import json
07  app = Flask(__name__)
08
09
```

```
10  @app.route("/")
11  def index():
12      mintime = time.time() - 72 * 60 * 60
13      conn = sqlite3.connect("data/result.db")
14      cur = conn.cursor()
15      cur.execute(
16          "SELECT result FROM resultdb_sciencenet WHERE updatetime>? \
17              UNION SELECT result from resultdb_solidot WHERE updatetime>?",
18          (mintime, mintime))
19      result = cur.fetchall()
20      rows = []
21      for r in result:
22          rows.append(json.loads(r[0]))
23      rows.sort(key=lambda i: i["date"], reverse=True)
24      return render_template("index.html", rows=rows)
```

对以上程序各行语句的说明如下。

❑ 第 13 行使用标准库的 sqlite3 模块的 connect()方法创建一个数据库连接对象。Python 提供了对 SQLite 数据库的直接支持，要连接其他数据库也只需安装相应的第三方包。

❑ 第 14 行调用连接对象的 cursor()方法创建数据库"游标"对象（临时表）。

❑ 第 15 行调用游标对象的 execute()方法执行 SQL 语句，从多个数据表中提取 updatetime 字段值大于当前时间减 72 小时的所有记录的 result 字段。SQL 即"结构化查询语言"（Structured Query Language）的英文缩写，是一种可访问和操作各种关系型数据库引擎的专用编程语言。

❑ 第 19 行调用游标对象的 fetchall()方法得到一个查询结果列表，其中的元素是由 JSON 字符串构成的元组。

❑ 第 20 行创建文章信息列表 rows，使用标准库 json 模块将 JSON 字符串反序列化为文章信息字典放入 rows。

❑ 第 23 行将 rows 按文章发布日期降序排列。

❑ 第 24 行返回使用 index.html 模板文件基于 rows 渲染出来的 HTML 数据，也就是一个包含文章信息且经过美化的网页。

> **小提示** 请注意将 data 子目录加入 Git 忽略文件.gitignore，不要对数据库文件使用源代码管理。

接下来请读者在项目文件夹下新建一个 templates 子目录，用其来保存前端网页模板，即用来生成发送给浏览器的最终网页的 HTML 文件，其中除了静态的网页代码，还可在适当位置添加从后端传入的数据。模板文件 index.html 的内容如代码 15-7 所示。

代码 15-7　文章展示 Flask 应用：前端 C15\templates\index.html

```
01  <!DOCTYPE html>
02  <html>
03
04  <head>
05    <meta charset="utf-8">
06    <meta name="viewport" content="width=device-width, initial-scale=1, shrink-to-fit=no">
07    <title>在线文章聚合展示</title>
08    <link rel="stylesheet" href="https://cdn.bootcss.com/twitter-bootstrap/4.3.1/css/bootstrap.min.css">
09  </head>
10
```

```
11  <body>
12    <nav class="navbar navbar-dark bg-primary">
13     <a class="navbar-brand" href="#">在线文章聚合展示</a>
14    </nav>
15    <div class="container">
16     <table class="table">
17      <thead>
18       <td>主题</td>
19       <td>文章</td>
20       <td>日期</td>
21      </thead>
22      {% for row in rows %}
23      <tr>
24       <td>{{ row["theme"] }}</td>
25       <td>
26        <a href="{{ row['url'] }}" target="_blank">
27         {{ row["title"] }}
28        </a>
29        <br />{{ row["desc"] }}
30       </td>
31       <td>{{ row["date"] }}</td>
32      </tr>
33      {% endfor %}
34     </table>
35    </div>
36    <script src="https://cdn.bootcss.com/jquery/3.4.1/jquery.min.js"></script>
37    <script src="https://cdn.bootcss.com/twitter-bootstrap/4.3.1/js/bootstrap.min.js"></script>
38  </body>
39
40  </html>
```

可以看到模板文件里基本上都是 HTML 代码，它们会被原样放入最终网页。另外还包含一些用花括号括起来的模板指令，这些指令可以使用后端传入的变量。对模板文件各行的功能说明如下。

❑ 第 8 行引入了前端组件库 bootstrap 来美化页面布局。

❑ 第 22 行使用了循环指令，对于文章列表中的每个字典输出一次第 23～32 行的内容（即表格的一行），流程控制是通过 Jinja 模板"微语言"实现的，与 Python 的不同之处在于它不使用缩进而是使用结束指令来表示语句结构。

❑ 第 24 行使用了打印指令，可以通过任意 Python 表达式来输出信息。

> **小提示**　Bootstrap 是一个流行的前端组件库，详情参见官网。
> Jinja 是基于 Python 的网页模板引擎，详情参见官方文档。

现在就可以输入以下命令来发布文章展示站点了。设置环境变量 FLASK_DEBUG 值为 1，表示使用调试模式，这样当改动代码时会自动重启服务来更新页面，当程序出错时则会将回溯信息显示在页面中。

```
$ export FLASK_APP=article.py
$ export FLASK_DEBUG=1
$ flask run --host=0.0.0.0 --port=8000
```

此时使用浏览器访问网址即可看到文章聚合展示页面，如图 15-15 所示。

图 15-15 文章聚合展示页面

15.2.3 分页功能的实现

在这一节中，请读者尝试继续改进文章展示效果。目前，这个页面是把最近 3 天的所有文章全部显示出来，网页的纵向高度过大。对于大量数据的展示，通常都会使用分页功能以方便用户查看，例如，每页只显示 10 篇文章信息，单击导航链接来切换显示其他页面。

flask 框架通过在基本核心模块 flask 之上添加扩展模块来实现更复杂的功能，例如，分页功能模块 flask_paginate。请使用以下命令安装相应的第三方包 flask-paginate。

```
$ pip install flask-paginate
```

现在就可以在 Flask 应用中使用 flask_paginate 模块了，对程序文件 article.py 的修改如代码 15-8 所示。

代码 15-8　文章展示 Flask 应用：后端修改 C15\article.py

```
... ...
03  from flask_paginate import Pagination, get_page_args
... ...
10
11  def get_rows(rows, offset=0, per_page=10):
12      return rows[offset:offset + per_page]
13
14
15  @app.route("/")
16  def index():
... ...
29      page, per_page, offset = get_page_args(
30          page_parameter="page", per_page_parameter="per_page")
31      pagination_rows = get_rows(rows=rows, offset=offset, per_page=per_page)
32      pagination = Pagination(
33          page=page, per_page=per_page, total=len(rows),
34          css_framework="bootstrap4")
35      return render_template(
```

```
36            "index.html", rows=pagination_rows,
37            page=page, per_page=per_page, pagination=pagination)
```

以上程序第 11 行起增加了一个 get_rows()函数，根据指定的起始位置从完整文章信息列表中返回长度为 10 的切片；修改 index()函数的结尾部分，根据文章信息列表的总长度构建一个分页对象，最后将只包含一页内容的文章列表和分页相关对象提交给模板渲染方法。对模板文件 index.html 的修改如代码 15-9 所示。

代码 15-9　文章展示 Flask 应用：前端修改 C15\templates\index.html

```
... ...
15    <div class="container">
16      {{ pagination.links }}
17      <table class="table">
... ...
```

可以看到对于前端的改动极少，只需要在表格之前添加一行显示分页组件的指令（在表格之后也可以再添加一个分页组件方便用户操作），浏览器刷新页面之后即可使用分页功能，如图 15-16 所示。 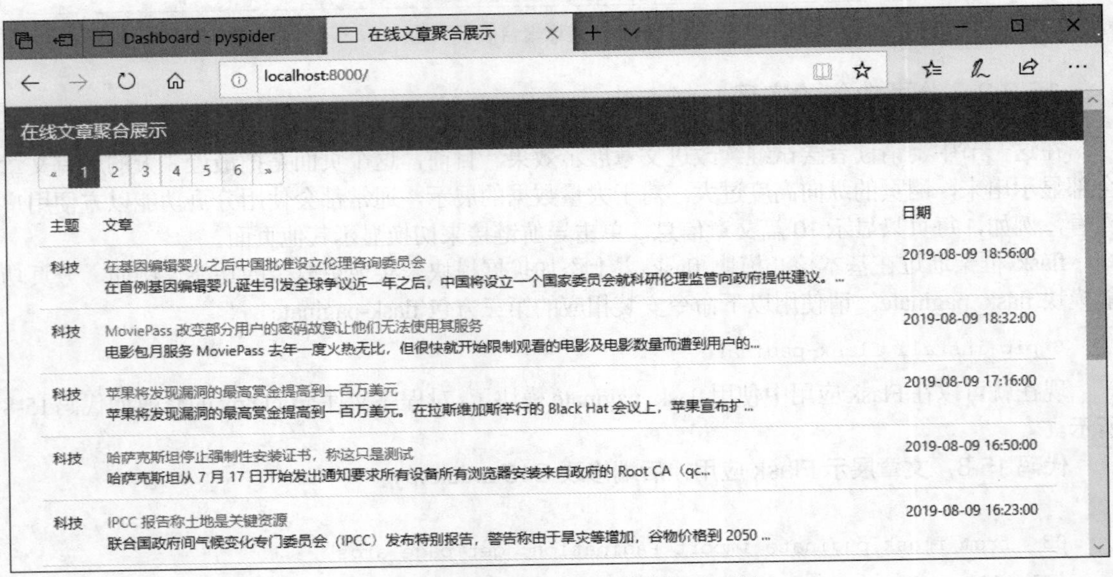

图 15-16　添加了分页功能的展示页面

本章综合实例使用了多个第三方包，对于某些包还要求特定的版本号。为了便于快速搭建应用的运行环境，可以使用 pip freeze 命令来创建环境需求文件。

```
$ pip freeze > requirements.txt
```

执行以上命令将生成一个 requirements.txt 文件，其中列明了当前虚拟环境中的包及其版本号。有了这个文件，在其他主机上只需输入如下一行命令即可建立起同样的运行环境。

```
$ pip install -r requirements.txt
```

对 Web 开发框架 Flask 的介绍就到此为止。Web 开发也是 Python 的一个重要应用领域，开发过程中还必须掌握另一种编程语言 JavaScript。要全面介绍 Web 开发的相关知识和技巧也需要一整本书的篇幅，读者如有兴趣可以自行参阅相关文档资料。

思考与练习

1. 如何使用网络爬虫框架 PySpider？
2. 如何使用 Web 应用框架 Flask？
3. 如何在 Python 中连接数据库？
4. 如何理解 Web 开发中前端和后端的区别？
5. 编写更多网络爬虫来采集感兴趣的在线资源。
6. 继续改进本章的综合实例，如添加文章分类显示功能。

第16章 综合实例：数据分析与可视化

数据处理是目前 Python 最重要的应用领域，利用专业的数据科学工具集能够快速处理海量数据，从中提取有价值的信息，并绘制生动直观的图表。"数据分析与可视化"综合实例将完整介绍如何快速搭建并使用个人专属的数据处理工作平台。

本章主要涉及以下几个知识点。
- 在线开发环境 Jupyter 的使用。
- 数据分析相关工具包的使用。
- 数据可视化相关工具包的使用。

16.1 数据处理与分析

本章的综合实例均基于 Web 的开发环境完成，读者将会逐步熟悉这种特别适合数据处理任务的、代码与文档一体化的全新编程模式。

16.1.1 在线开发环境

Jupyter 是一个专门应用于数据处理领域的开源软件项目，其核心组件是计算和文档一体化的交互式在线编程笔记本 Jupyter Notebook。它不仅把 IPython 放进 Web 浏览器，还能将代码、文本、表格、公式以及图形图像都集成在同一网页之中，作为连接与整合多种计算资源的个人工作平台。如果将 Jupyter Notebook 放到因特网主机上，就能在世界的任何角落随时使用，是 Python 软件生态方便快捷、简明易用特性的绝佳代表。

Jupyter 项目所包括的软件除了基本的 Jupyter Notebook，还有新一代 Web 交互开发环境 JupyterLab 以及支持多用户的 JupyterHub 等。

本书第 1 章介绍过数据科学领域专用的 Python 发行版 Anaconda，它在 Python 官方版之上集成了包括 Jupyter Notebook 在内的大量第三方软件包，适合非编程专业人士开箱即用。而对于本书读者来说，既可以尝试额外安装一个 Anaconda 环境，也可以继续在官方环境下使用 pip 命令来安装需要的软件包，这样更为灵活和精简。

读者可以先创建一个专用虚拟环境，然后在虚拟环境中升级 pip 并安装 Jupyter。示例代码如下。

```
python -m pip install -U pip
pip install jupyter
```

第 16 章 综合实例：数据分析与可视化

需要注意的是，许多 Python 数据科学工具包都带有 C/C++编写的扩展模块，在 Windows 系统下通过 pip 命令安装 Jupyter，需要调用 Visual C++ Build Tools 进行编译（参见 13.3 节）。

接下来就可以在练习项目主目录中输入以下终端命令来启动 Jupyter Notebook。

```
jupyter notebook
```

以上命令执行后将自动启动默认浏览器打开 Jupyter Notebook 主页面（默认使用 8888 端口），显示当前目录的所有内容，如图 16-1 所示。

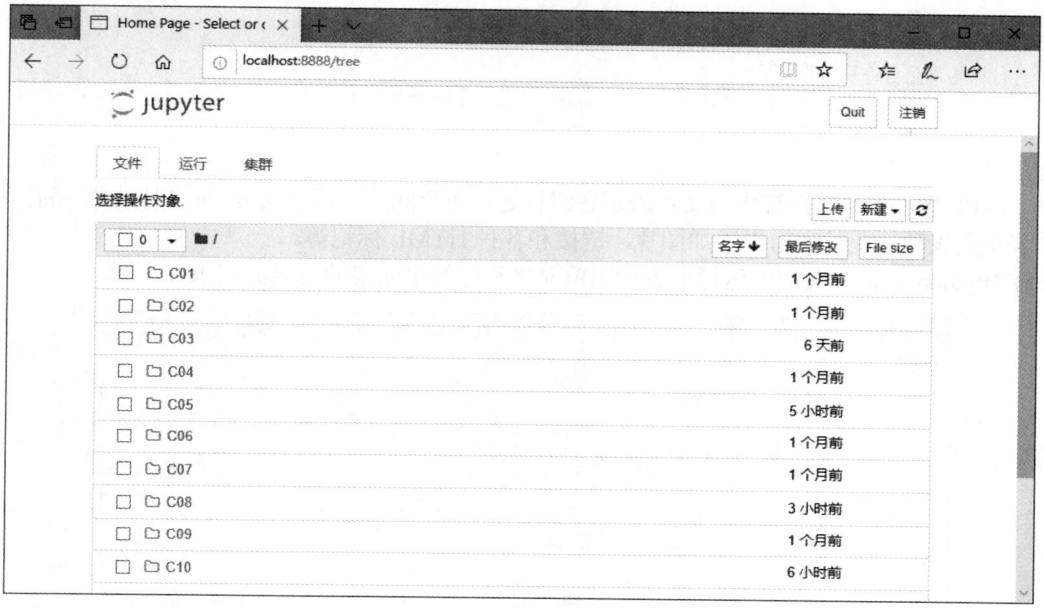

图 16-1 Jupyter Notebook 主页面

> **小提示**：Jupyter Notebook 每次启动都会随机生成一个凭据用作安全验证，将终端输出中附带凭据的链接复制到浏览器地址栏即可访问打开 Jupyter Notebook 主页面。读者也可以输入以下命令设置一个登录密码以方便使用。

```
jupyter notebook password
```

单击主页面右上方的"新建"按钮可以创建文本文件、文件夹，打开终端窗口或是基于特定语言解释器的"IPython 笔记本"（.ipynb）。".ipynb"是 Jupyter Notebook 的专用文件格式，所有数据处理与分析操作都可以在 IPython 笔记本页面中完成。请读者尝试创建本章练习文件夹 C16，然后在其中创建名为"example"的 IPython 笔记本进行练习。

> **小提示**：每个 IPython 笔记本可以使用不同的 Python 运行环境，此外还能配置环境支持其他编程语言，包括 C/C++语言。

IPython 笔记本页面主要由代码单元格组成，一个代码单元格就是一次 IPython 交互，读者可以在其中输入 Python 程序并运行，结果将在页面中显示。因为输出内容也是由浏览器负责呈现的，所以还允许使用 HTML 标记。以下程序是使用 IPython.display 模块在页面中显示加粗红色文本的示例。

```python
# 代码单元格
from IPython.display import HTML
```

```
content = '<b style="color:red">输出超文本</b>'
HTML(content)
```

IPython笔记本页面的另一种常用组件是标签单元格,其中可以使用MarkDown(MD)标签来撰写带格式的文档,运行标签单元格将显示排版后的效果。MD标签非常简单易用,下面的例子在页面中添加了一个标签单元格,在其中演示几种常用的标签。

```
# 标签单元格
## 标签示例
这里演示常用的MarkDown(MD)标签

运行标签单元格将显示排版后的效果
- 可以使用图片、链接和HTML标记<div style="float:left">
    ![图片标签](../C08/logo.gif)</div>
- [链接到主目录页](../)
```

上面以"#"号加空格打头的文本表示各级标题;两个回车表示正文分段;减号加空格打头的文本表示列表项,此外也可以添加图片、链接和各种HTML标记等。

在IPython笔记本页面中运行上述代码单元格和标签单元格的效果如图16-2所示。

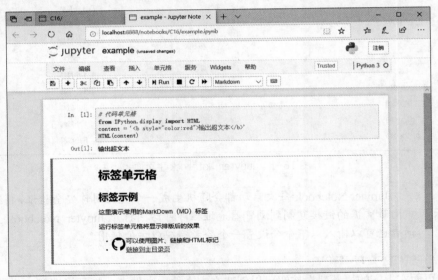

图16-2 IPython笔记本页面的代码单元格和标签单元格

在笔记本页面中可以使用热键进行快捷操作,常用的热键如表16-1所示。

表16-1　　　　　　　　　　　IPython笔记本页面常用热键

热键	说明
H	显示热键列表
A/B	在上/下插入单元格
M/Y	改为标签/代码单元格
Eenter/Esc	进入/退出编辑单元格
Tab/Shift+Tab	代码补全/提示
Ctrl+Enter	运行单元格
S	保存笔记内容

接下来读者可以按 B 键再插入一个代码单元格，输入新的程序如代码 16-1 所示，对本书练习项目中 Python 程序文件总个数与代码总行数进行统计。

代码 16-1　输出 Python 练习项目的基本统计信息

```
01  # 统计练习项目中 Python 程序文件总个数与代码总行数
02  import os
03
04
05  def main():
06      filecount = 0
07      linecount = 0
08      root = "../"
09      for folder, subfolder, files in os.walk(root):
10          if folder.endswith(".git"):
11              continue
12          for file in files:
13              if file.endswith((".py", ".pyw")):
14                  filecount += 1
15                  with open(os.path.join(folder, file), encoding="utf-8") as f:
16                      for line in f:
17                          linecount += 1
18      print("程序文件总个数: ", filecount)
19      print("程序代码总行数: ", linecount)
20
21
22  if __name__ == "__main__":
23      main()
```

以上程序第 10 行排除了项目文件夹下的.git 子目录，这是 Git 源代码管理工具用于保存版本历史数据的隐藏目录，不需要纳入统计。最终运行结果如下。

```
程序文件总个数： 82
程序代码总行数： 2589
```

可以看到使用 Jupyter Notebook 进行程序开发是极为方便的，同时还能与相应的文档撰写过程融合为一体，非常适合数据处理类的工作。本章综合实例的代码将全部使用 IPython 笔记本来编写，不再保存为单独的程序文件。

> **小提示**　GitHub 支持直接查看 IPython 笔记本，但是渲染速度比较慢，推荐使用 Jupyter 官方网站提供的专用查看器。（在 Jupyter 项目主页导航栏上点击 NBViewer 即可打开）

16.1.2　数据科学工具集

除了作为基础设施的在线开发环境 Jupyter，在实际的数据处理与分析中还需要其他几个第三方包，它们共同组成了数据科学的通用工具集。Anaconda 发行版已经附带了这些第三方包，读者也可以在官方版环境中自行安装。

首先要介绍的 NumPy 是一个专用于数值计算的第三方包，它提供了实现高效存储与快速操作多维数组对象的功能，可以说是整个 Python 数据科学生态系统的核心。

读者可以在 Jupyter Notebook 中新建终端窗口，在浏览器中进行本机命令行操作。请注意，此终端就是启动 Jupyter Notebook 所用的 PowerShell 终端（包括已激活的虚拟环境），想要验证这一点可以在此终端窗口中输入 get-command 命令（或简写为 gcm）查看 python 命令对应的可执行文件路径（传统 CMD 终端用 where 命令，Linux 终端用 which 命令）。

```
get-command python
```

输入以下 pip 命令即可安装 NumPy。

```
pip install numpy
```

请读者创建新的 IPython 笔记本 "example2" 进行练习。首先导入 NumPy 模块，根据社区惯例应使用 np 作为别名。示例代码如下。

```
import numpy as np
```

NumPy 所提供的多维数组类名为 ndarray。创建 ndarray 的基本方式是调用 array() 函数并以一个列表作为参数，示例代码如下。

```
np.array([1, 2, 3, 4, 5])
```

输出结果如下。

```
array([1, 2, 3, 4, 5])
```

如果传入的列表以若干相同长度列表为组成元素，则会创建一个二维数组（嵌套更多层将生成更高维度的数组），示例代码如下。

```
np.array([[4, 9, 2], [3, 5, 7], [8, 1, 6]])
```

输出结果如下。

```
array([[4, 9, 2],
       [3, 5, 7],
       [8, 1, 6]])
```

NumPy 中的 ndarray 属于可变的序列对象，与 Python 列表的关键区别在于其所有元素的类型必须一致，这样对数据的储存和处理更为高效。ndarray 支持更多种类的数学运算，如矩阵运算。以下语句块演示了一个 3×2 矩阵与一个 2×1 矩阵相乘。

```
a = np.array([[2, 1], [1, 2], [1, 1]])
b = np.array([1, 2])
a.dot(b), a @ b
```

矩阵乘法可以使用 dot() 方法，也可以使用 @ 运算符，两种写法完全等价。以上语句块的输出结果如下。

```
(array([4, 5, 3]), array([4, 5, 3]))
```

NumPy 中的 ndarray 的各类运算在底层是使用"通用函数"对所有元素执行同样的运算即所谓"向量化"操作，这种操作是并发执行的，因而极为快速。下面的示例首先创建了由 10 万个随机整数组成的列表，然后通过循环对所有元素求倒数。

```
from random import randint
biglist = [randint(1, 100) for _ in range(100000)]

def reciprocal(values):
    for i, v in enumerate(values):
        values[i] = 1/v
    return values

%timeit reciprocal(biglist)
```

以上语句块最后一行使用 IPython 的 timeit 魔法命令查看语句的耗时,输出结果如下。

```
9.2 ms ± 530 µs per loop (mean ± std. dev. of 7 runs, 100 loops each)
```

> **小提示**　timeit 魔法命令会视具体情况重复执行目标语句或语句块 10^n 次并取平均值,以确保计时准确。

作为对比,以下语句块首先创建了由 10 万个随机整数组成的 ndarray,然后通过向量化操作对所有元素求倒数。

```
bigarray = np.random.randint(1, 100, size=100000)
%timeit 1/bigarray
```

输出结果如下。

```
114 µs ± 118 ns per loop (mean ± std. dev. of 7 runs, 10000 loops each)
```

可以看到实现同样的功能,使用列表耗时 9.2 毫秒,使用 ndarray 耗时 114 微秒,后者的速度相比前者提高了 80 多倍。

NumPy 的 ndarray 对象也存在缺点。当需要使用循环来逐个处理数组元素时,运行效率就会变得极低,因此应当避免这种操作。不过读者也可以选择辅助工具包 Numba 来解决这种问题。Numba 是一个"即时"(Just In Time,JIT)编译器,能将部分耗时的 Python 代码自动编译为原生机器码,包括针对 NumPy 数组的特别优化,使 Python 程序的运行速度甚至可以接近 C/C++这样的编译型语言。

输入以下 pip 命令即可安装 Numba。

```
pip install numba
```

除了有提升数据计算效率的工具包,还有许多专门用于实现数据可视化的第三方包,其中最基本的工具包为数学绘图库 Matplotlib,它能根据各种数据生成不同类型的精美图形,并具有良好的跨平台兼容性。

输入以下 pip 命令即可安装 Matplotlib。

```
pip install matplotlib
```

以上是对常用数据科学工具包的简要介绍,读者将在后续的综合实例中进一步使用这些工具包。下面的例子是 10.2.2 节中实例 10-3 曼德布罗分形图绘制程序的改进版,其使用 NumPy 数组来处理所有像素点,使用 Matplotlib 来生成图形,如代码 16-2 所示。

代码 16-2　更高效地绘制曼德布罗分形图

```
01  # 使用 NumPy 绘制曼德布罗分形图
02  import time
03  import numpy as np
04  from matplotlib import pyplot as plt
05  from matplotlib import colors
06  from numba import jit, guvectorize, complex64, int32
07  %matplotlib inline
08
09
10  @jit(int32(complex64, int32))
11  def mandelbrot(c, maxiter):
12      nreal = 0
13      real = 0
```

```python
14      imag = 0
15      for n in range(maxiter):
16          nreal = real * real - imag * imag + c.real
17          imag = 2 * real * imag + c.imag
18          real = nreal
19          if real * real + imag * imag > 4.0:
20              return n
21      return 0
22
23
24  @guvectorize(
25      [(complex64[:], int32[:], int32[:])], "(n),()->(n)", target="parallel")
26  def mandelbrot_numpy(c, maxit, output):
27      maxiter = maxit[0]
28      for i in range(c.shape[0]):
29          output[i] = mandelbrot(c[i], maxiter)
30
31
32  def mandelbrot_set(xmin, xmax, ymin, ymax, width, height, maxiter):
33      r1 = np.linspace(xmin, xmax, width, dtype=np.float32)
34      r2 = np.linspace(ymin, ymax, height, dtype=np.float32)
35      c = r1 + r2[:, None] * 1j
36      n3 = mandelbrot_numpy(c, maxiter)
37      return (r1, r2, n3.T)
38
39
40  def mandelbrot_image(
41      xmin, xmax, ymin, ymax, width=10, height=10,
42          maxiter=256, cmap="jet", gamma=0.3):
43      dpi = 72
44      img_width = dpi * width
45      img_height = dpi * height
46      x, y, z = mandelbrot_set(
47          xmin, xmax, ymin, ymax, img_width, img_height, maxiter)
48      plt.figure(figsize=(width, height), dpi=dpi)
49      ticks = np.arange(0, img_width, 3 * dpi)
50      x_ticks = xmin + (xmax - xmin) * ticks / img_width
51      plt.xticks(ticks, x_ticks)
52      y_ticks = ymin + (ymax - ymin) * ticks / img_width
53      plt.yticks(ticks, y_ticks)
54      plt.axis("off")
55      norm = colors.PowerNorm(gamma)
56      plt.imshow(z.T, cmap=cmap, norm=norm, origin="lower")
57
58
59  if __name__ == "__main__":
60      t1 = time.process_time()
61      mandelbrot_image(-2, 0.5, -1.25, 1.25, cmap="hot")
62      print(f"运行耗时: {time.process_time() - t1}秒。")
```

可以看到新的程序使用同样的算法，但是通过 NumPy 配合 Numba，将耗时的循环操作即时编译为原生机器码，运行速度会有数量级的提高。运行结果如图 16-3 所示。

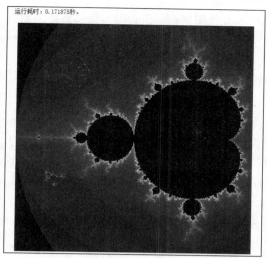

图 16-3　在页面中输出曼德布罗分形图

16.1.3　使用数据分析库

当需要对数据进行各种统计和分析时，通常都会使用 Pandas 工具包。Pandas 是最强大的 Python 数据分析库，它在 NumPy 基础之上构建，功能完善、性能出色并且操作便捷。

输入以下 pip 命令即可安装 Pandas。

```
pip install pandas
```

请读者创建新的 IPython 笔记本"example3"进行练习。首先导入 pandas 模块，根据社区惯例应使用"pd"作为别名。

```
import pandas as pd
```

Pandas 所提供的对象类型主要有"数据系列"（Series）和"数据网格"（DataFrame）。Series 像是一维数组而 DataFrame 像是二维数组，与数组的关键区别在于它们包含可自定义的"数据索引"（Index），类似于字典的键。下面以中国主要城市数据为例进行说明，首先使用列表构造一个 Series 对象。示例代码如下。

```
s = pd.Series(["北京", "上海", "广州", "深圳"])
s
```

输出结果如下。

```
0    北京
1    上海
2    广州
3    深圳
dtype: object
```

可以看到第一列的数字就是默认使用的数字索引，Series 对象的 index 属性会指向所用索引。Series 允许通过序列索引语法来引用元素（但不支持负序号）。示例代码如下。

```
s[0],s[3]
```

以上语句输出结果如下。

```
('北京', '深圳')
```

下面再创建一个新的 Series 并使用城市名拼音缩写作为自定义索引。示例代码如下。

```
cityname = pd.Series(["北京", "上海", "广州", "深圳"], index=["bj", "sh", "gz", "sz"])
cityname.index
```

以上语句输出的索引对象如下。

```
Index(['bj', 'sh', 'gz', 'sz'], dtype='object')
```

这样的自定义索引支持字典键的语法，并且符合标识符命名规则的索引将会自动成为 Series 对象的属性，也可以用来引用元素。需要注意的是，在设置自定义索引后，默认的数字序列索引仍然有效，前者称为显式索引而后者称为隐式索引。当以整数作为显式索引时可能会引发混淆，在此情况下推荐用 Series 对象的"定位器"属性 loc 和 iloc 来明确指定索引方式（iloc 还支持负序号），如如下代码。

```
cityname["bj"], cityname.sh, cityname.loc["gz"], cityname.iloc[-1]
```

以上语句输出结果如下。

```
('北京', '上海', '广州', '深圳')
```

接下来介绍 DataFrame 的用法。DataFrame 相当于电子表格，其中每一列就是一个 Series，具有各自的数据类型但共享相同的 Index。创建 DataFrame 的方式通常是向构造器传入一个由可索引对象（Series 或字典）组成的字典。示例代码如下。

```
citypop = {"bj": 1877.7, "sh": 2115, "gz": 1246.83, "sz": 1137.89}
df = pd.DataFrame({"名称": cityname, "人口": citypop})
df
```

DataFrame 在 Jupyter Notebook 中会以表格形式输出，运行结果如图 16-4 所示。

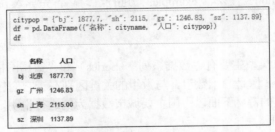

图 16-4　在页面中输出 DataFrame

DataFrame 对象的索引是一个由所有行数据共同用于定位元素所在行的 Index，称为"行索引"（通过 index 属性来引用）；此外还有一个"列索引"是由所有列标签组成的 Index（通过 columns 属性来引用）。对 DataFrame 使用字典键语法得到的是列数据，符合标识符命名规则的列索引也会自动成为 DataFrame 对象的属性，示例代码如下。

```
df.人口
```

输出结果如下。

```
bj    1877.70
gz    1246.83
sh    2115.00
sz    1137.89
Name: 人口, dtype: float64
```

接下来的实例是对中国历史上皇帝们的寿命数据进行简单的统计分析，使用现成的数据文件

data_emperor.csv 来生成 DataFrame。Pandas 支持读取多种类型的数据资源，.csv 是一种以逗号作为分隔符的通用文本数据格式。

```
df = pd.read_csv("data_emperor.csv")
print("数据网格形状：", df.shape)
print("各列数据类型：")
print(df.dtypes)
```

以上语句块的输出结果如下。

```
数据网格形状： (302, 5)
各列数据类型：
num         int64
name       object
age         int64
year       object
dynasty    object
dtype: object
```

对于大尺寸 DataFrame，推荐先用 shape 和 dtypes 属性查看其“形状”（行数和列数）和各列数据类型，或者是用 head()方法预览前几行的内容（默认前 5 行）。

```
df.head()
```

以上语句的运行结果如图 16-5 所示。

```
df.head()
```

	num	name	age	year	dynasty
0	1	秦始皇嬴政	50	前259年—前210年	秦
1	2	秦二世嬴胡亥	24	前230年—前207年	秦
2	3	汉高帝刘邦	62	前256年—前195年	西汉
3	4	汉惠帝刘盈	23	前210年—前188年	西汉
4	5	汉文帝刘恒	46	前202年—前157年	西汉

图 16-5　在页面中预览 DataFrame

对于已生成的 DataFrame 可以进行各种调整和查询操作。以下语句块对列标签进行了修改，然后列出寿命达到 80 岁的皇帝。

```
df.columns = ["序号", "名号", "寿命", "生卒", "朝代"]
df[df.寿命 >= 80]
```

运行结果如图 16-6 所示。

```
df.columns = ["序号", "名号", "寿命", "生卒", "朝代"]
df[df.寿命 >= 80]
```

	序号	名号	寿命	生卒	朝代
100	100	梁武帝萧衍	86	464年—549年	南朝梁
149	149	武则天武曌	82	624年—705年	武周
208	207	宋高宗赵构	81	1107年—1187年	南宋
253	252	元世祖孛儿只斤·忽必烈	80	1215年—1294年	元
295	296	清高宗（乾隆）爱新觉罗·弘历	89	1711年—1799年	清

图 16-6　DataFrame 的筛选操作

以下语句块筛选出明清两朝的皇帝,调用 tail()方法预览最后 10 行。

```
mingqing = df[df.朝代.isin(["明", "清"])]
mingqing.tail(10)
```

运行结果如图 16-7 所示。

图 16-7　显示最后 10 位皇帝

以下语句块比较明清两朝皇帝的寿命;聚合输出分组总计数、最低值、最高值、平均值和中位数。

```
compare = mingqing.groupby("朝代").寿命.agg(["count", "min", "max", "mean", "median"])
compare
```

运行结果如图 16-8 所示。

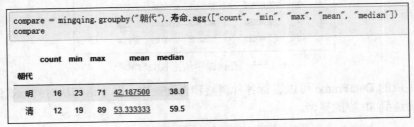

图 16-8　比较明清两朝皇帝的寿命

可以看到使用 Pandas 进行数据分析非常方便快捷。这个实例只对 Pandas 的功能进行了简要的介绍,读者可以查阅 Pandas 官方文档了解更多使用技巧。

16.2　数据可视化

数据处理与分析的结果可以通过图形工具包展示为生动、直观的图表。在这一节中将演示使用 Matplotlib 等图形工具包,选择适当的图表类型对数据进行可视化呈现。

16.2.1　二维绘图

在 16.1.2 节绘制曼德布罗分形图的实例中已经使用过数学绘图库 Matplotlib 中的模块,本节将结合实例介绍如何使用 Matplotlib 绘制二维数据图表,更多使用技巧请查阅 Matplotlib 官方文档。

请读者创建新的 IPython 笔记本 "visual" 进行练习。Matplotlib 库包含多个子模块，以下代码使用字体管理器子模块 font_manager 中的 FontProperties 类构造器创建了一个字体属性对象。请注意，Matplotlib 自带的西文字库并不支持中文字符，因此，在图表中使用中文时需要定制字体属性。示例代码如下。

```
from matplotlib.font_manager import FontProperties
cfont = FontProperties(fname=r"C:\Windows\Fonts\simhei.ttf")
```

Matplotlib 绘图时通常是使用 pyplot 子模块，约定的别名为 "plt"，其 API 接口的风格与商业数学软件 MATLAB 保持一致。以下代码导入了 pyplot 模块，还使用 IPython 魔法命令来设定 Matplotlib 使用 inline 显示方式（即输出为"内联"的图像）。读者也可以选择 notebook 方式，它专用于 Jupyter 笔记本页面，带有图像缩放和平移等附加交互功能。

```
import matplotlib.pyplot as plt
%matplotlib inline
```

接下来将继续利用 16.1.3 节的数据分析实例，演示如何对皇帝寿命数据进行数据可视化。使用以下语句块在当前笔记本中再次创建 DataFrame。

```
import pandas as pd
df = pd.read_csv("data_emperor.csv")
df.columns = ["序号", "名号", "寿命", "生卒", "朝代"]
```

读者如果想更直观地查看皇帝寿命的区间分布情况，可以使用以下语句块绘制一个直方图。

```
plt.style.use("seaborn")
plt.title("皇帝的寿命：区间分布", fontproperties=cfont, fontsize=18)
plt.hist(df.寿命, range=(0, 100), edgecolor="blue")
```

以上语句块先设置图表风格，再添加图表标题，最后绘制直方图。指定值的范围是[0,100)，将绘制包含 10 个区间的直方图，因此，每 10 年为一个区间（如果未指定范围，则默认范围是数据的最小值到最大值）。方法返回的结果是 2 个数组（分别表示每个区间的数据项数和数据值范围）和 1 个图块对象列表。示例代码如下。

```
(array([10., 25., 48., 62., 56., 49., 36., 11., 5., 0.]),
 array([ 0., 10., 20., 30., 40., 50., 60., 70., 80., 90., 100.]),
 <a list of 10 Patch objects>)
```

运行结果如图 16-9 所示。

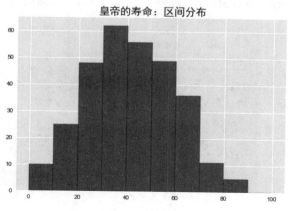

图 16-9　皇帝的寿命：区间分布

可以看到数据值是呈正态分布的，占比最高的是 30 到 40 岁区间，总共有 62 位皇帝的寿命处在这个范围之内。

下面的例子继续使用同样的数据来绘制不同类型的图表，以便研究皇帝寿命的变化趋势。首先使用以下语句块对 DataFrame 进行修改。

```
df["出生年份"] = df.生卒.apply(
    lambda x: int(x.split("年", 1)[0].replace("前", "-")))
df = df.sort_values("出生年份")
df["平均寿命"] =df.寿命.rolling(20).mean()
df.head()
```

以上语句块先添加了一个"出生年份"列，即通过对生卒列处理得到的整数（公元前为负值）；再按出生年份排序；最后再添加一个"平均寿命"列，即连续 20 位皇帝寿命的移动平均值，此时的 DataFrame 预览效果如图 16-10 所示。

	序号	名号	寿命	生卒	朝代	出生年份	平均寿命
0	1	秦始皇嬴政	50	前259年—前210年	秦	-259	NaN
2	3	汉高帝刘邦	62	前256年—前195年	西汉	-256	NaN
1	2	秦二世嬴胡亥	24	前230年—前207年	秦	-230	NaN
3	4	汉惠帝刘盈	23	前210年—前188年	西汉	-210	NaN
4	5	汉文帝刘恒	46	前202年—前157年	西汉	-202	NaN

图 16-10　DataFrame 添加新列

可以看到现在数据将按出生年份排序，平均寿命列的前 19 行为空值（Pandas 以 NaN 表示空值，即 Not a Number）。

现在可以使用以下语句块绘制一个新的图表。

```
plt.plot(df.出生年份, df.寿命, "go", label="出生年份与寿命")
plt.plot(df.出生年份, df.平均寿命, "r-", label="寿命移动平均值")
plt.title("皇帝寿命：变化趋势", fontproperties=cfont, fontsize=18)
plt.legend(
    prop={"family":cfont.get_name(), "size":12},
    loc="upper left", frameon=True, facecolor="white");
```

以上语句块中的 plot()方法用于绘制折线图，第 1 行根据出生年份和寿命值绘图，第 3 个参数（"go"）为表示绿色圆点的样式字符串，相当于画散点图；第 2 行根据出生年份和平均寿命值绘图，第 3 个参数（"r-"）为表示实线的样式字符串；最后一条语句根据图的标签显示图例。运行结果如图 16-11 所示。

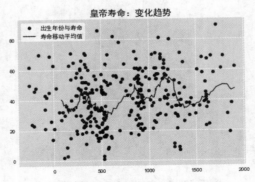

图 16-11　皇帝的寿命：变化趋势

读者可以一眼看出皇帝寿命与朝代兴衰的显著关联,正可谓"一图胜千言"。Matplotlib 支持绘制各种类型的图表。读者在实际工作中应当根据数据的特点选择最能说明问题的图表类型。

16.2.2 词云图

"词云图"就是由词汇组成类似云的彩色图案,每个词的重要性以其字号大小或颜色深浅来表示。词云图在互联网世界中相当流行,能让读者最快速地感知不同关键词的影响权重,是实现文本数据可视化的最常用手段。

本节的实例将再次统计练习项目的所有程序文件中 Python 保留关键字的出现次数,并基于关键字频度字典绘制词云图。请读者创建新的 IPython 笔记本"visual2"进行练习,输出关键字频度的程序如代码 16-3 所示。

代码 16-3 统计 Python 练习项目中保留关键字频度

```
01  # 统计 Python 练习项目中保留关键字频度
02  import os
03  import re
04  from keyword import kwlist
05  root = "../"
06  kwdict = {}
07  po = re.compile(r"\W+")          # 匹配非单词类字符的正则表达式
08
09
10  def main():
11      for folder, subfolder, files in os.walk(root):
12          for file in files:
13              if file.endswith((".py", ".pyw")):
14                  with open(os.path.join(folder, file), encoding="utf-8") as f:
15                      for line in f:
16                          line = po.sub(" ", line)    # 清理非单词类字符
17                          for word in line.split():   # 文本拆分为单词
18                              if word in kwlist:       # 如为关键字则更新结果字典
19                                  kwdict.setdefault(word, 0)
20                                  kwdict[word] += 1
21      # 排序输出关键字频度
22      result = sorted(kwdict.items(), key=lambda i: i[1], reverse=True)
23      cnt = 0
24      for k, v in result:
25          print(f"{k:>8} {v:3}", end=" ")
26          if cnt % 5 == 4:
27              print()
28          cnt += 1
29
30
31  if __name__ == "__main__":
32      main()
```

以上程序的代码与之前的实例的代码基本相同,主要区别在于结果字典被设为模块级变量以便在后续交互中引用,并且字典的初始状态为空,所以频度为 0 的关键字不会在结果中出现(因为无需在词云图中显示)。运行结果如图 16-12 所示。

```
    def 153    import 147     if 136      in  82     for  77
   from  59        as  56   True  54  return  35   False  26
   None  26    lambda  26  class  23   while  21    elif  21
    and  18       not  15   else  15    with  14      is  12
 except  10        or   9    try   8   break   6 continue   3
nonlocal  3     raise   2 finally  2   async   2   await   2
 global   1      pass   1  yield   1  assert   1
```

图 16-12 输出 Python 关键字频度

可以看到本书练习项目程序文件中已经覆盖了 35 个 Python 保留关键字中的 34 个，不同关键字的出现频度差异还是相当大的。最常见的关键字是 def，从未出现过的关键字是用于删除名称绑定的 del（在此提醒读者在实际开发时记得用 del 语句删除不再需要的对象，及时释放资源）。

接下来就将根据关键字频度字典来生成词云图，这需要使用第三方包 wordcloud，输入以下 pip 命令即可安装。

```
pip install wordcloud
```

使用以下语句块即可绘制词云图。

```python
import matplotlib.pyplot as plt
from wordcloud import WordCloud  # 词云第三方包
%matplotlib inline
# 根据关键字频度生成词云图
wc = WordCloud(background_color="white", width=1000, height=600)
wc.generate_from_frequencies(kwdict)
plt.figure(figsize=(10, 6))
plt.axis("off")
plt.imshow(wc);
```

运行结果如图 16-13 所示。

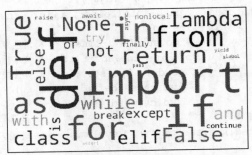

图 16-13 Python 关键字词云图

以上介绍了如何绘制最简单的词云图。wordcloud 还包含更多使用技巧，请读者参阅 wordcloud 的 PyPI 发布页提供的示例深入研究。

16.2.3 时间序列可视化

本节介绍一种很常见的数据"时间序列"的处理与可视化。时间序列数据以时间对象作为索引，在现实生活中的应用十分广泛，不论是天文、气象还是金融、证券等领域都会大量使用。

> **小提示**：请注意 16.2.1 节绘制的"皇帝寿命变化趋势图"实例中作为横坐标的年份值其实并非时间序列而是整数序列，因为其中包含 0，但真正的年份值只有公元 1 年和公元前 1 年，而没有公元 0 年。

请读者创建新的 IPython 笔记本"visual3"进行练习。下面的实例是对 Python 文档翻译项目进度数据进行时间序列分析与可视化。首先使用现成的数据文件 data_python.csv 来生成 DataFrame。

```
# 时间序列数据的处理与可视化
import pandas as pd

# 读取 Python 文档翻译项目进度数据，转为时间序列
df = pd.read_csv("data_python.csv")
df.index = pd.to_datetime(df.date)
df.tail()
```

以上语句块将使用 pandas 模块的 to_datetime()函数，根据包含日期字符串的 date 列数据生成"时间序列"，然后将其设为 DataFrame 的行索引，运行结果如图 16-14 所示。

可以看到现在 DataFrame 使用时间序列作为行索引，因此成为时间序列数据，可以基于各种时间操作来进行处理和分析。在后续代码单元格中将根据这个时间序列数据绘制 Python 文档翻译项目进度图，程序内容如代码 16-4 所示。

date	date	percent
2019-05-30	2019/05/30	0.36
2019-06-18	2019/06/18	0.37
2019-07-09	2019/07/09	0.38
2019-07-31	2019/07/31	0.39
2019-08-24	2019/08/24	0.40

图 16-14　Pandas 时间序列

代码 16-4　基于时间序列绘制 Python 文档翻译项目进度图

```
01  # 基于时间序列绘制 Python 文档翻译项目进度图
02  import matplotlib as mpl
03  import matplotlib.pyplot as plt
04  from pandas.plotting import register_matplotlib_converters
05  register_matplotlib_converters()
06  %matplotlib inline
07  
08  plt.style.use("ggplot")
09  plt.figure(figsize=(10, 6))
10  ax = plt.axes()        # 创建轴域使用面向对象接口绘图
11  d = "2018/11/13", "2019/03/30", "2019/04/20", "2019/08/24"
12  ax.annotate(
13      "10%", xy=(d[0], .1), xytext=(d[0], .2), ha="center",
14      arrowprops=dict(arrowstyle="simple"))
15  ax.annotate(
16      "20%", xy=(d[1], .2), xytext=(d[1], .3), ha="center",
17      arrowprops=dict(arrowstyle="simple"))
18  ax.annotate(
19      "30%", xy=(d[2], .3), xytext=(d[2], .4), ha="center",
20      arrowprops=dict(arrowstyle="simple"))
21  ax.annotate(
22      "40%", xy=(d[3], .4), xytext=(d[3], .5), ha="center",
23      arrowprops=dict(arrowstyle="simple"))
24  ax.xaxis.set_major_locator(mpl.dates.MonthLocator())
25  ax.xaxis.set_minor_locator(mpl.dates.MonthLocator(bymonthday=15))
26  ax.xaxis.set_major_formatter(plt.NullFormatter())
27  ax.xaxis.set_minor_formatter(mpl.dates.DateFormatter("%Y-%m"))
28  ax.set(
29      ylim=(0, 1),
30      xlim=(pd.to_datetime("2018/11/01"), pd.to_datetime("2019/08/31")))
31  ax.plot(df.index, df.percent, "go:", linewidth=2, label="python-docs-zh-cn")
32  ax.fill_between(df.index, df.percent)
33  ax.legend(loc="upper left");
```

以上程序包含了 Matplotlib 所提供的更多绘图元素（如箭头标注和区域填充等），并使用面向对象接口在"轴域"中绘图（一幅图可以由多个轴域即子图构成）。运行结果如图 16-15 所示。

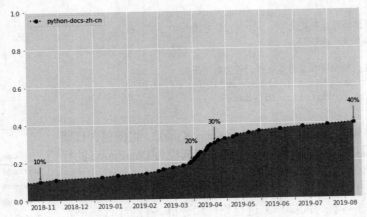

图 16-15　Python 文档翻译项目进度图

读者可以注意到图 16-15 的横坐标为时间序列，可以正确地处理月份长短等细节问题，直观地展示数据随时间发展变化的趋势。中文 Python 文档翻译项目在 2019 年 3 月底进度达到 20%时被官方正式加入语言选择框；在之后一段时间里有更多志愿者参与其中，进度明显加快；当热度下降时进度又趋于平缓，距离最终完成还有很长的路要走……

对 Python 数据分析与可视化实例的讲解就到此为止。数据处理是目前 Python 最重要的应用领域，要全面介绍相关知识和技巧也需要一整本书的篇幅，读者如有兴趣可以自行参阅各种文档资料。

思考与练习

1. 如何使用 Jupyter Notebook 建立数据处理工作环境？
2. Python 数据处理常用的工具包有哪些？
3. 如何使用 Python 进行数据分析？
4. 如何使用 Python 实现数据可视化？
5. 访问一些提供开放数据资源的网站，获取感兴趣的数据进行分析。
6. 根据第 15 章采集的网络数据，找出在全部文章标题和描述中出现频度最高的前 50 个名词，并绘制词云图。

> **小提示**　使用第三方包 jieba 即可实现中文分词，对于一些虚词可以设置排除列表。

附录 A　Python 关键字索引

以下是 Python 中所有的保留关键字，并附带了简要说明及其在本书中首次出现的页码。

关键字	简要说明	页码
and	（与）用于布尔运算	52
as	（作为）用于指定名称	34
assert	（断言）设定异常条件	166
async	（异步）用于异步 IO	188
await	（等待）用于异步 IO	188
break	（中断）跳出循环体	57
class	（类）用于类定义	145
continue	（继续）进入下轮循环	57
def	（定义）用于函数定义	65
del	（删除）现有变量删除	16
elif	（否则如果）用于分支结构	55
else	（否则）用于分支结构	55
except	（异常）用于异常处理	167
False	（假）表示逻辑假值	51
finally	（最终）用于异常处理	167
for	（对于）用于迭代循环	60
from	（自）用于模块导入	35
global	（全局）声明作用域	68
if	（如果）用于分支结构	31
import	（导入）用于模块导入	33
in	（在……之内）包含对象检测	52
is	（是）相同对象检测	52
lambda	（λ）定义匿名函数	66
None	（无）表示空值	17

续表

关键字	简要说明	页码
nonlocal	（非局部）声明作用域	69
not	（非）用于布尔运算	52
or	（或）用于布尔运算	52
pass	（过）无操作语句	54
raise	（引发）用于引发异常	166
return	（返回）用于结束函数	66
True	（真）表示逻辑真值	51
try	（尝试）用于异常处理	167
yield	（产生）定义生成器	161

附录 B Python 内置函数索引

以下是 Python 中所有的内置函数,并附带了中文译名及其在本书中首次出现的页码。

内置函数	含义	页码
abs()	绝对值	17
all()	所有	85
any()	任一	85
ascii()	ASCII 字符	29
bin()	二进制	24
bool()	布尔类型	53
breakpoint()	断点	48
bytearray()	字节数组类型	109
bytes()	字节串类型	108
callable()	可调用	54
chr()	字符	28
classmethod()	类方法	155
compile()	编译	166
complex()	复数类型	27
delattr()	删除属性	147
dict()	字典类型	94
dir()	列出成员	9
divmod()	整除并求余	87
enumerate()	枚举类型	87
eval()	求值	20
exec()	执行	20
filter()	过滤器类型	98
float()	浮点数类型	20
format()	格式化	24

续表

内置函数	含义	页码
frozenset()	冻结集合类型	101
getattr()	获取属性	147
globals()	全局变量表	96
hasattr()	具有属性	147
hash()	哈希	101
help()	帮助	9
hex()	十六进制	24
id()	标识号	14
input()	输入	8
int()	整数类型	8
isinstance()	是否实例	151
issubclass()	是否子类	151
iter()	迭代	159
len()	长度	29
list()	列表类型	81
locals()	局部变量表	96
map()	映射	86
max()	最大值	17
memoryview()	内存视图类型	109
min()	最小值	17
next()	下一项	159
object()	对象类型	149
oct()	八进制	24
open()	打开文件	61
ord()	码位	28
pow()	乘方	66
print()	打印	6
property()	特征属性类型	151
range()	范围	60
repr()	表示	167
reversed()	反转	84
round()	舍入	26
set()	集合类型	100
setattr()	设置属性	147
slice()	切片类型	30
sorted()	排序	75

续表

内置函数	含义	页码
staticmethod()	静态方法	155
str()	字符串类型	20
sum()	总计	72
super()	上级类	150
tuple()	元组类型	87
type()	类型	14
vars()	变量表	150
zip()	聚合类型	88

附录 C Python 标准库常用模块索引

以下是本书中用到过的 Python 标准库模块，附带中文说明及其在本书中首次出现的页码，对于从属于同一个包的多个模块则只列出包模块名（请注意这里列出的只是入门者应掌握的常用模块，要查看 Python 标准库模块的完整清单，请参阅官方文档）。

标准库模块	简要说明	页码
asyncio	异步 IO 操作	188
base64	Base64 数据编码	110
builtins	内置对象	36
concurrent	并发执行	189
copy	拷贝对象	83
cProfile	C 实现版性能分析	173
ctypes	C 类型操作	208
datetime	日期时间处理	181
decimal	十进制数运算	39
distutils	分发工具集	211
doctest	文档测试	171
email	电子邮件处理	205
idlelib	IDLE 库	36
json	JSON 操作	111
keyword	保留关键字	117
locale	区域设置	182
math	数学函数	33
multiprocessing	多进程操作	186
os	操作系统接口	40
pickle	封存操作	111
platform	系统平台信息	39
profile	性能分析	173

续表

标准库模块	简要说明	页码
random	伪随机数	35
re	正则表达式	118
shutil	文件系统命令工具	114
smtplib	SMTP 库	205
sqlite3	SQLite 数据库接口	239
string	字符串操作	38
subprocess	子进程管理	34
sys	系统功能	78
this	这是 Python 之禅	41
threading	多线程操作	187
time	时间处理	163
tkinter	Tk 接口	123
turtle	海龟绘图	40
unittest	单元测试	172
urllib	网络资源操作库	170
venv	虚拟环境	193
webbrowser	Web 浏览器控制	143
zipfile	ZIP 文件操作	115